明清时期鄂湘赣移民圈
民居建筑装饰图形谱系研究

冷先平　著

科学出版社
北京

内 容 简 介

本书立足建筑学、艺术学和传播符号学等学科视野,运用学科间视域、对象、方法等优势融会贯通"缀合"的方式,对明清时期鄂湘赣移民圈民居建筑及其装饰图形的营造技艺、符号编码、艺术形式、象征体系和传播规律进行系统研究,并勾画出该地域传统民居建筑装饰图形在历史演进中视觉形式呈现的理性图谱。

本书适合传统民居建筑研究领域的学者、设计人员及高等院校建筑学和相关专业师生参考。

图书在版编目(CIP)数据

明清时期鄂湘赣移民圈民居建筑装饰图形谱系研究/冷先平著. —北京:科学出版社,2024.2
 ISBN 978-7-03-076784-4

Ⅰ.① 明… Ⅱ.① 冷… Ⅲ.① 民居-建筑装饰-研究-中国-明清时代 Ⅳ.① TU241.5

中国国家版本馆 CIP 数据核字(2023)第 204129 号

责任编辑:孙寓明/责任校对:高 嵘
责任印制:彭 超/封面设计:苏 波

科 学 出 版 社 出版
北京东黄城根北街 16 号
邮政编码:100717
http://www.sciencep.com
北京凌奇印刷有限责任公司印刷
科学出版社发行 各地新华书店经销
*
开本:787×1092 1/16
2024 年 2 月第 一 版 印张:14 1/2
2024 年 9 月第二次印刷 字数:350 000
定价:128.00 元
(如有印装质量问题,我社负责调换)

前　言

　　明清时期鄂湘赣移民圈民居建筑及其装饰图形是传统文化的载体和存在形式，既是文化资源也是文化资本。其中所包含的诸多优良文化基因，在其发展的历史轴线上，对该区域建筑文化起着非常重要的作用。本书在对该地域传统民居建筑装饰营造技艺文献研究和田野调查的基础上，探索明清时期鄂湘赣移民圈民居建筑装饰图形在艺术生产过程中符号建构、编码、释义、视觉艺术形式、象征体系等方面的内容；解析明清时期鄂湘赣移民圈民居建筑装饰图形的符号结构；分析明清时期鄂湘赣移民圈民居建筑装饰图形的图像属性；在文化基因理论视角下，装饰图形基于质料、形式和工具三种介质前提下的营造技艺，揭示艺术编码、设计的方法及其规律；对该地域传统民居建筑装饰图形的视觉形式进行深入研究，对明清时期鄂湘赣移民圈民居建筑装饰图形的象征理论结构体系进行探索。

　　本书共 6 章。第一章绪论，概述本书研究意义及国内外相关研究进展。第二章对明清时期鄂湘赣移民圈民居建筑营造及其装饰部位、工艺与方法等进行论述。第三章主要就明清时期鄂湘赣移民圈民居建筑装饰图形进行传播符号学分析，建构其作为传播符号的结构模型，并从文本出发，揭示其符号建构的"内蕴意义"。第四章重点对明清时期鄂湘赣移民圈民居建筑装饰图形的风格进行研究，对装饰图形基于质料、形式和工具三种介质前提下的营造技艺，艺术编码、设计的方法进行研究。在此基础上，利用艺术风格学的研究方法对装饰图形视觉形式编码建构的形式法则及其在历史传承和衍变过程中的美学价值进行分析，阐释装饰图形演变历程和艺术风格特点。第五章对明清时期鄂湘赣移民圈民居建筑装饰图形符号的象征谱系及其传播规律展开系统研究，在中国传统文化语境中，勾画出明清时期鄂湘赣移民圈民居建筑装饰图形符号象征的内容谱系。

　　一般来讲，建筑学、艺术学和传播符号学有着各自研究的对象和重点，建筑学可以从聚落形态、营造禁忌、宅院形制、构架特征、装饰技艺 5 个方面探究民居建筑及其装饰图形，与艺术学的原则和传播符号学的方法存在差别。在建筑历史与文化的可持续发展成为人们关注焦点的今天，单一的研究观念、方法显然不利于问题的解决。对民居建筑装饰图形而言，艺术学可以更多地关注装饰图形作品本身的艺术思想、技法、形式体系和文化特征；传播符号学则可对装饰图形的符号建构、流变及其传播规律进行研究。这些看似有差异的研究观念和方法，在明清时期鄂湘赣移民圈民居建筑装饰图形谱系研究和解析上，无论是从其营造技艺本身发生、发展、衍化和传播，还是针对其整体艺术风格的综合因素，其相邻学科研究的问题都与建筑学有着很多的共同点。

本书作为国家社科基金艺术学项目"明清时期鄂湘赣移民圈民居建筑装饰图形谱系及现代设计应用研究"（批准号：15DG55）的成果，具有如下意义。

第一，拓展明清时期鄂湘赣移民圈民居建筑装饰图形研究的传统领域。目前，相关研究的视角大多集中于传统民居及其装饰的形制、形态，史料的建立、记录和解析等。本书则从装饰图形艺术发展的视角出发，运用传播符号学理论范式的工具性能，缀合建筑学与传播学、艺术学、文化学等学科的方法，揭示明清时期鄂湘赣移民圈民居建筑装饰图形的历史演进和形成过程，有利于构建出装饰图形形式谱系。

第二，促进地域传统建筑文化深层次的研究，建立的资料库也能为后来者提供借鉴。

第三，在当代鄂湘赣区域的城乡建设中，明清时期鄂湘赣移民圈民居建筑装饰图形作为文化基因能够发挥解决实际问题的作用，也为其他地区解决类似问题提供有益的理论与设计实践支持。对明清时期鄂湘赣移民圈民居建筑装饰图形"协同"创新的现代设计也具有现实价值和普遍意义。

本书的出版得到了华中科技大学人文社会科学自主创新重大及交叉项目基金"中国传统建筑吉祥图像风格研究"（编号：2018056）的大力支持，成果的形成是研究团队共同努力的结果，在此一并致谢。

由于研究涉及的内容较广，以及作者水平所限，书中难免出现疏漏与不足，敬请专家和读者不吝指正。

冷先平

2023 年 2 月

目　录

第一章 绪 论

装饰研究是一门严格的历史科学。对实用房屋的文化意义而言，佩夫斯纳认为，要创造这样一个作品显而易见的方式是对一些实用结构进行装饰：建筑作品＝房屋＋装饰。由此可见，建筑作为传播文本，它所能够负载意义的实体就是装饰（Gombrich，1984）。因此，对明清时期鄂湘赣移民圈内民居建筑装饰营造技艺的研究不仅涉及建筑本身，而且还应深入其文化传播方面。本书明清时期鄂湘赣移民圈主要指沿移民通道辐射现江西、湖北和湖南等地区，以移民文化为主要特征、多种文化相互关联的区域。

明清时期，长江中下游之间的"两湖"地区发生过一场自东向西的移民运动，这场移民运动不仅改变了该区域的人口分布，而且移民对迁入地的社会、政治、经济和文化都产生了巨大的影响。这场移民运动具体分为迁入"两湖"和迁出"两湖"，即江西人入楚的"江西填湖广"和楚人入蜀的"湖广填四川"两个关联的移民运动。这里的"湖广"在明清时期实为"两湖"之名的约定俗成（张国雄，1996）。这场移民运动持续的时间最长、规模最大及由东向西的惯性等特征，不仅使"两湖"移民线路成为奠定"两湖"移民地理特征的重要基础，而且还使它成为各种技艺传承和文化传播的信道。本书的研究范围主要限定在现湖北、湖南和江西地区。

第一节 研究意义

（一）移民通道上地域文化多元、丰盈

从鄂湘赣移民圈内移民通道水陆并举的特点来看，在"江西填湖广"过程中，水路移民以长江、汉水为主进入湖北，先定居鄂东，而后分三路向湖北中部、北部、西部扩散。其中，一路继续沿长江西进，一路沿汉水逆流而上，另一路则走"随枣走廊"的陆路通道。陆路移民则通过湘东与赣西之间的幕阜山、九岭山、武功山、万洋山等山脉之间的斜谷地或长廊断陷谷地进入湖南。在"湖广填四川"的移民过程中，水路移民由孝感、麻城、武汉、随州、荆州等地溯长江入川，达重庆、川东等地并逐渐西移。陆路移民古道则有两条：一路为宜昌、恩施地区的移民翻越巫山，沿长江入川的川鄂古道；另一路为湖南长沙、郴州、永州和衡阳移民及客家移民从湘西进入贵州并穿越黔西山地入川，或翻越武陵山区进入涪陵，再向川中和川西迁移。由此可见，"两湖"移民线路奠定了这一区域鲜明的地理特征和丰富多样的人文生态。在这个移民圈内，"赣文化""楚文化"和"巴蜀文化"相互碰撞、渗透、融合为多元、丰盈的"两湖"移民地域文化，并在此文化浸染下形成样式各异

的民居建筑类型及其装饰风格。

（二）明清时期鄂湘赣移民圈内民居建筑装饰营造及其文化传播研究相对不足

从历史上来看，由于明清"两湖"移民的主体为社会下层民众，迁入之地多为山地丘陵和荒蛮之地，故其相关的建筑文化、民居建筑及其装饰的营造技艺，官方文献诸如《明史》《明实录》等都严重阙载，仅可见于族谱和地方志。现阶段，我国当代古建理论研究的一贯范式决定了传统建筑研究的方向。已有的成果鲜见"两湖"移民线路上民居建筑装饰的具体研究，显示出对其作为文化资本在营造技艺、编码设计规律、符号体系、艺术风格及其文化传播等方面研究的不足。

第二节　明清时期鄂湘赣移民圈国内外研究进展

一、移民文化的文化学视野研究进展

明清时期鄂湘赣移民圈的"两湖"地区在我国的区域文化体系中属楚文化、巴蜀文化这两个历史文化区。近现代对这两个历史文化区的文化研究始于 20 世纪 30 年代的考古学研究，巴蜀文化的研究始于葛维汉与林明均（谭继和，2002）。1933 年春，他们对广汉三星堆月亮湾的第一次科学发掘，标志着巴蜀文化现代学术开端。此后，拉采尔的"播化主义"、摩尔根的"进化学派"、英国马凌诺斯基的"功能主义"、德国斯特劳斯的"结构主义"和后来的历史学派、心理学派等，都直接或间接地对巴蜀文化的研究产生影响。在这一时期对楚文化的研究多见于对非科学出土的楚文物进行的器类鉴别和文字考释等工作。新中国成立后，楚文化在传统金石学的基础上，融合 20 世纪初引入的西方考古学方法，所进行的田野调查研究成果卓然（刘咏清，2012），并明确了楚文化在中华文化发展过程中的地位和影响（罗运环，2000）。

我国学者对鄂湘赣移民圈的研究不仅限于考古学，而且在历史学、社会学、民族学和人类学等领域均有侧重。在社会学和人类学领域，费孝通先生的研究成果堪为经典，《乡土中国》《乡土重建》不仅较为全面地展现了我国基层社会的面貌，提出了乡土重建的具体方法及措施，而且对"两湖"移民地区的某些方面提出针对性意见；其《中华民族多元一体格局》提出的从地理、民族、文化等立体分布格局的整体观来研究地域文化的观点，对"两湖"移民地区的文化研究产生广泛的影响。

20 世纪 80 年代以来，对"两湖"移民和移民文化研究范围不断扩大、加深。《明清时期的两湖移民》（张国雄，1995）对明清时期的两湖移民进行了历史的梳理，并对鄂北的随州，鄂东北的大悟、红安，以及江汉平原的云梦、黄陂等地的民俗进行了调查；《中国移民史》（曹树基 等，1997）、《中国历史文化区域研究》（周振鹤，1997）则在移民迁移对象、迁出地、时间、方向及定居地和产生的影响等方面，从更为宏观的层面上对自先秦到 20 世纪 40 年代在我国所发生的移民事件和移民文化进行了研究，其中均涉及"两湖"移民；《大迁徙："湖广填四川"历史解读》（陈世松，2010）厘清了"湖广填四川麻城孝感乡"现象；《近代两湖地区居民文化性格的形成及其特征》（江凌，2012）从文化交流、融合的视角阐述了"两湖"移民地域的文化基本特性和文化性格。这些研究均显示出对"两湖"移民和移民文化的关注。

二、建筑学视野的明清"两湖"移民线路上民居建筑研究进展

有关"民居"最早的记载可见于《周礼》，是指宫殿、官署以外的居住建筑。作为一种建筑类型，"民居"由建筑史学家刘敦桢教授在《西南古建筑调查概况》（刘敦桢，2007）中首次提出。从目前的资料来看，20世纪30年代，以朱启钤为首的"中国营造学社"，依照西方古典建筑学调研方法，对全国多达15个省的220多个县的2 000多座古建历史遗构进行摄影、测绘、调查和研究，对自远古至明清时期的中国建筑历史发展脉络形成较为清晰的认识。其中与"两湖"移民地域相关的民居建筑研究有《西南古建筑调查概况》《四川住宅建筑》。也就是在刘敦桢教授的上述成果中，民居建筑首次被作为一种类型提出来。刘敦桢在其《中国住宅概说》（刘敦桢，1957）中，进一步以功能类分的方法论述了中国各地的传统民居。

20世纪80年代以来，陆元鼎教授创办了中国民居学术研讨会组织，后经不断发展于2019年成立中国建筑学会民居建筑学术委员会，至今已经召开了二十余届全国性的有关民居学术会议，极大地推动了我国传统民居的研究。这一时期还有季富政等（1994）的《四川小镇民居精选》、杨慎初（1993）的《湖南传统建筑》、张良皋等（1994）的《老房子：土家吊脚楼》、何重义（1995）的《湘西民居》等研究成果。

三、明清"两湖"移民线路上民居建筑及其装饰的研究进展

伴随着《乡土建筑的现代化，现代建筑的地区化：在中国新建筑的探索道路上》（吴良镛，1998）的研究进程，以及"两湖"移民圈民居建筑研究成果的深入，21世纪伊始，学者们在"两湖"移民线路上民居的理论和方法上找到了新的突破点，《关于民居研究方法论的思考》（余英，2000）、《建筑的媒介特征：基于传播学的建筑思考》（周正楠，2001）、《地域建筑文化理论实践的分析梳理建构》（石健和，2002）、《中国地域性建筑的成就、局限和前瞻》（邹德侬，2002）、《传播学视域里的乡土建筑研究》（洪汉宁 等，2003）等成果，展现出这些专家、学者对"两湖"移民圈乃至全国范围内民居建筑所进行的思考和研究，同时也促进了对"两湖"移民线路上一大批民居建筑的研究。

《湖北传统建筑精粹：湖北传统民居》（李百浩 等，2006）对湖北传统民居按地域进行了分类。《两湖民居》（李晓峰 等，2010）展开对两湖民居遗存建筑单体的进一步研究，包括民居的类型、营建技术、材料构造等，并对两湖聚落形态与文化传承进行了梳理。相类似的研究还有《江西民居》（黄浩，2008）、《四川民居》（李先逵，2010）。在建筑文化和具体建筑类型的方面，以《重庆"湖广会馆"建筑研究》（龙彬，2002）、《湘赣民系民居建筑与文化研究》（郭谦，2005）、《"湖广填四川"移民通道上的会馆研究》（赵逵，2012）、《传统民居的建造技术：以湖南传统民居建筑为例》（伍国正，2012）、《湖南长沙湘潭地区传统戏场建筑研究》（程明，2013）等为代表。总体而言，这些研究均达到了有资料、有图纸、有照片的明确具体的要求，其中资料包括历史年代、生活使用情况、建筑结构、构造和材

料、内外空间、造型和装饰、装修等。

此外，2013 年 12 月住房和城乡建设部也启动了中国传统民居的调查工作。已经完成了有关传统民居的类型和代表性建筑及其传统建筑营造工匠的调查，但对传统建筑装饰及其文化传播方面的工作仍有遗漏，亟待完善。

从我国传统建筑及其装饰研究的状况来看，《中国传统民居装饰装修艺术》（陆元鼎，1992）、《中国建筑装饰艺术文化源流》（沈福煦，2002）对中国古代建筑装饰的历史源流、沿革和发展概况进行了纵向梳理；《中华装饰：传统民居装饰意匠》（刘森林，2004）则偏向传统民居建筑装饰建筑学视角的装饰研究，此视角下的传统建筑装饰研究还有"中国传统建筑装饰艺术丛书"。这些成果都是建立在对传统建筑研究的一贯范式之下，注重千门之美、屋顶造型、雕梁画栋、户牖之艺和台基雕的资料采集、记录和对美学意义的探索。且这些研究成果的对象鲜见涉及"两湖"移民线路上的民居建筑。就关注程度而言，目前仅见少量研究生的毕业论文《巴蜀湖广会馆雕饰与传统木版画形式语言的比较研究》（王颖，2011）、《重庆"湖广会馆"建筑装饰艺术探究》（何慧群，2013）和诸如《中国传统民居装饰图形及其传播研究》（冷先平，2018a）的学术探索等为数不多的研究。

由上述可见，建筑学方面，对明清时期鄂湘赣移民圈内民居建筑装饰的专题研究，即在营造技艺、编码设计方法、符号体系、艺术形式和传播规律等方面的图形解析与设计的跨学科研究严重不足；文化学方面，聚焦于民居建筑装饰作为文化资本，尤其是将其作为文化基因，在促进地域建筑设计的文化自觉和发挥文化软实力的研究也不足。

目前，在落实《国家新型城镇化规划（2014—2020 年）》和推进国家现代化进程的历史背景下，鄂湘赣移民地域面临着"文化不自信""建筑文化趋同""新农村住宅建筑文化空心化"和"建筑与环境的可持续发展动力不足"等突出的现实问题。因此，对明清时期鄂湘赣移民圈民居建筑装饰图形营造技艺及其传播研究就显得非常重要和紧迫。

第三节　研究的内容

传统民居建筑装饰图形主要是以视觉图形为主要特征的非语言表达系统。在图形视知觉的客观表述理性层面上，把它表述为用点、线、符号、文字和数字等描绘事物几何特性、形态、位置及大小的一种形式。在中国传统民居建筑装饰中，图形具有创造性地表达人的情感、观念和思想的语言功能（冷先平，2018a）。本书主要着重研究湖北、湖南两地的民居建筑及其装饰图形，兼析移民迁出地"徽派"特征的江西民居，具体研究的内容如下。

（一）明清时期鄂湘赣移民圈民居建筑装饰营造技艺

明清时期鄂湘赣移民圈自然生成的民居建筑，是这一时期建筑技术和美学规律所建构的人们生活的容器，其装饰的营造技艺与方法有规律可循。为此拟对如下内容进行详细研究。

（1）对明清时期鄂湘赣移民圈民居建筑及其装饰遗存展开文献调查与实地调查，建档立卡相关遗存与保护的信息录入和核实工作；建立明清"两湖"移民线路上民居建筑装饰资源图库。

（2）对受地理特征影响的鄂湘赣移民圈民居类型进行比较研究，分析从气候、地形及建筑材料等对民居建筑装饰艺术生产影响的因素，研究在不同自然环境条件下民居建筑装饰的样式、材料特征和构造做法等。

（3）分析明清时期鄂湘赣移民圈民居建筑装饰营造与地域文化之间的关系，并对由传统社会生产方式所决定、所形成的建筑装饰符号图形的地域性、时代性、开放性和流变性等进行比较，探索其营造技艺的传承与文化传播。

（二）明清时期鄂湘赣移民圈民居建筑及其装饰图形的符号建构、编码设计、视觉艺术形式、象征体系

明清时期鄂湘赣移民圈民居建筑及其装饰图形是为满足建筑不同功能、目的和要求而营造的结果，在其历史演进的过程中已经形成了独特的话语表达体系，其符号系统的结构与设计、文化传播的指向，需要进行以下具体的研究。

（1）解析明清时期鄂湘赣移民圈民居建筑装饰图形的图形符号，建构其作为传播符号的结构模型，并分析明清时期鄂湘赣移民圈民居建筑装饰图形符号所涉及的思想观念、文化心理及题材内容。

（2）分析明清时期鄂湘赣移民圈民居建筑装饰图形的图像属性，并在装饰图形生成的文化语境中，用客观的态度，对装饰图形符号建构的视觉图像进行从生产到传播的深层次研究。厘清装饰图形图像生成过程中其艺术生产主体、艺术样式、受众及其营造技艺之间的内在联系。

（3）分析明清时期鄂湘赣移民圈民居建筑装饰蕴含的文化基因，在此视角下，装饰图形基于质料、形式和工具三种介质前提下的营造技艺，艺术编码、设计的方法进行研究。在此基础上，利用艺术风格学的研究方法对装饰图形视觉形式编码建构的形式法则及其在历时传承和衍变过程中的美学价值进行分析，并利用现代科学的手法提取、归纳出明清时期鄂湘赣移民圈民居建筑装饰图形形式图谱，为其现代设计应用建立有效的应用资源图库。

（4）以明清时期鄂湘赣移民圈民居建筑装饰图形题材内容的选取为出发点，缀合艺术学与建筑学、传播符号学和文化学的方法，揭示装饰图形符号的象征意义，并建立理性的明清时期鄂湘赣移民圈民居建筑装饰图形符号象征的内容谱系图谱。

（三）明清时期鄂湘赣移民圈民居建筑及其装饰图形的当代价值与保护方法的探索

明清时期鄂湘赣移民圈民居建筑及其装饰图形作为优秀的历史文化资源，它不仅是中国传统民居建筑的重要组成部分，是中国传统文化的物质载体和存在的形式；也是蕴含文化基因的文化资本。在当代鄂湘赣地域范围内的城乡建设中，其传统的营造技艺和精神文化的力量仍然在发挥着非常重要的作用。对此所作研究的具体内容如下。

（1）对以湖北传统民居建筑及其装饰图形为例的文化资本属性进行探索，分析装饰图形作为文化资本的价值和作用。

（2）根据田野调查的实际，探索明清时期鄂湘赣移民圈民居建筑及其装饰图形的当代保护与创新利用的一些方法；并对明清时期鄂湘赣移民圈民居建筑装饰图形符号的文化传播进行分析。

第四节　研究方法及方案

一、研究方法

首先以明清时期鄂湘赣移民圈移民与民居建筑及其装饰之间的联系为切入点，秉承传统民居研究的经典范式，从调查入手，获得对鄂湘赣移民圈民居建筑装饰营造技艺的文献资料，并对田野调查资料进行学术梳理，运用建筑学与传播符号学、艺术学和社会学等学科相结合的跨学科视野，运用学科间视域、对象、方法等优势融会贯通"缀合"的方式进行研究；其次，从如何建立明清时期鄂湘赣移民圈民居建筑装饰营造与传播过程模式的模型问题出发，探索明清时期鄂湘赣移民圈民居建筑装饰营造技艺形成、传播与传承的规律，揭示其建筑文化传播的内在动因。在此基础上，讨论民居建筑装饰作为文化资本在当代再设计的理论与方法。

（1）田野调查法。田野调查法即深入到遗存较好的传统民居聚落区域，比如湖北、湖南等传统民居集中地，获取第一手材料和数据进行论证的方法，包括深度访谈，实地调查、考证，问卷调查统计三种方式。深度访谈是通过与被研究者直接接触、交流以获取本研究需求的有价值的资料。作者在研究过程中走访了传统民居及其装饰营造一线的老工匠、老艺人、传统民居现居民、研究传统民居及其装饰的专家学者，以及传统民居开发管理者、消费者等不同层面的受访者，获取第一手资料。实地调查、考证是以直接观察、了解鄂湘赣移民圈传统民居及其装饰遗存、收集其构件资料等相关信息的方式，从而更深入、更客观地了解其艺术特点和作为文化资本在现代设计中的应用。问卷调查统计旨在厘清人们参与鄂湘赣移民圈传统民居建筑及其装饰符号体系具体建构的思想动机，以及由此所形成的对鄂湘赣移民圈地域文化形象的具体看法。通过问卷调查、数据统计和分析，本书内容更深入、更具科学性。

（2）文本分析法。通过具体可感知的鄂湘赣移民圈传统民居建筑及其装饰图形视觉符号的文本分析，挖掘在文本视觉表层下，那些建立在约定俗成基础上地域文化意义的客观表达，并在其具体应用的范围内，发现其作为文化资本在"因袭创新"过程中对鄂湘赣移民圈地域文化和"新农村"建设中的作用。

二、研究方案

本书总体技术方案如图 1-1 所示。根据图 1-1 所示主要内容之间的内在联系，本书所展开的具体技术线路如下。

（1）在获取调查资料的基础上，分析各种不同类型的民居建筑与装饰形式之间的关系；采用剖面视域控制分析方法，对民居建筑单体造型及其群体组合模式进行美学分析与环境协调分析。

（2）进一步通过现代技术手段，研究由自然地理环境与建筑材料、结构、工艺等因素对装饰方法和内容的影响。并在此基础上，通过传播学视角研究理论范式的学术关照，研究其营造技艺的传承与文化传播。

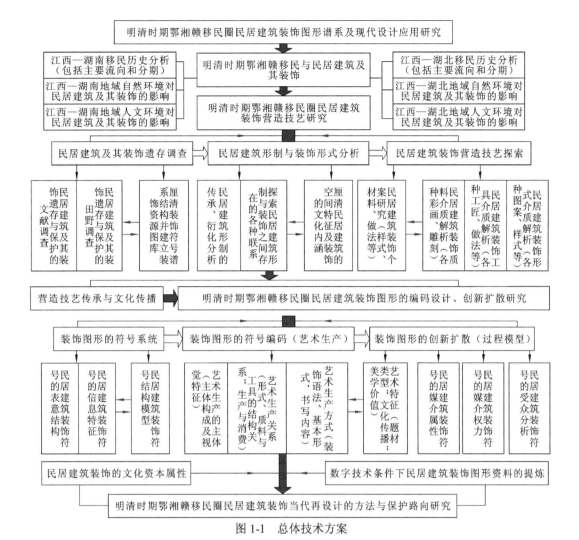

图 1-1　总体技术方案

（3）从明清时期鄂湘赣移民圈民居建筑装饰的物质材料中提炼、抽象出来的装饰图形符号，在其历史演进的过程中已经形成了独特的传播过程和话语表达体系。通过建筑学与传播学、美术学、社会学等多学科结合的视野，运用学科间视域、对象、方法等优势以融会贯通"缀合"的方式对上述内容进行研究，形成研究的技术路线如图 1-2 所示。

图 1-2　明清时期鄂湘赣移民圈民居建筑装饰图形技术创新扩散过程分析

（4）分析其"因袭创新"的扩散过程，建立能够揭示其编码设计、营造规律，且具有解释功能、预测功能和设计启发、引导功能的传播过程模式的模型。

（5）运用数字技术对上述装饰资源图库库存资料进行处理，勾勒理性的明清时期鄂湘赣移民圈民居建筑装饰资源图谱，建立系统的装饰资源图库。

（6）从可持续发展的视角，论证明清时期鄂湘赣移民圈民居建筑装饰的文化资本属性，并与上述设计理论与方法关联，促进其保护与"协同"创新的再设计，以形成解决当代"两湖"地域范围内城乡建设中存在问题的具体办法。

第二章 明清时期鄂湘赣移民圈民居建筑形制及装饰营造

第一节 明清时期民居建筑制度及形制

一、建筑制度

刘敦桢（2007）在《西南古建筑调查概况》中，首次提出民居建筑类型这一概念，自此之后越来越多的专家学者开始研究中国传统民居建筑文化。在古代，百姓居住的房屋又称为第宅，关于第宅制度在唐代之前是没有明文规定的，自唐代之后，统治者对封建社会等级秩序的构建更加重视，建筑方面也不例外，上至宫殿建筑，下至平民住宅，都有明确的等级划分，主要体现在房屋装修规格和单体建筑尺度上。

唐代对从天子到庶民的住宅等级和装修就有了制度规定，其中有"王公以下，舍屋不得施重栱、藻井，三品以上堂舍不得过五间九架……"（《唐律疏议笺解》）到了宋代，民居住宅的等级制度比唐代更加严格，《营造法式》的撰写为建筑设计和具体工程施工方面提供了规范。

明清时期，封建君主专制制度达到顶峰，民居建筑制度虽然沿袭了宋代的某些方面，但是制度的划分更加细致，等级更加森严。在明洪武二十六年时规定："官员营造房屋，不许歇山转角，重檐重栱，及绘藻井，惟楼居重檐不禁。公侯，前厅七间、两厦，九架。中堂七间，九架。后堂七间，七架，门三间，五架，用金漆及兽面锡环。家庙三间，五架。覆以黑板瓦，脊用花样瓦兽，梁、栋、斗拱、檐桷彩绘饰，门窗、枋柱金漆饰，廊、庑、庖、库从屋，不得过五间，七架……功臣宅舍之后，留空地十丈，左右皆五丈。不许挪移军民居止，更不许于宅前后左右多占地，构亭馆，开池塘，以资游眺。"（《明史·志第四十四》）调研发现明朝时期鄂湘赣地区的民居建筑确实没有在住宅前后左右修建花园或占用更多土地的情况（陆元鼎 等，2003）。

除官宅外，对庶民的住宅也有明确规定，房屋不过三间五架，不需采用彩色来装饰斗拱，但是对房屋的进数没有严格限定。调研发现，修建于明代前期的民居大多是呈现"一明两暗"三开间的基本形制，直到明末建筑制度才变得松弛一些，也开始出现了多开间的房屋。位于湖南省浏阳市的谭嗣同故居就是建于明末的三进五开间住宅，共有两重院落（图 2-1）。

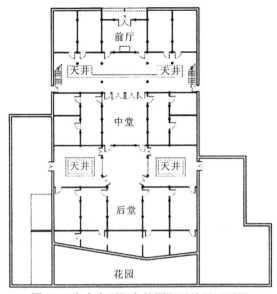

图 2-1　湖南省浏阳市的谭嗣同故居平面图

　　清代的民居建筑制度跟明代差不多,但是在建筑形式上要更加灵活多变,例如可以营造花园或在书房前修建水池小院等,明制中对此是有明文禁止的。入清之后多开间的豪宅就越来越普遍,对房屋的规模和数量没有规定,很容易形成大宅,位于湖北省通山县的王明璠大夫第就是修建于清代末期的大宅院,占地面积将近 3 000 m²,其中天井的数量就高达 28 个,即使这么大的民居建筑规模也并没有违反朝廷的各种建房规章制度。还有湘东北浏阳市的桃树湾刘家大屋,修建于清代,大屋总占地约 21 000 m²,虽然房屋数量众多,但是布局严整,平面为五开间四进大屋,左右还有两行横屋,横屋与主屋之间有众多的廊道和天井,是湘东北清代大屋的代表之一。还有很多这种多开间的民居建筑,因其厅堂建筑形制还有装饰等没有违反朝廷法规,得以建造。相比于明代,清代对于王公及官员住宅增加了新的规定,在《钦定大清会典则例》中记载:"顺治九年题准亲王府,基高十尺,外周围墙,正门广五间启门三,正殿广七间,前墀周卫石栏,左右翼楼各广九间,……凡房庑楼屋均丹楹朱户,其府库仓廪厨厩及祗候各执事房屋,随宜建置于左右,门柱黑油,屋均板瓦。"又定"公侯以下官民房屋台阶高一尺,梁栋许画五彩杂花,柱用素油,门用黑饰;官员住屋,中梁贴金;二品以上官,正屋得立望兽,余不得擅用。十八年题准,公侯以下三品官以上房屋台阶高二尺,四品以下至士庶房屋台阶高一尺。"位于湖北丹江口的饶氏庄园是清末修建的,其正大门的装饰十分精致,有多重的雕刻彩绘,大门的主要颜色是黑色,没有违反官民住宅的规定。

二、建筑形制类型

　　受明清时期移民建筑文化的影响,在鄂湘赣地区很多明清时期的民居建筑往往融合了多种文化。移民在构建新的建筑的时候,会受当地地理环境及社会环境的影响,并对种种环境因素加以选择,然后融合到自己新家园的建设中,从而形成了鄂湘赣移民圈独特的民居建筑特色。

（一）按场地类型划分

1. 山地类

鄂湘赣地区多山地，山地地形起伏多变，按照山地地区的范围又可以分成大片地形和小片地形，其中小片地形对民居形态和布局产生较大的影响，大片地形主要是对聚落和选址产生影响。山地类的民居大多分布在隘口、交通要道、山坞及山麓旁，由于地势起伏较大不容易成片分布，一般散状分布，通常位于四通八达的道路交会点，容易聚集形成民居聚落。鄂湘赣地区的山地民居平面布局灵活多变，根据地形做出相应的调整，外观大多依坡而建，容易形成错落，比较有特色，如吊脚楼（图 2-2）、石板屋（图 2-3）、木架板壁等，其中吊脚楼为最具代表性的山地民居类型，大多数分布在鄂西、湘西等山脉、坡度较陡的少数民族聚居地。

图 2-2　湖北宣恩彭家寨吊脚楼　　　　　图 2-3　湖北利川鱼木寨石板屋

2. 平地类

平地类的民居大多是以水平伸展的地面式民居为主，其特点就是民居建筑底面一般与地面有直接接触，民居是紧紧依附于地面修建的，这是根据地形坡度较平缓而形成的建筑形态。平地类的民居建筑形态特别多，在鄂湘赣地区也有大量的平原地貌，通常都为人口密集的区域，以天井院落式民居为主要类型，地形平坦易形成较大的院落空间，多抬梁式木构架、砖墙或土墙，房屋总体布局结合地形，前低后高，坐北朝南。

（二）按平面形制划分

1. 一字式

一字式的平面布局是最简单、最基本的形制，是民居建筑平面的原型，主要是由中间的堂屋和左右两边的房屋构成。其中堂屋两侧各有一间房屋的称为"三连间"，形成"一明两暗"的形制[图 2-4（殷炜，2008）]，各有两间房屋的为"五连间"，各有三间的为"七连间"（图 2-5），不管怎样，总成奇数，这是堂室之制所致。一字式的房屋的屋檐出挑较多，可以在屋檐下形成廊。同时廊有遮雨遮阳的效果，对房屋墙面也起到一定程度的保护作用，但是由于其大多由土坯构成，房屋的保留难度比较大。这种简单式的房屋在明清时期一般位于鄂湘赣地区的乡村地带，主要原因是其构造简单、造价便宜。

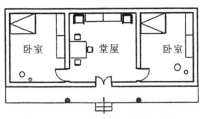

图2-4 "一明两暗"基本形式

图2-5 湖北阳新江源村七连间

2. 合院式

合院式民居是在鄂湘赣地区最常见的建筑样式,是一种由几栋具有不同使用功能的房屋围合而成的建筑空间,比较常见的有三面围合的三合院式及四面围合的四合院式(图2-6),规模大一点的就是这两种基本单元的排列组合形式。合院式民居一般以院落为中心左右对称分布,主要由正房、厢房及其围合的院落构成,与北京四合院式的院落空间不同,鄂湘赣地区主要的院落形式是"天井院",其院落空间较北京四合院要小很多。天井是由四边房间围合成的庭院,这些房间的屋顶往往都连接在一起。从空中俯瞰,它恰似向天开敞的一个井口(图2-7)。天井院作为公共空间是通过屋宇或院墙的轮廓围合,有通风、排水、采光,还有联系空间的作用,属于建筑的内部空间。

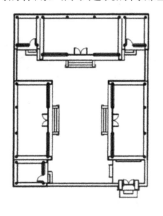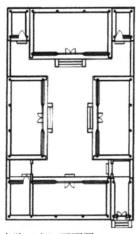

图2-6 三合院(左)、四合院(右)平面图

图2-7 "四水归堂"天井

（三）按使用功能划分

鄂湘赣地区的民居建筑类型复杂多样，但是从建筑的使用功能出发，就可以对民居类型有个概括性的划分。民居建筑的使用要求往往对其形式的构成起决定性作用，通过使用功能进行分类之后也可以从中了解不同民居的形式构成法则，简单来说总共可以分为六大类：一般通用类、前店后宅类、会馆类、戏台、书院、祠堂。有关这一类型的民居建筑式样及其装饰的部位将在第四章第一节中再做分析。

（四）按结构类型划分

明清时期的建筑材料主要还是砖石和木材，由于鄂湘赣地区的木材资源较其他地区丰富，其传统民居建筑的构造大多是木质结构，木质结构最重要的一点就是房屋的承重结构，根据其结构构架的不同，可以分为抬梁式、穿斗式、插梁式及混合式。

1. 抬梁式

抬梁式木构架是在柱上搁置梁头并在梁头上搁置檩条，再在梁上起瓜柱，并在瓜柱上再次担梁，属于梁柱支撑的体系。这种体系的特点就是可以减少部分梁架中的柱子，形成比较大的进深，增加了室内的使用空间，比较适合在多层建筑或高大建筑体系中使用，但是对木材对硬度有要求，一般柱子比较粗[图 2-8（董黎，2012）]。在鄂湘赣地区，一些大屋、宗祠、会馆、戏台等民居建筑中较多运用此构架，湖北省通山县江源村的王南丰老宅修建于清光绪年间，是一个三进的大宅，占地面积 1 100 多平方米，由于老宅的房间尺度都比较高大，其梁柱用料也都比较粗大，一般在上梁穿插枋上面都有精美的木雕（图 2-9）。

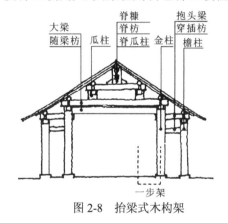

图 2-8　抬梁式木构架

图 2-9　湖北省咸宁市通山县王南丰老宅

2. 穿斗式

穿斗式木构架是用柱子来承托檩条，每根檩条下面都有一根柱子，这些柱子之间都用横向的穿枋相连接。由于穿枋要穿过纵深方向的好几根柱子，所以纵向的稳定性不够大，无法在大空间室内使用。由于穿斗式木构架中没有梁，用料比较小，灵活多变，常见于形制较小的普通民居之中，为了增加房屋的稳定性，穿斗式木构架上面很少出现木雕纹样，造型十分简洁。从构造形式上分析，穿斗式木构架可以简单分为两种：柱子全落地式和柱子局部落地式。柱子全落地式（图 2-10）是最早出现的，后来由于人们对房屋的使用面积的需求越来越大，不得不减少室内柱子的数量，慢慢演变成柱子局部落地式：一般隔一根柱子直接落地或仅是局部落地，没有落地的那根柱子就直接架在穿枋上面。这种形式的构架在鄂湘赣地区并不少见，江西民居中这种木构架更为典型。建于明朝成化年间的江西景德镇祥集弄 3 号住宅（图 2-11）就是柱子局部落地式穿斗式木构架，其柱子是每隔一根落地，正堂的木构架为三柱五檩三穿的形式。虽然明清时期大部分民居的构架都是木构架，但就穿斗式与抬梁式相比较而言，在材料的选择上也有很大的不同。穿斗式木构架由于常出现在小形制的民居之中，又是多柱落地的形式，其空间的跨度较小，木材的用料不需要很大，多为杉木。柱子较多用穿枋相连接，为了增加木材的支撑能力，梁柱上也都没有任何雕饰。

图 2-10　柱子全落地穿斗式木构架　　　图 2-11　江西省景德镇市祥集弄 3 号住宅柱子
局部落地式穿斗式木构架

3. 插梁式

插梁式木构架也叫"穿梁式木构架"，它与抬梁式木构架类似，但是梁端插入柱身，而不是搁置在柱子上。插梁式由于有多层次的梁柱之间插榫的结构，其稳定性相较抬梁式有很大的提升，一般运用在鄂湘赣地区大型住宅的祠堂或正屋之中（图 2-12）。插梁式木构架梁柱的用料比较大，又多运用在大空间中，所以其装饰性比较强，形式也更加丰富。在一些大宅中，为了显示屋主的地位和财富，不惜将构架用红油、金饰进行装饰，使之色彩绚丽。在较为重要的建筑中插梁架都保留了斗拱的节点构造，并通过木雕将其进行艺术化处理。其中，大梁、随梁枋、连系梁、瓜柱和坐斗都是雕刻装饰的重点对象，其雕刻的花样和形式远远超过抬梁式木构架。为了进一步加大房屋的进深和空间，在前后檐柱内还可以通过增加廊步，或者利用插拱出挑来增大出檐的面积和空间。调研中考察的湖北通山光禄大夫宅的正厅的木构架就是典型的插梁式。其大梁为七架梁，梁背呈现拱状，其前后檐柱内都有廊步，增加了房屋的使用空间和气派。另有湖北阳新的李氏宗祠的正厅也使用了插梁式木构架，长达 5 m 的主梁插入金柱之中，梁背微微拱起，其前后檐柱内同样也有廊步，以此显示正厅的重要地位。

图 2-12　湖北通山的谭氏宗祠插梁式木构架

4. 混合式

混合式木构架其实就是多元文化在民居建筑中的一种体现，是南北文化结合的产物。调查发现在鄂湘赣地区很少有民居的构架是完全只使用抬梁式、穿斗式或插梁式的，很多都是根据建筑空间的具体需求来决定房屋木构架的形式。这种混合式的情况一般有两种：一种是厅堂中使用插梁式或抬梁式来增加房屋的使用空间，但在其他房间仍然使用穿斗式；另一种是在一榀梁架中兼抬梁与穿斗的特点，局部的柱子架在穿枋上面，不全部落地，这可以减少房屋的柱子排列数量，增加使用空间，这个时候穿枋也起到了梁的作用，兼具了抬梁、穿斗的原则（图2-13）。

图2-13　湖北省利川市大水井李氏宗祠（左）与李氏庄园（右）混合式木构架

三、建筑形制特征

鄂湘赣地区位于长江中游地段，其所处地理环境和风俗习惯有很多相似之处，但由于分布地域广阔、地形复杂，三省的民居建筑也有一些差别，这些差异都会根据当地地域特征做出调整，体现出鄂湘赣地区民居建筑的环境适应性特征。尽管各地民居建筑会在环境的影响下产生不同，但那都只是建筑现象的产生，我们的研究要从建筑的本质出发，这样才能准确认识到明清时期鄂湘赣移民圈民居建筑形制的特征，研究的主要方法就是运用类型学的观点，通过对鄂湘赣典型民居的对比分析归类来认识民居建筑的整体性特征（郭谦，2005）。简单来说，建筑形制其实就是一种已经形成了的模式，通过对模式的分析来更好地把握建筑的整体性，从而得出总结性的理论。

（一）明清时期鄂湘赣移民圈民居建筑的空间尺度

人为物象或自然的大小相对关系通常称为尺度，民居的空间尺度主要通过人在空间中的运动尺度、感官尺度、身体尺度三方面体现，因此建筑的使用空间尺度与人的尺度感之间有着密切的联系。

1. 房屋尺度

鄂湘赣地区的明清时期传统民居建筑的种类繁多，但是无论是哪种类型的民居建筑，其承重结构大多是木构架或砖木混合结构。木料本身的材质属性直接影响了民居建筑纵向与横向的发展。明清时期，民间住宅的开间和进深的营造尺度受到封建礼制思想的极大束缚，有着严格的等级秩序。鄂湘赣地区的传统民居建筑的尺寸多数是匠师和房屋主人商量之后决定的，也会根据房屋的实际情况进行相应的调整。从最简单最基本的"三连间"的平面尺寸来说（图 2-14），三连间一般由堂屋和两边的卧室组成，房屋的大小多取决于堂屋的尺寸。堂屋的横向与纵向的尺寸又由当地摆酒席使用八仙桌的数量来决定的，八仙桌的尺寸是一个定量（宽二尺七①），算上桌子周围人坐下来的宽度，一个八仙桌的宽度大约是六尺。以最常见的四桌为例，根据人的行走尺度可以知道两桌中间最少要留三尺宽的过道方便人进出，这样就可以得到一个堂屋的横向舒适尺寸约为一丈五。再看堂屋的纵向尺度，为了不挡住卧室的出口，八仙桌距离主入口大约有四尺，加上两桌与中间的走道的一丈五，最里面摆有供桌的地方也要预留四尺的空间，总共加起来堂屋的纵向尺度大概为二丈三，这也是一个比较符合人运动尺度的空间尺度。卧室的空间尺度比较固定，一般为八尺宽或九尺宽（任丹妮，2010）。

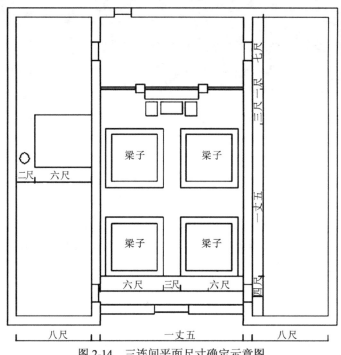

图 2-14 三连间平面尺寸确定示意图

2. 天井尺度

鄂湘赣地区的民居建筑中天井是基本的构成元素，具有通风、采光、排水的功能，其形式主要有水形天井[图 2-15（黄浩，2008）]和土形天井[图 2-16（黄浩，2008）]。根据大量的研究可以发现，天井长宽比为 2∶1 或 3∶1、天井檐高与进深比为 1∶1.25～1∶1.40 为最合适的比例，这样可以达到最好的通风效果（陆元鼎 等，2003）。当然这只是通过分析得出来的最佳比例，在很多民居建筑中受房屋实际情况的影响，即使天井的尺度并不在这个比例范围之内，也会通过分割或增加天井数量来改善不良比例，达到更好的通风效果，例如在江西省宜春市宜丰县一带就多用短墙将天井分隔成三段来改善比例。天井还有排水的重要功能，鄂湘赣地区多雨的天气及屋顶的坡向是朝向天井的，导致天井承担了极大的排水功能，所以天井深度一般需要 30～40 cm，有的地方甚至达到了 50～60 cm。

---

① 一尺约为0.33米，十尺为一丈。

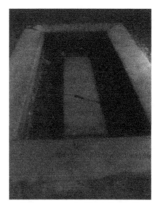

图 2-15 水形天井外形　　　　　　　　　　图 2-16 土形天井外形

（二）明清时期鄂湘赣移民圈民居建筑的平面形制

在对中国传统民居进行形制特点分析的时候往往会从建筑的平面形制入手，对明清时期鄂湘赣移民圈民居建筑形制的分析也不例外，平面形制往往可以展现出建筑的本质特征。鄂湘赣地区的民居建筑中"天井式"住宅较多，它们的平面形制通常以"进"作为基本的单位，在此基础上进行拼接组合以满足不同家庭的居住需求。通过对区域内典型案例的分析和归纳，鄂湘赣民居建筑可以分为以下几类：天井式民居、天井式民居平面单元的组接、一明两暗型、多开间平面格局、鄂西干栏式民居等。

1. 天井式民居

天井式民居也是明清时期鄂湘赣地区主要的民居形制，以天井为中心，四周环绕各种不同功能的生活居室，其中天井起到了满足建筑内部日照采光、通风和排水的作用。与北方四合院式民居建筑不同的是，天井属于建筑的内部空间，而四合院是建筑组合的外部空间。天井式民居的平面构成的序列是：入口大门、天井、左右厢房、厅堂、厅堂后壁后面的楼梯间、厨房（郭谦，2005）。明末清初，房屋构建制度松弛，一些地方陆续修建多开间的一进大宅，这是为了满足宗族、大家族的居住需要，因此出现了很多复杂的平面形制。以其基本平面构成单元"进"的多少来划分的话，可以分为单进前后堂式、前后两进式、三进式等形制。

（1）单进前后堂式。单进前后堂式是最简单的天井式民居形制，一般多为贫穷的家庭居住，整个房屋面积较小，是较为简单的一种住宅形制。前后堂式住宅三开间一进，少数为五开间。前后堂其实是处于一个屋檐下的整体，由一个太师壁将完整的厅堂隔成两个部分，进深大的就是前堂，一般是住宅的正堂，是礼仪性的空间，进深较小的是后堂，是家庭日常生活、娱乐的场所，后堂的进深一般没有前堂大，所以会扩大其屋檐的出挑宽度来增加房屋的使用空间。卧室同样也位于前后厅堂的左右（李秋香，2010），例如江西省上饶市鄱阳县江家山村某住宅，就是一个典型的三开间单进前后堂住宅，前堂面积比后堂大。

（2）前后两进式。前后两进式是一种四合院式住宅，中间是天井，正屋虽然都是三开间，但是开间的尺寸明显变大了，大门一般开在前进的正中间，但是有少数房屋进门方向与地面有一定的倾斜角度，这是受当地的山势环境的影响。通常门厅是明间的前部，后部则为下堂，而第二进的明间则是上堂。通过大量的实地调研可知第一进的进深比第二进浅，第二进的地坪一般要高一点，房屋的步架深度也会加大，例如湖北省通山县闯王镇宝石村舒尚好宅，其后进的厢房的进深有所加大，为了更好地通风和采光还加设了天井（任丹妮，2010）。

（3）三进式。三进式天井一般是富裕人家的住宅规制，这类住宅的规模很大，扩大了房屋的使用面积，也使房屋的序列层次更加分明。一般第一进下堂是门厅和过厅，往往没有多大的使用价值，起到空间过渡的作用，第二进和第三进才是生活娱乐的场所，且面积较大，大部分都是第二进上堂的面积较大，用来接待客人等，例如江西省星子县横塘镇新屋曹家郎官第就是一栋嘉庆年间建造的三开间三进天井式住宅，第一进的天井十分的狭长，第二进为上堂，堂前还加了四根檐柱来增加堂屋的气派，面积也要比第三进后堂大得多。

2. 天井式民居平面单元的组接

前面说过的天井式民居的平面构成是以"进"为一个基本单元，通过它的不断组合形成复杂的平面构成，在一些小户人家中，由于单进天井住宅已经能够满足大部分的生活需求，基本上都以单进作为一栋独立的住宅。在鄂湘赣地区，多开间一进独立天井住宅分布较为广泛，其中三开间、五开间比较普遍，七开间就相对少见一些。单进式住宅对小型家庭来说是够用的，但是在明清封建社会对那些庞大家族体系的家庭来说是远远不能满足使用需求的。明清时期对平民百姓住宅规模的要求十分严格，他们不得不开始向纵向横向扩展，因此形成了多进多开间的天井民居住宅（郭谦，2005）。

纵向连接的平面构成方式大多是增加建筑的"进"数，比如位于江西省宜春市铜鼓县带溪乡港下大夫第就是四进纵向连接的天井式民居，由于此住宅的进深太长，第一进和最后一进的天井均是靠着外墙形成虎眼天井，但是像这种四进式的纵向连接的民居是不太常见的，大多数纵向连接的天井式民居以两进、三进为主，结构相对简单合理。如果纵向扩展还是不能满足住宅面积需求的话，还可以在垂直于中轴的方向增加住宅，在形成豪屋大宅的规模同时也没有违背朝廷的建房规制。横向连接的方式比纵向连接更为简单，就是将一进或多进房屋横向连接在一起，一般也是受传统"四世同堂"思想的影响，希望子孙后代都居住在一起。

3. 一明两暗型民居

"一明两暗"三开间的民居格局及其衍生形式一直是中国传统社会中普遍存在的一种住宅形式。从鄂湘赣移民圈可以考察到的明清民居遗物中可以发现，大多建于明朝时期的住宅的规模都有严格的规定。《明会典》中记载"庶民所居房舍，不过三间五架"，因此民居建筑的平面形制大多是最基本的"一明两暗"三开间格局，江西省上饶市鄱阳县茶条巷 3号明末时期的三开间一进住宅就是比较典型的代表。由于《明会典》中并没有规定房屋的进数，所以很多大户人家的房屋都在纵向增加进数来满足居住需求，这就形成了很多的三开间多进民居，比如江西都昌杭桥乡老山村潘宅就是一栋结构比较整齐的三开间两进加后堂半天井的住宅。到了明末清初，社会处于权力交替的阶段，民间建房制度也开始松弛，因此出现了很多多进多开间的豪宅建筑，但是很多普通家庭中还是依旧采用最基本的三开间平面格局，有利于解决通风采光问题（殷炜，2008）。

4. 多开间平面格局

多开间平面格局是用来满足一些大户人家的居住需求，此次调研的湖北省咸宁市崇阳县黄泥塘老屋就是一进七开间的天井住宅（图 2-17），为了更好处理多开间住宅的通风和采光问题，需要加宽天井，此七开间住宅的天井就通过增加尺寸，满足房屋的采光需求。还有一种运用更多的改善采光条件的方法就是增加天井的数量，江西省万载县株潭乡丁家村的周家大屋是典型的三天井七开间的大屋，但是它巧妙地将天井进行了分解，原本三进的天井处理成了九个，因此即使开间比较多也有良好的采光和通风，鄂湘赣地区还有很多这类多进多开间的住宅，多是采用了这种处理方式来增加内部采光。

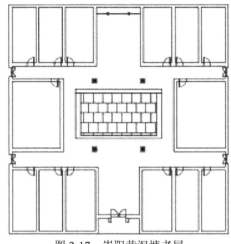

图 2-17　崇阳黄泥塘老屋

5. 鄂西干栏式民居

在鄂湘赣地区除上述几种民居建筑平面形制外，还有一种具有民族特色的干栏式建筑平面形制，以鄂西干栏式建筑为典型代表。鄂西干栏式民居又叫吊脚楼（图 2-18），与一般干栏式民居不同，它结合了鄂西当地多山且陡的特点，依山就势而建，在此基础上形成了半边楼房架空的建筑形式，而一般干栏式底部是悬空的，所以称吊脚楼为半干栏式建筑。鄂西吊脚楼最基本的特点就是正屋不悬空，厢房除了一边与正房相连，剩下三面都悬空，用柱子支撑；其重要特征就是欱子、两重挑、板凳挑、吊脚檐柱、耍起、吊起、耍头、吊头等。

图 2-18　吊脚楼

通过分析其平面形制可以发现，吊脚楼的平面空间布局比较清晰、丰富，鄂西人喜欢楼居，吊脚楼平行于山体等高线的一楼空间为堂屋和卧室，堂屋一般是建筑的中心，位于正房中间，是祭祀、宴客、休息的场所，其两侧就是卧室、厨房等，在厨房的周围还会设置传统的取暖设备——火塘，这也是日常人们聚集的地方。下层架空处为牲畜圈、卫生间、浴室，上层为餐厅和卧室。在鄂西常见的单体吊脚楼的平面布局多为 L 形，例如在湖北省宣恩县彭家寨就随处可见 L 形的平面布局[图 2-19（李晓峰 等，2010）]，这种平面布局的空间在入口处往往会形成序列丰富的空间层次。

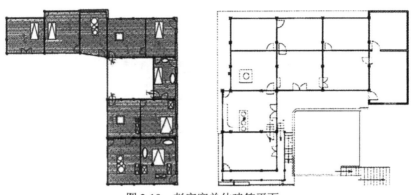

图 2-19　彭家寨单体建筑平面

（三）明清时期鄂湘赣移民圈民居建筑空间的"虚""实"意境

自古以来的文化内涵和特有的文人气质，使中国人民在看待事物的时候充满感性思维，也就是"化景物为情思"，正是这种思维才成为了空间"意境"产生的必要条件。"景"为实，"情"为虚，意境的产生也就是两者相互交融的结果，蒲震元（2004）指出："所谓意境，应该是由指特定的艺术形象（实）和它所体现的艺术情趣、气氛以及有可能引起人的丰富联想形象的总和。"

1. 民居建筑空间"虚""实"意境形成的影响因素

1）儒家文化

建筑是凝固的文化，建筑与所处时代的文化之间有千丝万缕的关系，建筑空间意境的形成也深受历史文化的影响。儒家思想在我国社会发展中长期占据统治地位，礼制思想更是汉民族之纲，到了明清时期发展到了更高的阶段，即理学，更加深了儒家的伦理观及礼制文化在社会各阶层各方面的影响。体现在住宅上面，就是居住建筑空间的设计要严格遵循等级秩序。就民居平面形制而言，则演变为空间布局的秩序性、严谨性和对称性，明清时期鄂湘赣地区的民居以天井院式为典型代表，空间大多有明显的轴线，并且沿轴线依次由厅堂、天井院落层层纵向贯穿，左右对称分布各种居室，处处体现了理性秩序的意象，其中厅堂为"实"，院落为"虚"，递进组合形成了虚实相间的空间布局。例如湖南岳阳张谷英村的平面布局就十分有序，大多以"天井"单元进行纵横连接，每片房屋与每组堂屋之间还有巷道连接，使 1 000 多间房屋密而不乱、虚实交替，这种意境的形成正是受儒家礼制文化的影响（郭谦，2005）。

从建筑装饰方面来看，明清时期鄂湘赣地区民居建筑装饰也受严格的等级制度影响，由

《论语·公冶长》"臧文仲居蔡，山节藻棁，何如其知也！"可知，孔子认为房屋中斗拱和彩画装饰等应该是高等级身份的象征，后来民居外立面的装饰形式等都有了严格的等级限制，没有什么发挥空间，只有在一些必要的地方，例如大门等构件处才会有装饰，整体呈现比较封闭的状态。相比之下民居内部空间的装饰会更为灵活多变，受等级制度的影响形成了外实内虚的民居建筑装饰特点。图2-20为湖北省丹江口市浪河镇饶氏庄园外立面，可以看出整体比较简洁，只在山墙、大门处有少量单一的装饰，图2-21则是其内部空间，可以看到大量精美的木雕、石雕装饰，层层交替分布（曹安琪，2017）。

图 2-20　湖北丹江口浪河镇饶氏庄园外立面

图 2-21　湖北丹江口浪河镇饶氏庄园内部装饰

2）道家文化

　　江西的三清山、龙虎山及湖北的武当山都是道教的圣地。道家主张的"天人合一""道法自然"的哲学观、自然观深深影响了明清时期鄂湘赣地区民居建筑虚实空间的构成。最具有代表性的是鄂湘赣地区天井院式民居，其中天井是其最重要的构成部分，它将人们的视线从地面引向了高空，是中国古代人民敬天奉神及"天人合一"思想的产物，这样的设计使整个沉闷的民居建筑活了起来，透过天井将人与自然联系在了一起，赋予了建筑空间无限的意境。同时受此哲学思想影响的还有天井式民居的厅堂设计，厅堂前方朝向庭院的一面大多安装的是可拆卸的隔扇门或完全敞开，厅堂的后部与后庭院之间有的安装可拆卸的隔扇门，有的则是在厅堂中间摆放太师壁来连接厅堂前后空间，其巧妙的设计使单体建筑的空间层次更加丰富（图 2-22）。从厅堂向外望去会看到一幅美丽的图画，引人无限遐想，达到了人景交融的境界。厅堂与庭院此时形成了内外通透的室内外空间序列，实现了空间的虚实对比和意境的构建。

图 2-22　湖北通山大夫第太师壁

3）经济

经济基础决定上层建筑，经济的发展直接影响民居建筑的规模，明清时期鄂湘赣地区的大移民运动为迁入地带来了大量的劳动力，促进了当地经济的发展，为传统民居建筑能够注入更多的精神性内容提供了保证，建筑空间布局和界面装饰的层次也日趋丰富。通过丰富的民居空间视觉形象及其承载的象征语义，形成了大量的虚实空间，极大地拓展了民居空间的内涵和外延。

2. 民居建筑空间"虚""实"意境营造的手法

（1）空间形态与"虚""实"意境（外部和内部）。

空间是建筑设计的灵魂，是人们日常活动的实体环境。对民居建筑而言，其空间形态从来都不是单一的，而是由复杂多变的各个单体空间组合而成，既有较为私密的封闭式空间，也有可以举办聚会活动的开敞空间，以及连接两者的过渡空间，正是这种变化多样的空间形态组合在一起才营造出不同的意境。

明清时期移民运动的大爆发为鄂湘赣地区带来了大量外来人口，这个时期鄂湘赣地区的建筑文化是不同地域文化相互交融的结果，具有多元性、独特性的特征，例如最具代表的天井院就是南北文化在此地交融形成的特色空间形态，结合了北方院和南方井的特点，形成了最适合此区域人们居住的住宅形式。受移民文化的影响，此区域民居的空间层次十分丰富，形态各异，无论是单进、两进还是多进，其外部形态都呈现多面围合的形式，有的是三面，有的是四面，具有很强的封闭性、防御性（实）。然而走进其内部空间时会发现，原本封闭的厢房厅堂被大小各异的天井、廊道所穿插，整个内部空间开始出现光影的明暗开合，变化有序（虚），图 2-23 就是湖南省浏阳市桃树湾刘家大屋的内部空间，廊道左右的天井将光线引入，打破了原本沉闷的空间氛围，明暗交替的光影进一步丰富了空间的层次。有些住宅的进深方向随着空间等级的提高出现地势也在不断地升高，例如位于湖北省竹山县的高家花屋的地势就是逐渐升高的（图 2-24），经过实地测量发现前后院落的高度差达到了 2.7 m，行走在其中人的视线也会随着内部空间的流线和形态的不断变化而变化，形成了丰富的虚实变幻之境。

图 2-23 湖南浏阳桃树湾刘家大屋　　　　图 2-24 湖北竹山的高家花屋前院

（2）空间布局与"虚""实"意境。

从平面布局的角度出发，可以将明清时期鄂湘赣地区民居概括为一字式与合院式，其中合院式是主要的调研对象。合院式一般是以厅堂和院落作为组合形成纵横向递进的贯穿交融的空间序列，厅堂与庭院之间通常用厢房和廊进行衔接围合而形成合庭院，或者做减法挖出天井，细分其平面构成序列（以一进为例）：大门—天井（庭院）—左右厢房—厅堂—厅堂后壁的楼梯间（或在天井一侧）—厨房。按照这种序列布局将自然景观与建筑融为一体，敞开空间（天井院落、廊轩）与私密空间（厅堂厢房）的有序排列呈现光线明暗、阴阳的交替变化，不同尺度、功能的空间按照有序的空间单元连接在一起，体现出了空间的韵律感和虚实变化之美。

民居中除了平面有序的空间布局，其垂直界面的布局也在空间氛围的营造中扮演着重要角色，这里主要分析墙立面的空间布局。通过对明清时期鄂湘赣地区民居的实地调查，发现由于受封建社会等级制度的影响，民居的外部墙立面的装饰相对于内部而言简洁很多，一般集中在屋顶、大门或少数几个窗户上面，而内部墙界面的局部变化就十分丰富，通过对墙面局部运用不同材质、色彩或造型来形成虚实对比，丰富空间的层次。比如会在厅堂的太师壁上挂中堂画，或在隔墙上安置漏窗，使空间隔而不断、相互依存。图 2-25 是位于湖北通山的谭氏宗祠，在它的天井隔墙上设置了精美的漏窗，使原本分割的空间又融合在了一起，"你中有我，我中有你"。图 2-26 是湖南浏阳桃树湾刘家大屋的漏窗，同样也是起到了融合内外空间的作用。运用各种手段形成视觉上虚实的不断变化，从而使建筑单体产生丰富的空间层次。

图 2-25 湖北通山谭氏宗祠天井隔墙漏窗　　　图 2-26 湖南浏阳桃树湾刘家大屋的漏窗

总之，中国传统儒道文化的自然观、哲学观和审美观等对鄂湘赣移民圈民居建筑空间的设计具有深刻的影响，不仅强调院落与单体建筑组合空间的虚实相生，也注重单体建筑空间本身的虚实对比，形成丰富的空间层次，其中建筑空间与自然空间的巧妙穿插、相互交融，赋予了整个民居建筑空间节奏感、韵律感，营造出一个情景交融、虚实交替的民居空间意境。

第二节　装饰部位、工艺与方法

一般来讲，屋顶在传统建筑中有着至关重要的地位。林徽因（1981）在《清式营造则例》绪论中指出："我国的建筑始终保留着三个基本要素：台基部分，柱梁部分，屋顶部分。"这三部分里视觉效果最为夸张殊异、体现建筑整体特征的当数屋顶部分。屋顶的构造及其营造是影响民居建筑造型之美的重要因素，合理的构造可以使整个民居建筑的造型显得更加优美。

一、屋顶的营造技术及其装饰

（一）屋顶的造型—折屋之法

我国传统建筑立面的形象，通过屋角的起翘、屋面的提栈、屋脊的装饰和瓦片层叠所形成的曲线、曲面等而显得轻盈和灵动。这些折痕曲线包括建筑的檐口、屋脊和屋面的曲线。有关这些曲线的折屋之法，《周礼·冬官考工记》中曾记载"匠人为沟洫……葺屋三分，瓦屋四分"。传统建筑确定屋顶曲面曲度的方法，在宋代李诫《营造法式》中名为"举折"："各以其材之广，分为十五分，以十分为其厚。凡屋宇之高深，各物之短长，曲直举折之势，规矩绳墨之宜，皆以所用材之分，以为制度焉"。在清工部《工程做法》中描述为"举架"："如檐部五举，飞檐三五举，如五檩脊部七举，如七檩金步七举，脊部九举，如九檩下金六五举，上金七五举，脊部九举，如十一檩下金六举，中金六五举，上金七五举，脊部九举，或看形势酌定。"在清代姚承祖《营造法原》中则为"提栈"，"提栈之定意，前已言之。房屋界深相等，两桁高度自下而上，逐次加高，屋面坡度亦因之愈后而愈高。中国建筑曲线屋面之产生，即基此制，其制称曰提栈。"可见举折、举架和提栈对于折屋处理的目的和作用大致相同，但因地域、时代的不同而在具体做法上有所差异。例如，在湖北民间做硬山、悬山屋顶的建筑，其檐口大多平直，而部分祖堂或宗祠做歇山屋顶形式，其角梁处一般都做明显的起翘，从而使得檐口呈两端上扬的曲线。角梁通常起翘，一般有水戗发戗、嫩戗发戗两种做法。

折屋之法的具体做法，早在《营造法式》中就有详细说明："以举高尺丈，每尺折一寸，每架自上递减半为法。如举高二丈，即先从脊背上取平，下至檐方背，其第一缝折二尺；又从第一缝背取平，下至檐方背于第二缝折一尺；若椽数多，即逐缝取平，皆下至檐方背，每缝并减去上缝之半。如取平，皆从砖心抨绳令紧为则。如架道不匀，即约度远近，随宜加减。若八角或四角斗尖亭榭，自檐方背举至角梁底，五分中举一分；至上簇角梁，即两分中举一分。"由此可见，该做法是以调整梁架中柱子高度和梁的长度使檩的连线呈折线，从而呈现出曲线坡屋面的外立面效果。该做法以灵动的曲线代替了僵硬的直线，靠近屋脊处坡度较陡，然后逐渐放缓，直至屋檐处出檐深远，形成最具中国古建筑特色之一的"飞檐"，这些都源于这条"下折"的曲线。总的来说，就是用古建筑技法（穿斗、抬梁）将屋面由两边向中间逐渐举高，形成坡屋面，再将坡面线由直线下折，形成下凹的曲线坡面线或折线坡面线。

一般来讲，明清时期鄂湘赣移民圈民居建筑水戗发戗的营造方法较简单，其双层角梁和翼角的构造基本与北方相同，仅仅是屋角向外伸出得比较多，而且翘得高（图2-27）；在湖北、湖南的一些地方由于不用仔角梁，只是在老角梁前面加弦子戗，即用一段弯木头使屋角翘起来，其檐口就显得比较平直，檐面与山面交界处的仔角梁不起翘，或者起很小的翘，仅戗脊在近屋角处向上反翘，从而使屋角的翘起颇为突出。而嫩戗发戗则出檐很大、使屋角翘得很高。其做法是在老角梁之上直接斜插仔角梁，同时，立脚飞椽也随正身飞椽到嫩戗之间的翘度顺势变化，并依势向前上方翘起排列，使檐口至屋角处形成明显的起翘，屋面到嫩戗尖形成一条优美的曲线，屋顶因此显得玲珑、精美（图2-28）。

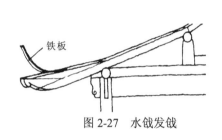

图2-27 水戗发戗

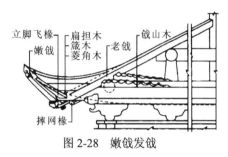

图2-28 嫩戗发戗

（二）屋面石瓦层的制作工艺与方法

屋面石瓦层是指在明清时期鄂湘赣移民圈民居建筑木构屋顶的屋面木基层之上的结构层。做法各有不同，可分为官式做法和民间做法。官式做法是在椽上铺设望板，并在望板上覆盖护板灰，再在上面铺盖板瓦、筒瓦或琉璃瓦；民间做法屋面使用的通常为小陶瓦、小青瓦。

1. 排山勾滴（铃铛排山勾滴）屋脊

在筒瓦屋面中，将硬山、悬山和歇山的垂脊称为排山脊。排山脊的排水由勾头和滴水担任，此勾头、滴水瓦称为"铃铛瓦"。铃铛瓦排山勾滴和排山脊即为铃铛排山脊。凡做排山脊的小式屋顶，其正脊不做大脊，小式排山脊一般为"箍头脊"（即圆弧接头）形式。建筑上的排山勾滴是指建筑外墙洞口上沿和挑沿外边的鹰嘴和滴水槽。建筑滴水护角也叫滴水线、鹰嘴，是防止雨水顺墙面下流设计的。一般在底面与外墙面交界的地方，设一条建筑滴水护角，雨水在这条滴水护角线处就会跌落，这样水就被隔断而不会向内流了。

排山勾滴的营造方法主要分为赶排滴子瓦、拴线铺砌滴子瓦、拴线铺砌勾头瓦和建造滴水。赶排滴子瓦：在山面正中，博风板上皮放一块滴子瓦叫"滴子坐中"，以此向两边赶排瓦口，滴子之间的距离以排到博风尾端为好活，赶排好后将瓦口木钉在博风板上皮，如采用博风砖则不需瓦口木，可用灰作成瓦口。拴线铺砌滴子瓦：拴好滴子瓦的高低线和滴水线，按已排好的瓦口由中间向两端，逐块铺灰砌放滴子瓦。砌瓦时，应在滴子瓦的后端压一块"耳子瓦"，滴子瓦舌片的里皮可紧贴博风板外皮，也可少许留点距离，但应与线一致，当铺砌到两个端头时，使用"割角滴子瓦"。拴线铺砌勾头瓦：拴好勾头瓦的高低线，在两滴子瓦之间的凹当内安放一块"遮心瓦"作挡灰板，然后铺灰安放勾头瓦，在此处称"猫头瓦"（即无眼沟头瓦）。砌到两个端头时，应使用"斜猫头瓦"形式，最后打点、赶轧。滴水是指在建筑物屋顶仰瓦所形成的瓦沟最下面的一块特制的瓦。从唐代的绘画或一些石刻作品中可知其滴水形制及其形状。文献记载和实物考察也可发现宋、辽时期多用重唇板瓦作滴水，发展至明清则逐渐衍化成如意形滴水。例如鄂西北地区由于降水充沛，所做滴水可防止雨水沿着屋檐、窗台渗入墙体，对墙体起到保护作用。饶氏庄园（图 2-29）的滴水是呈倒三角形，其装饰的题材多为花草植物。

湖北省黄石市阳新县玉垺村
李氏宗祠勾滴　　　　　湖北省丹江口市饶氏庄园勾滴　　　　湖北省大冶市水南湾九如堂勾滴

大冶上冯村古民居门楼勾滴　　　　　　　　　饶氏庄园勾滴

图 2-29　明清时期鄂湘赣移民圈民居建筑各式瓦当及其装饰

铃铛排山脊的位置是在梢垄中线与排山勾滴耳子瓦之间。小式铃铛排山脊没有兽前兽后之分，也没有垂兽和狮马。具体做法如下（田永复，2003）。首先，在梢垄线上铺灰，外侧压住猫头瓦的后尾，里侧与盖瓦顶（即梢垄中线）平，并在外侧的"猫头瓦"之间砌当沟。其次，在当沟之上用灰找平，砌里外两侧的头层瓦条，瓦条两边之宽应等于眉子宽，中间空隙用灰填满。在两个脊的端头"斜猫头瓦"上安放圭角，圭角与头层瓦条平，在圭角和头层瓦条上铺灰砌二层瓦条之后，在脊身二层瓦条上铺灰砌一层混砖，混砖出檐为本身圆混半径，在脊端头二层瓦条上安放盘子，再在脊身混砖上铺灰扣放一块筒瓦，在脊端头安放斜猫头瓦，在其上托眉子，眉子两边做眉子沟。需要注意的是：在头层瓦条内侧比圭角宽出部分，要用灰抹成"象鼻"以免生硬，如果排山脊坡的长度很短，为避免比例失调，可不做头层瓦条，也不抹"象鼻"；最后，在排山脊做好后，刷浆提色，当沟和眉子刷烟子浆，瓦条和混砖刷月白浆。

2. 各式瓦当及花瓦

瓦当，即勾头、瓦头。瓦当是我国传统建筑中用来覆盖建筑檐头筒瓦前端的遮挡，对木制飞檐具有保护作用；同时，瓦当端部可以饰以各种不同题材的图形纹样，对屋面轮廓起到美化作用。瓦当形成的历史悠久，不同历史时期的瓦当有不同的特点，根据瓦当端部装饰的纹样可判断出其生产的年代。一般来讲，瓦当最早见于西周晚期，后经过不断的发展和变化，产生丰富多彩的艺术形式和样式，到了明清时期一些地方称瓦当为"勾头"。

明清时期鄂湘赣移民圈民居建筑中的瓦当装饰很多，如图2-29所示。例如，饶氏庄园的勾头塑造成扇形，主要用于雨天阻挡雨水下滴，保护墙体，具有较强的实用功能。此外勾头还具有装饰审美功能，图2-29中饶氏庄园勾头使用的装饰题材为花卉，这些勾头通过整齐划一、错落有致的横列，使建筑的外部轮廓看起来更整齐、美观。

（三）屋脊的制作工艺与方法

屋顶结构中，主要承担美学表达的就是屋脊部位。中国古建筑中的屋顶所占建筑的体量比重相当大，不但是建筑的重要结构，也是美学表达主要的途径之一，故中国古建筑的屋顶又被称为"第五立面"。在鄂湘赣地区的民居建筑中似乎对于屋脊的装饰和美化不是非常重视，其民居建筑的屋脊做法较为简单，但种类较多，最常见的是用瓦片直接叠置，即做游脊；另外，还有清水脊、花砖脊、雌毛脊和环包脊等做法。同时，屋脊常常会添加各种各样的装饰构件。

1. 游脊

游脊区别于其他屋脊最主要的特征是不垫望砖不粉刷，直接将瓦片斜铺，是传统民居中最为常用的、最简易的屋脊形式（图2-30）。游脊的做法一般先要定出屋脊的中心点，再将灰泥倒于脊尖后，从中心向两边竖叠或横排斜铺瓦片。横排参照"盖七露三"的原则铺设两至三层，再在屋角处做翘起，竖叠只铺设一层，需将板瓦向屋角一侧斜立后堆砌至屋脊中心。

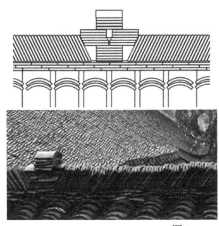

图2-30　饶氏庄园的游脊

2. 清水脊

清水脊又称攀脊，是明清时期鄂湘赣移民圈民居建筑脊饰的一种形式，也是该地区民居常见的屋脊做法，一般只用于悬山式和硬山式等小式建筑。从湖北省大冶市水南湾敦善堂清水脊的遗存（图2-31）来看，清水脊的具体做法是在脊尖上倒铺掺灰泥，然后做攀脊，即在做好的瓦头上合上二皮瓦，再在两边山墙老瓦头上设置水平点，并拉通长水平线，合攀脊面做上水平面，等其成型后再在两侧瓦当内粉上纸筋灰。在粉刷攀脊面层时可用木制直尺放上粉头厚度粉刷成直线，中间略微凹陷，使两端稍稍翘起，整体呈倒八字造型，从而使屋脊更显美观。清水脊形式简单、少见复杂的饰件，其装饰的重点在屋角两端的起翘处，莲花盘草翘角是清水脊中常见的脊头。

图 2-31　湖北省大冶市水南湾敦善堂的清水脊

3. 花砖脊

花砖脊是指用花砖、花节砌出的屋脊（图 2-32）。花砖脊的做法不同于清水脊，花砖脊屋脊头两端不用莲花盘草头而是使用正吻，形式一般多用鱼尾、鳞尾或精致的牡丹花造型。花砖和花节在花砖脊中都属于装饰性较强的构件，因而在装饰处理上，花砖以黄、绿为主并多做镂空处理；而花节色彩以青灰为主，再细致雕刻。具体做法是：先扎肩瓦，将掺灰泥倒在脊尖上，再两排板瓦，下脚分开上端抱合地立在泥灰上；后在扎肩瓦两侧抹泥灰（压肩瓦）以使屋脊更加牢固；之后将排上屋脊的底瓦与盖瓦抹泥灰做抱头，即做"蒙头瓦"，再抹泥灰压一皮条头砖并上下接缝错开，以便在蒙头瓦上置花砖和屋脊头进行装饰。

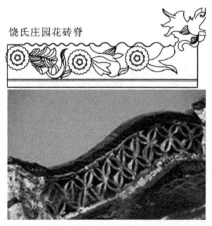

图 2-32　湖北省罗田县九资河镇官基坪村新屋垸吴氏祠花砖脊（左）
与黄冈市红安县八里湾镇陡山村花砖脊（右）

4. 雌毛脊

雌毛脊也称作"翘头脊"，是在屋角处向上翘起尖嘴形造型的屋脊形式。雌毛脊具体做法是先在屋脊中央部位固定好脊饰，测分出屋脊的中心点；然后，自中心向两边叠置瓦片，一直铺到屋脊翘角的地方，待叠至起翘点时，将竹节瓦向脊头方向做收势状，直到脊头收缩成尖点的形式。雌毛脊的装饰充分利用了瓦的装饰特点，故装饰造型简洁，别具风格。湖北地区屋脊雌毛脊的营造技法不仅在本地域范围内有较多的应用，而且还影响周边的一些地区的民居建造及其装饰。

5. 环包脊

环包脊最大的特点是会向下弯曲并以环状形式包裹屋脊端头，而屋脊两端的翘首层向上翘起，一般在武汉地区民居建筑中使用较多。营造环包脊时，在铺设叠瓦前需先做好两端的包脊环，再在脊尖倒上灰泥，在做好的瓦片上合二皮瓦制成攀脊，同时在攀脊上糊上纸筋灰，然后自两端同时向中心位置铺设叠瓦。包脊环一般都是由打出岔角的板瓦包叠而成，安装时可先在屋脊端头抹上泥灰，再按顺序进行层层包叠瓦片，叠至上卷至屋脊后，方可从端头向中心逐渐铺设瓦片。

（四）屋顶采光系统的营造方法及其装饰样式

1. 天井

明清时期鄂湘赣移民圈民居建筑中的天井是指房子与房子、房子与围墙之间围合衔接形成的方形露天空地。天井周围被房屋包围，地方较小，因此光线也较昏暗。阳光从天井中射下，光线照在地上如井水一般，所以称其为天井。天井是老宅采光最主要的构造，一般来讲，天井采光分为直接采光与间接采光。天井采光的效率由天井的高宽比例所决定，越大、越浅的天井采光效率越高；反之，越小、越深的天井采光效率就不是很理想。所以，处于一个天井中越是接近井口部的房间就越亮。天井的营造与庭院风水有很大的关系。它能使建筑空间更加灵活，构成美妙的环境景观。在我国"风水"学中，天井是气口，作用在于聚财、养气。在明清时期鄂湘赣移民圈民居建筑中，围绕着"天井"的建筑结构及其相关部位都是装饰重点关注的对象（图2-33）。

2. 天斗

天斗在有些地区也被称作"抱顶"、"乌龟斗"或"趵顶"，与天井的结构位置关系为天井在下、天斗在上（图2-34）。天斗的上部屋顶常常会设置亮瓦，并在四周预留空隙，以供后期屋内空气换送，并增强天斗的采光功能。

3. 亮斗

亮斗类似天窗，是亮瓦发展衍生的采光构件，能够让室外光线通过该空间直接到达底层房间，又因其在建造过程中由各个构件围合而成为一个上小下大的中空斗形结构，故称"亮斗"。

4. 亮瓦

明清时期鄂湘赣移民圈民居建筑多以瓦封顶，为室内采光计，一般会设置透光的瓦片（图2-35）。因传统观念中奇数为阳，亮瓦在民居建筑中以3列或5列排列。

图2-33　湖北阳新乐振簧　　　图2-34　湖北大冶刘通村　　　图2-35　湖北大冶刘通村
　　　　老屋天井　　　　　　　　　　古民居天斗　　　　　　　　古民居亮瓦

二、屋身的营造技术及其装饰

（一）墙——民居建筑外立面与造型要素

明清时期鄂湘赣移民圈民居建筑外墙面大多由山上开凿的石头打磨后筑成，在石头的正面刻有细密整齐的斜线，形状极像雨水斜冲至墙上形成规律而缜密的雨痕，故称"滴水线石墙"。"陪墙"是采用大小不一、形态各异的石头堆积拼砌而成的墙体，整体坚固而富有变化。墙可以分为山墙、檐墙、槛墙、隔断墙和封火墙。从墙体砌筑形式和方法来看，其种类多达数十种。下面从几个典型墙体砌筑形式作具体分析。

1. 实滚砌

实滚砌的砌筑特点是砖砖相贴，并且砖与砖缝之间的缝隙需要以砂浆灰泥进行填筑。墙体砌筑时必须保持砖块之间的错砌，以确保墙体牢固和承载能力。错砌时错开的距离至少为1/4砖长。根据砖块错开的长短及其组构的办法，实滚砌筑的方法有很多，主要有"梅花丁""一顺一丁""三三一""多顺一丁"等。

2. 土石砌筑

土石砌墙又称干垒石墙，砌法与木兰干砌砌法相似，多用于寨墙与台基的砌筑。在保证美观的同时具有较好的黏性，不易风化，所以外墙的砌筑多采用糯浆砌法，砌墙工艺较精细，将糯米浆与石灰按照一定的比例混合、搅匀作为砌筑的浆料，以使缝隙严密。墙体材料是从当地的山上开凿出的绿帘石与绿泥石加工而成。这种墙体具有保温和隔热性能良好的优点，缺点是不耐雨水冲刷。毛石墙体在通山县民居中较为常见（图2-36），这种石料都是就地取材。毛石形状不规则，大小各异，砌筑时需分层骑缝砌筑或按阶梯形砌筑，一般不用砂浆勾缝，而以碎石来填充。如宝石村民居群用卵石砌墙，形态各异，巧夺天工。

图 2-36 湖北通山宝石民居群

3. 封火山墙与垛头

明清时期鄂湘赣移民圈民居建筑，受移民迁出地"徽派"建筑样式的影响，多做封火山墙（图 2-37）。所谓封火山墙就是一种墙山与屋顶的组合形式，其特点是墙山高出屋顶呈阶梯状，有防止火灾蔓延的功能，故名封火山墙。调研中，湖北大冶水南湾古民居基本为直线条的双坡硬山顶，其马头墙砌出沿外，昂首飞翘，颇有动感，所以水南湾的马头墙均采用雀尾式。屋顶所用均为小青瓦，有的大户人家还会在青瓦下面多加盖一层砖，称之为"望砖"，用来增加防火力度，也做保温隔热之用。

封火山墙常以墀头作为装饰重点（图 2-37）。墀头是封火山墙伸出至檐柱之外的那一部分，突出在两边封火山墙的边檐，功能上用以支撑前后出檐，因其位置特殊，故为装饰重点关注的对象。"墀头"是北方的说法，南方称之为"垛头"或"雕口"，也有称"腿子"或"马头"等。墀头样式很多，调研中发现的墀头有飞砖式、纹头式、吞金式、朝板式、壶细口式、书卷式等。在构成上通常包括上、中、下三个组成部分。上部通常以檐收顶，为戗檐板，呈弧形，起到挑檐的作用；中部是炉口，也是进行装饰的主要部位，其形制和装饰图形纹样丰富；下部类似须弥座，也称为炉腿，或者兀凳腿、花墩。明清时期湖北民居建筑的垛头通常做抛枋处理，即一种将垛头飞出檐墙的做法。抛枋的砌筑不仅可以增加墙面线脚，对墙体的防湿也能起到重要的作用；同时，这种对墙体立面的处理方法还可获得较好的视觉效果。

调研发现，明清时期鄂湘赣移民圈民居建筑墀头装饰的题材很多，归纳出来大致可以分为以梅兰竹菊、牡丹和卷草等为代表的植物类装饰图形，以麒麟、猴子、鹤、鹿、凤凰、马和蝙蝠等为代表的动物类装饰图形，还有器物类、文字、综合类等。

4. 檐口叠涩

檐口又称屋檐，即建筑外墙墙身与屋面的交接部位，其主要功能是排出屋面雨水以保护墙身。由于其所处位置十分重要，直接影响民居建筑外观，它也是建筑装饰的重要部位。装饰手法上通常有挑檐和包檐两种形式。挑檐，即沿屋面挑出建筑外墙的部分，其主要功能也是方便屋面排水；包檐通常不能承重压，檐口与檐墙保持齐平或用女儿墙封住檐口用

湖北大冶上冯湾太极符墀头　　　湖北大冶上冯湾四世同堂墀头　　　湖北通山朱家坝墀头

饶氏庄园墀头　　　　　　　焦氏宗祠墀头　　　　　　　焦氏宗祠墀头

图 2-37　饶氏庄园等湖北民居建筑中的山墙与墀头及其装饰

来排水，二者均对墙体起到保护作用。叠涩拔檐是挑檐的一种，用砖、石一层层堆叠向外挑出以承担来自屋顶的重量；同时，因砌法不同而产生一定的装饰效果。

明清时期鄂湘赣移民圈民居建筑中对檐口的装饰，通常是在传统民居清水砖墙墙身的屋檐下勾出白边，再以水墨彩绘形式进行的艺术创作（图 2-38），十分素雅考究。檐头下方的彩画以青色为主，寓意向往轻松快乐的生活，中间还穿插山水插画配图，如配字"清泉石上流"等文人墨客的雅句，装饰风格气派讲究，典雅精致，富有书香气息。

在通山民居建筑装饰中，檐下彩绘多姿多彩。以黑、白色为主，清新淡雅，再施以少许彩色点缀，美妙绝伦。通山县建筑粉墙黛瓦的彩绘主题有描绘自然风光的意境写生，也有名人故事、戏曲传说文赋等烘托意境，内容均为表达主人思想感情或寄托美好愿望。

5. 隔热通风口

明清时期鄂湘赣移民圈移民迁入地的"两湖"地区处于副热带季风区，属于湿热性气候，夏季常会有连续持久的高温天气，因此，民居建筑营建时的一个重点就是建筑的通风和隔热。为此，"两湖"地区明清时期的民居建筑通常都会利用天井来达到这个目的。

红安吴氏祠　　　　　　　　　　　　　大冶上冯湾古民居

图 2-38　湖北民居建筑檐下彩绘及其形式

除此之外，工匠们还设计制作了如漏窗、石窗等结构来保持通风，并对这些通风口进行装饰（图 2-39、图 2-40）。承志堂大门入口的过厅中，建有独特的扇子造型的漏窗（图 2-41），以及正堂空间左右两侧的方形泥塑装饰。但较为遗憾的是，经过时间和人为的磨损，保存的状况比较差，纹样磨损程度大，只能辨别出大概的纹样。灰泥的可塑性很强，成本也低，相对于制作木雕和石雕更为简单。承志堂的泥塑装饰主要集中在厅堂前天井两侧的窗户上。由此可见，这些营造不仅满足了功能需求，在建筑本身的外观上也产生了一定的美学效果，体现了艺术生产主体的聪明智慧和高超的技艺。

水南湾民居　　　　　　　　十堰黄龙镇武昌会馆　　　　　　通山下郑民居群

图 2-39　湖北传统民居建筑中的通风口及其装饰

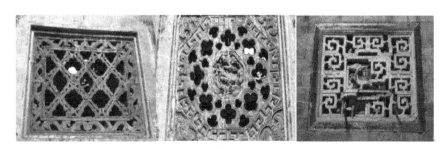

图 2-40　湖北乐氏老屋内部窗花雕刻装饰

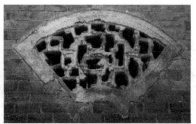

图 2-41　承志堂扇形漏窗

（二）大木作的营造方法及其装饰样式

明清时期鄂湘赣移民圈民居建筑中的大木作由柱、梁、枋、檩等部分组成。大木作不仅是民居建筑承重体系的主要部分，也决定着其建筑的比例尺度和外观形式。

1. 梁

（1）梁架。抬梁式构架中，层叠而置，并向上逐层缩短的梁，与各层瓜柱组成梁架。梁架中最下面的一根梁最长，叫"大柁"，"大柁"上面的一根梁叫"二柁"，再上面一根梁叫"三柁"。在清代，各柁按本身所承檩（或桁）的总数来称呼，分别称为"几架梁"。如所承共有七檩，则称"七架梁"，其上一层称"五架梁"，再上一层为"三架梁"。这是因为自大柁始，每向上升一架，梁的两端各收进一个步架。宋代的梁称为"栿"，以每根栿本身所承椽子的总数来命名。因一步架为一椽，故清之七架梁，宋称六椽栿；清之五架梁，宋称四椽栿；清之三架梁，宋称平梁。

（2）挑檐梁。挑檐主要是为了方便屋面排水，对外墙也起到保护和美化的作用。明清时期鄂湘赣移民圈民居建筑中部分坡屋顶和瓦屋顶都没有做挑檐，少许无专门组织排水的平屋顶通常也不做挑檐。一般南方较北方多雨，因此出挑也较北方大（图 2-42）。

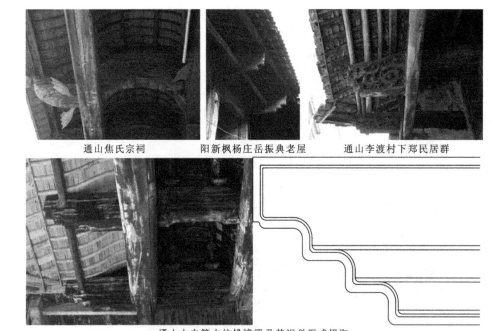

通山焦氏宗祠　　　　阳新枫杨庄岳振典老屋　　　　通山李渡村下郑民居群

通山大夫第水纹挑檐梁及其视觉形式提取

图 2-42　明清时期鄂湘赣移民圈民居建筑中的挑檐梁及其装饰

（3）燕子步梁。燕子步梁是在屋面下设的一层承重结构构件，一般通过连接上部正贴的三架梁中梁与下部横向月梁，将屋面重力通过梁架构件传递到柱子上。燕子步梁通常由六个单元构件组合构成，中部承重，两边形似燕尾向上翘起，除为梁架提供承重功能外，还起到很好的视觉美化效果。燕子步梁在鄂东南较为富裕家庭的古民居中使用广泛（图2-43）。

通山大夫第燕子步梁及其视觉形式提取

通山江源村进士府第燕子步梁

图2-43　湖北通山民居建筑中的燕子步梁及其装饰

（4）三架梁及角背和脊瓜柱。三架梁两端搁置在五架梁上面的瓜柱上，三架梁上正中立脊瓜柱，支撑脊檩。所谓瓜柱指在抬梁式构架中立在梁或顺梁上，将上一层梁支起，并使之达到所需要的高度的构件。瓜柱本身的高度大于本身柱径长；但当小于本身柱径长或长宽时则称为"柁墩"。瓜柱按其所处位置不同，又分为金瓜柱、脊瓜柱、交金瓜柱。角背是保持瓜柱稳定的辅助构件。瓜柱自身高度等于或大于柱径两倍时，均需要安设角背，脊瓜柱必须安设角背。

（5）四架梁与六架梁。四架梁、六架梁系用于卷棚顶（也叫"元宝脊"）上。卷棚顶没有正脊，脊部做成圆弧形，下用月梁支撑，月梁两端各设一根脊瓜柱，承受月梁传下的荷载。

（6）桃间梁。在带有斗栱的大式建筑中，桃间梁是位于檐柱和金柱之间的短梁，一头在檐柱上承担一个檩的力，一头插入金柱中，其梁头侧面成桃形，故名"桃间梁"，也作"桃尖梁"。

（7）抱头梁。抱头梁用在无斗栱大式或小式建筑中，它的位置与大式建筑中的桃间梁相同，也位于檐柱和金柱之间，梁头放在檐柱上，梁尾托在金柱（或老檐柱）上。例如，岳振黉老屋的梁上木雕精美、内容丰富，雕塑题材具有故事性（图2-44）。整个木雕从左至右分为三个部分，三种情景的刻画，前后空间也在雕刻匠师的计算之中，立体感十足，人物与建筑的高矮前后关系、人物与人物之间的前后空间关系完完全全用雕刻艺术手法表现出来，结构分明。虽然很多雕刻的人物已经被铲皮，但从中间部分依旧可以窥探到一些完整时候的雕塑艺术的样貌。整个场景以中间中轴处的人物为主，辅以左右两侧分量相当的对称雕刻，包括左侧抿嘴、闭眼、拄拐、捋胡子的人物形象，右侧的打扇、微笑、吹笛子的人物形象。主角正前方人物的腿部动态、表情动作非常生动，栩栩如生。不同的人物不同的衣物着装、衣服上的褶皱雕刻、右侧部分的马匹及松树这些动物纹样和植物图案要素的组合，全部都能表现出整个雕刻的精美细致，在细节雕刻上做到了极致，在整体画面上是一种飘飘仙境的场景塑造，和谐统一，能让人感受到故事的延展性，也是在一种故事层面上表达着人们对美好生活、快乐富足的向往与期盼。不得不感叹匠师高超的雕刻技术和设计匠心。

图2-44　岳振黉老屋的梁上木雕

（8）月梁。在明清时期鄂湘赣移民圈民居建筑中木构梁架堪称主流，其主要作用就是承重。在该地域内，其做法是将梁进行加工，使之呈月亮形状的弯曲，并以雕刻或彩绘进行装饰，故称为月梁。从调研的情况来看，月梁一般用于民居建筑中类似大府第、大住宅、大厅堂和大祠堂等较大建筑（图2-45）。

2. 棹木

在古民居中架于大梁底两旁蒲鞋头上的雕花木板，微向外倾斜，似枫栱亦似抱梁云，尺寸较大，用于承托梁或檩及稳固其位置的构件叫作棹木。棹木与枫栱有时也叫纱帽翅，

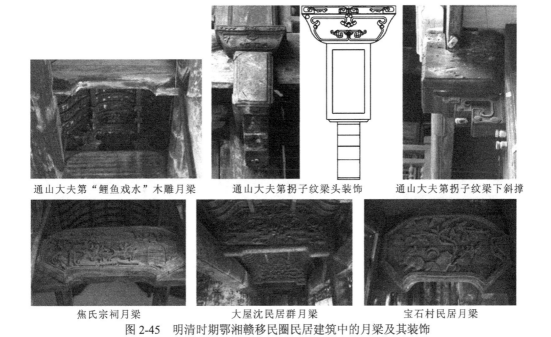

通山大夫第"鲤鱼戏水"木雕月梁　　　通山大夫第拐子纹梁头装饰　　　通山大夫第拐子纹梁下斜撑

焦氏宗祠月梁　　　　　　大屋沈民居群月梁　　　　　宝石村民居月梁

图 2-45　明清时期鄂湘赣移民圈民居建筑中的月梁及其装饰

但两者搁置地方不同，枫栱是斗栱外拽部分横向装饰件，棹木为大梁底蒲鞋头（插栱或丁栱）两侧装饰件。在一些民居建筑中，有时升口前后会架棹木，形似枫拱，起到装饰作用（图 2-46）。唐代建于梁柱交接处的"绰幕"构件，后来演变成"雀替"，亦与棹木同源。

图 2-46　通山中港村周家大屋棹木

3. 雀替、替木及斜撑等

雀替又叫"角替"，置于梁枋下与柱交接处，可用于加固梁枋与柱的连接，缩短枋的净跨距离。雀替在宋代叫"绰幕枋"，雀字是由"绰"字演变而来，替是"替木"的意思（图 2-47）。斜撑大多用于梁和柱之间的连接，起到支撑作用，如用在挑檐梁下则可起到减轻挑檐梁悬挑弯矩的作用。雀替种类较多，除普通意义上的雀替以外还有大雀替、小雀替、通雀替、骑马雀替、花牙子及龙门雀替等。其中大雀替多用于藏传佛教建筑，它比普通雀替大、长而且厚，下面用柱支撑。小雀替出头很小。通雀替在梁下立中柱，上安穿越柱头的长雀替。骑马雀替在建筑物末端，或廊子及垂花门侧转角，因其开间较窄，常使两个雀替连为一体，称为骑马雀替。花牙子常用在廊子上，刻成卷草等图样，四川称为"弯门"，使用很普遍，南方常用雕刻很华丽的弯门，若弯门较长，就变成了花罩。龙门雀替是一种非常华丽的大型雀替，柱旁雀替下设有梓框，雀替上装设三福云等雕饰件。

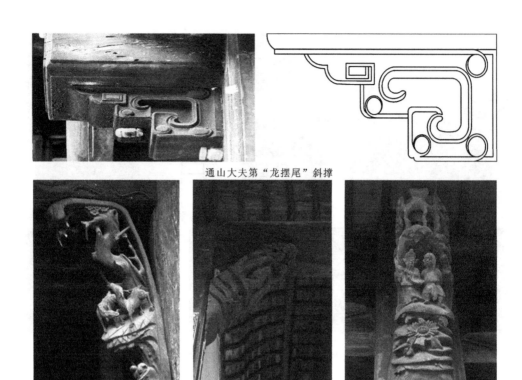

通山大夫第"龙摆尾"斜撑

茅田村宗祠雀替　　　　　焦氏宗祠雀替　　　　　大夫第雀替

图 2-47　明清时期鄂湘赣移民圈民居建筑中各种不同的雀替及其装饰

（三）小木作的营造方法及其装饰样式

1. 门

门是明清时期鄂湘赣移民圈民居建筑的一个重要组成部分，也是建筑的主要出入口，也可称之为"户"或"门扇"。户与扇之间，一扉曰户，二扉曰门，虽有微小差别，但都指建筑的出入口。门作为传统社会发展过程中物质和精神文明的产物，其营造有着严格的等级要求，是封建礼制制度的反映。人们通过"门面"这种具体的、物质化的艺术形式，展现房屋主人的身份、地位，折射出影响深远的"门第"观念，所谓"门当户对"就是其中的典型代表。因此，明清时期鄂湘赣移民圈民居建筑非常注重门的建造及其装饰。一般来讲，民居建筑门的结构主要包括：门框、门扇、门槛、门楣、门枕、门头等主要部分。每一个部分都可进行装饰（图 2-48）。

2. 隔扇门窗

除入户之门外，明清时期鄂湘赣移民圈民居建筑还有各种各样的隔扇门窗。隔扇门窗历来是我国传统民居建筑的装饰重点，在明清时期更盛。虽然在水南湾民居建筑的外墙面上，建造者舍繁取简，但建筑内部的门窗部分被作为装饰重点，无论是其形式的美观程度还是工艺的精细程度都显示了明清时期工匠们高超的雕刻技术与当时人们的审美观念。这些装饰图案精美，雕刻手法熟练，造型生动逼真，题材丰富，兼具美观与实用功能，能在美化建筑形象，营造民居氛围的同时，兼具遮挡、通风、透光等功能（图 2-48）。

大夫第"以方砌圆"隔扇门

大夫第隔扇门栏板部位唐草植物纹样

焦氏宗祠隔扇门

承志堂木雕门窗

饶氏庄园大门门簪

宝石村民居门簪

敦善堂格心"暗八仙"木雕

图 2-48　明清时期鄂湘赣移民圈民居建筑中各种不同的门窗及其装饰

隔扇门是以隔扇作为门扇的一种形式，它安装在上、下门槛之间，每两柱之间可横列四扇、六扇或八扇不等，开阖自由。隔扇分为隔心、裙板和绦环板等几部分，上部为格心，构造及其装饰通常是由花样的棂格拼成，可透光；下部为裙板，裙板可雕刻装饰，但不透光，如果需要，隔扇门可以拆下，以扩大室内空间。

从调研的情况来看，明清时期鄂湘赣移民圈民居建筑中的隔扇门窗装饰多为木雕（图 2-49）。例如，承志堂内的门窗木雕的表现手法十分多样，分为浅浮雕、深浮雕、透雕和圆雕等，还有不少混雕作品，具有极强的艺术性。与建筑外部的清淡朴素不同，承志堂内部的装饰很丰富多彩，在视觉上形成强烈的对比效果。在围绕天井的隔扇门窗部位，是装饰的重点，每扇门窗的雕刻既复杂又精细。这些门窗虽然分布在建筑的不同部位，有着不同的大小和规格，但在木雕装饰上，会通过相同纹样的复制来创造整体感。可见匠人在设计构思时就考虑了装饰风格的整体性。在承志堂重复出现的装饰纹样中，番莲、蔓草和龙纹的组合最为常见；此外，还有蝙蝠、寿桃等具有吉祥寓意的图案。

3. 天花与藻井

天花作为一个比较容易被忽视的装饰部位，李氏宗祠在这个部位做了装饰，分别有三种天花装饰纹样，都比较典型。一个为太极八卦纹样天花，这种纹样其实是一种比较典型的瓷器装饰图案，常用于瓷器瓶底，后来渐渐运用到生活中的各种地方。巧妙的是这组太极八卦纹样中间一圈还设计了"暗八仙"的图案，本身意蕴就有吉祥的意思，用八件宝器装饰了太极八卦纹样的中间的位置，设计得非常巧妙，独具匠心，不得不感叹古代劳动人民的智慧。李氏宗祠另外两处天花，一处直接运用几何纹样的装饰，风格偏向楚风的简洁大方风格。虽然形式简单，但是对称性与寓意都被赋予了祝福的意味。可见装饰纹样就是符号的一种表达，是人们传递心情的一种媒介。另一处为戏台上方天花，虽然有部分损毁，没有办法直接欣赏到完整的装饰纹样，但也可以看出整张"龙凤呈祥"的典型美好寓意的彩绘。由于位置处于戏台上方，比起其他部分的庄重与厚重的宗教色彩，这个部位天花的装饰设计更多体现在美观性和艺术感的塑造上。

藻井是明清时期鄂湘赣移民圈民居传统建筑中天花上的一种装饰，寓意含有五行以水克火，有防火灾之意。平顶的凹进部分，有六角形、方格形、八角形或圆形，上有雕刻或彩绘，一般会选取具有吉祥寓意的动植物，或几何纹样，或有宗教寓意的符号纹样（图2-49）。

 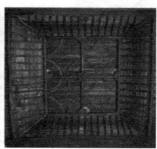 

宝石民居群天花藻井　　　　焦氏宗祠天花藻井　　　　焦氏宗祠天花藻井

锦绶堂天花藻井　　　　　　　锦绶堂天花藻井

图 2-49　明清时期鄂湘赣移民圈民居建筑中天花藻井

4. 室内隔断

隔断是把房间分隔成很多空间的立面。建筑室内空间的分割，主要使用门罩、挂落、壁板。施设的位置通常是沿室内进深方向或面阔方向，进深方向与室内露明的梁袱相对应，对柱梁和两侧之间的空间并没有加以阻隔，仅仅只是在视觉上做出不同空间的划分；在分隔的地方通过相关的建筑构件，例如，鸡冠罩等略加封闭，使之达到分隔的效果，从而营造出室内既有联系又有分隔的空间环境。通山大夫第内院一处梁下挂落雕饰内容极为丰富（图2-50），题材涵盖了花草蔬果与飞鸟，形成"花鸟喜丰收"木雕组图。植物藤蔓以曲形缠绕生长，十分优美，顶部中央雕刻一组"鹊报喜丰收"图案，间隔点缀半开的石榴纹样图，寓意多子多福。左右两侧以及顶部各一组"鹊上枝头""鹊舞花开"，表达了屋主祈喜的美好愿望。

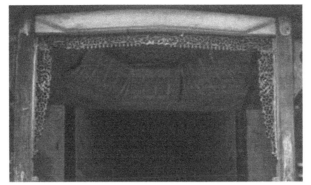

图 2-50　通山大夫第戏台"花鸟喜丰收"梁下挂落

三、屋基（台基砌筑）的营造方法及其装饰样式

（一）抱鼓石

抱鼓石是明清时期鄂湘赣移民圈民居建筑中宅门的一个功能构件——门枕石的功能性产物，起到围护大门和礼制等级的象征作用（图 2-51）。抱鼓石位于民居建筑大门底部宅门入口，故此归类于此处分析。又因其以抱鼓的形态承托于石座之上，故名之。饶氏庄园

大冶水南湾九如堂抱鼓石　　　　　　　　　　饶氏庄园抱鼓石

大冶上冯村民居抱鼓石　　　　　　　　　　饶氏庄园抱鼓石

图 2-51　明清时期鄂湘赣移民圈民居建筑中抱鼓石及其装饰

门楼两旁置的一对抱鼓石，从视觉形式上来看像一对卧狮守于饶氏庄园宅门两侧。在抱鼓石的石座上装饰有各种不同题材的植物花草图形纹样。其中，南边抱鼓石鼓面中间装饰的题材为麒麟，麒麟在中国传统文化中为四灵即麟、凤、龟、龙之首，在此寓意饶氏庄园门庭"人旺"；北边抱鼓石鼓面中间的装饰题材为貔貅，貔貅是中国民间神话传说中的一种凶猛的瑞兽，在古代认为它是转祸为祥的吉瑞之兽，不仅如此，貔貅还寓意"财旺"。从其营造思想和观念手法来看，抱鼓石是物化的礼制文化符号，它是一种内在世界（文化）通过装饰符号语言展示于外在世界（现世）的典型事例。

（二）柱础

柱础是民居建筑构件的一种，也叫柱础石。柱础不仅是承受房屋的压力，而且对于房屋的落地屋柱具有保护作用。从调研的情况看，明清时期鄂湘赣移民圈民居建筑中所使用的柱础几乎都有装饰。

湖北通山李氏宗祠作为村中重要的古民居建筑（图 2-52），得到重视，通过修复得以保存一部分石基柱础的装饰设计样貌。比较有意思的一个装饰图样是螃蟹，螃蟹图样在调研过程中，是比较少见的一种装饰纹样，并没有龙、凤、麒麟、喜鹊、仙鹤这类的装饰纹样出现得频繁。螃蟹这个装饰纹样图案，一般与芦苇搭配组合，寓意引申为"传芦"。这种图案的典故来自古代科举制度。旧时科举考试以乡试、会试和殿试为主，明代会试第一名通常称为"会元"，二、三甲第一称为"传胪"，清代以后，因螃蟹可寓意"出身不凡，天生中甲"，故多以两只螃蟹衔芦苇进行设计组合，以此象征"二甲传胪"，寓意高中金榜。

图 2-52　湖北通山李氏宗祠柱础图案纹样装饰

从整个建筑来看，李氏宗祠内的石基柱础是此建筑的亮点部分（图 2-53）。因为宗祠的结构特征，建筑内部的柱础较多。值得一提的是，每一根柱础雕刻都非常精细，且装饰纹样的种类复杂繁多，甚至有些柱础的每个面都有不同的装饰纹样。比较典型的柱础装饰纹样有八仙宝物的装饰纹样。八仙本是道教中惩恶扬善、济世扶贫的八位神仙，分别是汉钟离、张果老、韩湘子、铁拐李、曹国舅、吕洞宾、蓝采和及何仙姑，这是"明八仙"的装饰纹样；而"暗八仙"则是指八位仙人各自持有的法器。传统民俗文化中，八仙分别代表着人间的男、女、老、少、富、贵、贫、贱这八个方面，与百姓生活有贴近感和接近性。因八仙是仙风道骨的代表，表达着祥和平静的人生境界，因此"暗八仙"装饰纹样的应用十分广泛。这种装饰纹样设计融合了众多元素，最典型的是飘带的图样。八件法器都会以飘带作为底图点缀，在凌厉的法器上装饰以飘逸感，婉转流畅，与法器的装饰纹样形成对比，又使单调的画面在视觉上饱满起来。这种刚柔相济的手法运用于装饰中，灵动立现。"暗八仙"的整体装饰本身虽然不一定对称，但在画面表现上，给人的感觉是平衡的，体现均衡和谐，虚实相融的美感，也是"暗八仙"装饰独特的艺术形式美之所在。此外，又因传统道家"长生不老，得道升仙"文化思想理念，致使"暗八仙"整体又具有长寿的吉祥寓意。

承志堂石墩雕刻装饰

宝石会场牛角纹饰柱础　　　　　　　　　宝石会场葫芦纹饰柱础

图 2-53　明清时期鄂湘赣移民圈民居建筑中柱础及其装饰

此外，湖北省大冶市水南湾承志堂中的每个柱子下部也都附有石墩，但这些石墩所雕刻的装饰纹样与李氏宗祠不同。纹样的题材多为动植物，如龙凤、狮虎、荷花、松柏等。

敦善堂同样如此，其石雕装饰集中于柱墩部分，较之承志堂更显精细，用圆雕手法来处理的柱墩比较多，装饰图案多见龙凤、狮虎、仙鹤、喜鹊等动物。也有一些形状较为复杂的，如莲花形柱墩。除了柱墩部位，敦善堂内天井下的散水池的疏水口，也特意精心设计了石雕图案。可以看出，明清时期鄂湘赣移民圈民居建筑的柱础会因房主或艺术生产主体的不同而显现多种风格特征。

湖北省通山县宝石村宝石会场柱础采用了牛角、葫芦等纹饰（图 2-53），牛角具有镇妖、驱邪、除鬼怪的象征，葫芦则象征富贵。由于"葫芦"谐音"福禄"，同时象征富贵，还能够代表长寿吉祥，在宝石村及其他一些民居建筑的装饰中经常使用此类题材，以求吉护身、辟邪祛祟。

（三）防潮措施、龙眼等

明清时期鄂湘赣移民圈民居建筑主要用木结构搭建。"两湖"地区雨水多，空气湿度大，地下水水位高，木结构不耐潮，极易被腐蚀，古代工匠在建造时会把柱子等一些构件泡桐油，以降低其含水率。现在的很多木制家具也有这道工序，还会在表面刷漆，或者添加一个石制的柱础。另有一些建筑的柱础被埋在地下，看不见，但同时也会把建筑物的高度提高，下面用土夯实，表面贴石材，这个做法也沿用至今。古建筑的地基长期泡在雨水里，很容易倾塌，所以排水非常重要。元代以前主要使用条石砌成的明沟；明代时工匠会在明沟上加盖条石板，俗称板沟，这多是为了防止事故发生；到了清代，逐渐将板沟改建成暗沟，在排水端口会设置"龙眼"，相当于今天的地漏。讲究的门户龙眼的设计也十分精良，常会雕刻精美的图案，寄予诸多美好的愿望（图 2-54）。例如湖北省大冶市水南湾敦善堂内天井下的散水池的地漏就精心设计了石雕图案，可以看出主人对自家宅院装饰设计的用心。

 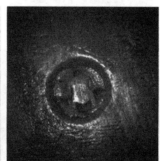 

大夫第钱币纹样龙眼　　　　　通山周家大屋蟾蜍龙眼　　　　　敦善堂鲤鱼龙眼

图 2-54　明清时期鄂湘赣移民圈民居建筑中龙眼及其装饰

（四）砖铺及石铺地坪

明清时期鄂湘赣移民圈民居建筑中的铺地也分室内和室外，室内铺地主要用以隔潮湿，使室内看起来更为美观，发展到后期愈发讲究；室外铺地主要用于路面和散水，既是为了防滑，也是为了保护地面、装饰美观等。明清时期鄂湘赣移民圈民居室内铺地较少侧放，多用条砖或方砖平铺，具体以错缝或对缝的方法筑砌；也有用席纹或两块砖相并横直间放排列（图 2-55）。一些乡绅大户人家比较考究，为了防潮，一般都会预先在地下砌地龙墙，再在墙上再放置木搁栅，然后平铺大方砖；或者先在地面上先铺上一层小砖，然后放置经过桐油浸泡而且表面磨光的大型地砖，即金砖。室外铺设地砖的主要目的是为了防滑，当然，所铺设的地砖又能够起到保护路面和美观的作用。所铺地砖表面多装饰如回纹、四神纹和宝珠莲纹等花纹。室外庭院中也常利用各种建筑废料，如碎砖瓦片、废陶瓷片、卵石、片石等铺设。利用这些材料以组成多种构图，如几何纹样、动植物纹样、博古等纹样。可用单一材料或几种不同材料组合。例如，饶氏庄园北院后天井院的地砖就是方形的，以横平竖直的排列方式铺设，纵横交错处形成有圆形几何纹装饰图形纹样，充分体现出"天圆地方"学说；而南院的天井院地砖则为长方形，且无雕刻，也是横平竖直铺设，按照其排列形式形成自然的纹理而获得视觉上秩序美的感受。

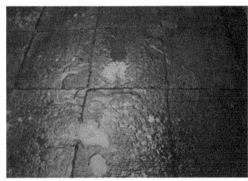 

饶氏庄园北院后天井院铺地　　　　　　　　饶氏庄园南院天井院铺地

图 2-55　明清时期鄂湘赣移民圈民居建筑中铺地及其装饰

第三章 明清时期鄂湘赣移民圈民居建筑装饰图形视觉符号

在人类的建筑营造活动中，建筑装饰是建筑语言视觉感知的符号化表达方式。各种装饰形式的塑造如雕刻、彩绘、镶嵌等装饰手法，往往需要借助一定的图形形态赋予建筑以独特的美感。这些图形符号化的视觉表达，通过许许多多具体生动的艺术形象传播了不同时期、不同地域建筑的思想内涵和社会精神，赋予建筑作为生活容器的灵魂。

第一节 图形符号

"艺术，是人类情感的符号形式的创造。"（朗格，1986）明清时期鄂湘赣移民圈民居建筑装饰图形视觉符号也不例外，它们是该地域内劳动人民长期生产和生活的结晶，包含着丰富的思想情感和文化内涵。在符号世界中它们具有鲜明的地域特色、有着古老而又独特的符号体系。

一、图形符号概述

符号学作为一门研究符号本质、符号发展变化规律的科学具有极其重要的意义和价值。自索绪尔和皮尔斯提出符号学的概念，现代符号学成为一门学科其发展的历史并不是太长，然而人们有关符号的意识在中西方传统文化中是早已存在的。

在我国，关于符号与思维的关系，可以从古人"观物取象"——创造符号的最初过程中一见端倪。《周易·系辞下》中载："古者包牺氏之王天下也，仰则观象于天，俯则观法于地，观鸟兽之文，与地之宜；近取诸身，远取诸物，于是始作八卦，以通神明之德，以类万物之情。"通过这个神话传说，可以发现古人能够模仿自然界和社会生活中那些有关鸟兽虫鱼等具体事物的视觉形象，来确立其象征意义的卦象。这里，不仅可以看出八卦等"易"象由观物取象而成的过程和方法，也可以看到"易"象的形成、确立与艺术符号、艺术形象创造的相通之处。符号化的艺术形象正是对这些物象的模拟，从"观物"到"取象"，实现这些传统符号——"八卦"的创造，并以此来象征和解释人们的物质和精神世界。这套具有象征意义的符号与阴阳五行相结合，奠定了中国古代汉民族的哲学基础。

三国时期曹魏玄学家王弼对《周易》的卦爻结构、编纂体例和哲学功能进行了系统研究。"现代符号学家张肇祺从符号观出发，将'象'分为三个层次：其一，周易的象征符号系统层次，即卦爻符号系统；其二，周易的辞的符号系统层次，即卦辞、爻辞、彖辞、象辞符号系统；其三，周易的义理符号系统层次，即乾坤文言传、象上下传、缘上下传、系辞上下传、说卦传、序卦传等十大传。暗合了《周易略例》的"明象"中，对上述三个符号系统之间的关系所做的十九点规定。"（俞建章 等，1988）

此外，《庄子·外物》中载有"筌者所以在鱼，得鱼而忘筌。蹄者所以在兔，得兔而忘蹄。言者所以在意，得意而忘言"之说。《说文解字注》中亦有"盖依类象形，故谓之文。其后形声相益，即谓之字"的记载，包括两层意思：一为"说文"与"解字"，即"文"与"字"并非同一概念，秦代以前的文字只称之为"文"或"书"，不叫"字"，故"字"为后起；二是从"字"的形成来看，"文"与"字"反映了汉字发展的两个不同阶段，即象形符号阶段和概念符号阶段。故独体的字为"文"，而合体的字则为"字"，因独体的"文"不能再分解，故合体的"字"由两个或三个不同的"文"构成，具有符号性。《说文解字》中提及《周礼》的六书，即"指事""象形""形声""会意""转注""假借"。许慎发展了六书理论，通过对所收录的 9 353 个汉字的研究，明确地定义了"六书"，并把"六书"用于实践。这些研究不仅确立了汉字研究关于语言、文字、符号与象征的内在关系，同时也表明我国对语言、文字、符号的研究具有鲜明的民族风格、民族特色，且自成体系。

在国外，西方符号意识可上溯至古埃及文明时期。这一时期，古埃及象形文字就是从诸多用以记事和表达情感所涂鸦的各种各样图画演变而成，是高度专门化的符号。由于当时人们运用概念、判断、推理等思维去观察和反映事物本质与规律的能力比较差，故表达情感、传递信息的方式得借助形象思维，如史前岩洞壁画、图腾符号等去认识问题和解决问题，古埃及文明也不例外。人与自然是和谐统一的，符号是人们思想和表达的媒介。众多的古埃及符号大多采用拟人的、符号化的表现手法，由此所创造的"金字塔""方尖碑"符号，表达人们崇尚自然、崇拜太阳的观念，人们认为这种颇具神性的隐秘力量会左右人们的思想、行为，从而使得"金字塔""方尖碑"符号具有神圣的象征。

古希腊文明时期的希波克拉底是最早创立特征性符号并以此用于诊断学的，被誉为西方的"符号学之父"。柏拉图、亚里士多德都对语言和符号的性质有过专门的研究。柏拉图认为符号的意义是人的约定而非对象的反映。亚里士多德是最早提出"语言是观念的符号"观点的。在《范畴篇·解释篇》中，他认为"口语是心灵的经验的符号，而文学则是口语的符号"（亚里士多德，1957），他提出要划分有意义的符号和无意义的符号。斯多葛学派认为事物和符号是形体的东西，意义是主观精神的东西，因而应该把事物、符号和意义三者区分开，这种区分已经非常接近西方分析哲学的观点了。诡辩论则认为符号与对象无关，是任意创造的。伊壁鸠鲁学派的哲学家菲洛德穆在这一时期还著有一本《符号学》专著。由此可见当时人们研究符号问题的学术盛况。很多著名的先哲都研究过符号问题，其中就包括古罗马时期的奥古斯丁、近代的培根、笛卡儿和黑格尔等人。奥古斯丁也曾给符号下过定义："符号是这样一种东西，它使我们想到这个东西加诸感觉印象之外的某种东西。"（Deely，1982）。在诠释符号理论上出现过唯物主义和唯心主义的论争。机械唯物主义的代表霍布斯认为，物体不依赖于人，感觉是反映，因而符号是感觉反映出来的表象；唯心主义的代表贝克莱则认为，存在就是知觉，物无非是观念的集合，主张自然符号论。霍布斯的观点把符号与客体机械性地联系起来，只看到了两者之间因果的必然性，而忽视了其任意的偶然性，未能够把必然性和偶然性有机、辩证地统一起来，存在机械唯物主义的倾向；

而贝克莱的缺陷在于他把实物与符号看作一个东西，也就是说，认识只是从感觉中自然产生的一些标记与符号，从而走向唯心主义的极端。

西方现代符号学在前人的基础上，尤其是20世纪60年代，得益于多种学科取得的重大进步，符号学研究得以快速发展和系统化，形成现代传播符号研究，并分为两大派别：一派视传播为信息的传递，它关注的面在于传播者和接受者如何进行译码和解码，以及传播者如何使用传播媒介和管道；另一派视传播为意义的产生和交换，它关注的是信息及文本如何与人们互动并产生意义，换句话说，它关注的是文本的文化角色。这两大派别分别以康德的先验主义哲学、建构主义思想为基础，包括费迪南·德·索绪尔、叶尔姆斯列夫、罗兰·巴尔特、约翰·费斯克、茱莉亚·克里斯蒂娃、斯图亚特·霍尔等为代表的语言学派，以及以实用主义哲学、逻辑学为基础，包括查尔斯·桑德斯·皮尔士、查尔斯·莫里斯、恩斯特·卡西尔、苏珊·朗格等为代表的符号学派（冷先平，2018a）。

现代符号学认为：符号是被认为携带意义的感知，意义必须用符号才能表达，符号的用途是表达意义。反过来说，没有意义可以不用符号表达，也没有不表达意义的符号（赵毅衡，2013）。通过"意义显现"（卡西尔，2017），符号就可以"代表"和"象征"它以外的事物，这时，该符号便具有"说话"的能力，也就是说除了有它自身的实用功能之外，它还具有传达意义的功能。因此，现实生活中有关语言、文字、音乐、物件、数学符号、身体姿势乃至人们的社会生活中的各种仪式、习俗等都可以纳入符号范畴。可以毫不夸张地说"人是符号的动物"（卡西尔，2017）。

在符号学意义上，建筑的外观、材料、用途等，都从各自的使用功能中抽象出来，获得非建筑学的文化意义，从而形成一个类似非语言符号系统的意指系统（冷先平，2018b）。构成建筑的各部件要素依照其意义生成的规则相互组合，例如古希腊、古罗马时期建筑中那些精致的雕塑、优美的柱式和宏大的凯旋门等，无一不是以一种极富象征意义的视觉图像符号来传达复杂多元的象征内涵，向人们传递视觉信息和表达意义。

再从明清时期鄂湘赣移民圈民居建筑装饰图形的遗存来看，人们对建筑所进行的装饰不仅注重装饰对建筑的功能作用，更注重装饰图形形式所蕴含的思想内容和象征意义。调查中发现，明清时期鄂湘赣移民圈民居建筑喜用富有象征意义题材的装饰图形，通过各种形式雕刻、彩画等进行建筑装饰。例如：湖北大冶水南湾传统民居建筑装饰中道教题材的象征表达。道教在中国传统文化中由来已久，并深深根植于人们的日常生活之中。故明清时期鄂湘赣移民圈民居建筑装饰中常用道教中的题材，例如"八仙与暗八仙"的题材。在水南湾古民居建筑的木雕装饰中，也常见此类题材。如敦善堂中的木雕纹样，以组合的方式，分刻在左右两边的门扇格心板上，配以文房用具，祈愿美好。又如承志堂正厅梁枋上的木雕（图3-1）。这些装饰图形形象通过比喻和传播，反映了当时人们的符号意识，传达了他们对美好生活的理想、信仰和希望。由此可见，明清时期鄂湘赣移民圈民居建筑中装饰图形的符号意识表现得非常突出和强烈。在这个创造活动中，人们通过以符号为标识的指称赋予民居建筑及其装饰外部对象与内感对象的名称及其内容的规定性，以使人的意识活动从身体方式的直接感知上升为理性、概念方式的抽象认知，进而逐步形成两者之间相互联结的意识结构，以此创造出人类自己需要的"理想世界"，由此明清时期鄂湘赣移民圈民居建筑中装饰图形特有的符号文化体系得以建构和形成。

图 3-1　承志堂正厅梁枋木雕纹样

二、图形符号结构

明清时期鄂湘赣移民圈民居建筑装饰图形作为传递信息和认识信息的符号，主要是通过视觉得以实现的。一般来讲，建筑及其装饰图形是人们劳动生活中创造出来的既相互关联又有着显著区别的两种艺术形式。装饰图形依附于装饰，通过装饰参与到建筑的功能、空间的营造之中并使其不断得以深化、完善，从而使建筑的使用功能与精神指向得到统一。作为建筑审美语言最为直观的物质化的表述方式，建筑装饰图形的形成和发展有着其自身的规律和结构特点。作为一种艺术符号，其结构的变化直接决定着装饰图形的内容和意义。

（一）明清时期鄂湘赣移民圈民居建筑装饰图形视觉形式的符号结构

明清时期鄂湘赣移民圈民居建筑装饰图形符号作为一种诱导人作出反应的刺激因素，其符号意义本质上被认为是建构的。任何一种符号，从符号的结构来看都有能指与所指两重属性。能指是事物表象的构成，对装饰图形而言，能指就是其视觉形式的外在体现；所指则指该事物表象所表示的概念。两者的关系具有任意性。这种任意性不能被片面地理解。索绪尔（1980）认为："任意性这个词还要加上一个注解：它不应该使人想起能指完全取决于说话者的自由选择（一个符号在语言集体中确立后，个人是不能对它有任何改变的）。我们的意思是说，它是不可论证的，即对现实中跟它没有任何自然联系的所指来说是任意的。"值得注意的是，并非所有的人都可以平等地建构能指和所指，在阶级社会里总会带有浓郁的阶级色彩和特权阶层的优先权。在符号这种二元结构模式中，巴尔特继承了索绪尔的传统并对符号结构进行了更深层次的挖掘。在他看来，索绪尔的"能指+所指=符号"只是符号表意的第一个层次，而只有将这个层次的符号作为第二个层次表意系统的能指时，产生的新的所指，才是"内蕴意义"或"隐喻"的所在（冷先平，2018a）。按照这个符号结构的理论，在研究明清时期鄂湘赣移民圈民居建筑装饰图形时发现，作为传播的装饰图形符号，一方面是可以通过直观的视觉感知获得表层视觉形式的理解，而对由装饰图形符号的符素、符号和关系组合的深层形式（或者说构成关系）则需要诸多逻辑上的意指和解释。

因此，在二元结构的框架下，皮尔士在索绪尔关于符号结构概念的基础上提出承担解释的第三项理论，有助于对装饰图形进行较为全面的符号学解读，更科学、深刻地考察这个符号系统的结构特征。

1. 明清时期鄂湘赣移民圈民居建筑装饰图形视觉形态——能指

明清时期鄂湘赣移民圈民居建筑装饰图形符号的能指按照其视觉形象的建构可以分为底层结构和上层结构两个部分。在 *Semiotics：The Basics*（《符号学：基础》）（Chandler，2007）中，丹尼尔·钱德勒认为："任何符号的编码都有两个结构层，高一层次的叫'第一分节层'，低一层次的是'第二分节层'。在低层次的层面上，符号被分为像音素一样的最小功能单位，它们本身没有意义但可以在符号编码中反复出现。当它们的组合结成有意义的符号单位时，它就构成符号系统中最基本的语言单位，形成高一层次的分节层。由此双重的分节使人们能用少数几个低一层次的语言单位，构成无限个意义的结合体。"按照这个理论对其进行具体的分析。

（1）底层结构——点、线、面、色彩等高度抽象的视觉语言语素。

明清时期鄂湘赣移民圈民居建筑装饰图形经过长期的历史性演变而成为被人们接受的视觉符号，其能指有一个典型的特征，即物质性。这是由装饰图形装饰物的物质表象构成（如体量、形式、表面肌理、空间及其功能）的本质属性所决定的。作为传播的语言符号，装饰图形能够被人们所感知，即看得见、摸得着。另外，装饰图形还可以通过其视觉语言的组构和编码获得表达形象的视觉建构。因此，在装饰图形的符号语言结构中，图形本身不是符号语素，而是作为能指的"形式实体"和"物质实体"。以饶氏庄园前天井院东面的木雕装饰作品"花鸟迎富贵"（图 3-2）为例："形式实体"是作为"花鸟迎富贵"表层视觉形式——木雕的物质存在方式；"物质实体"则是指那些构成"花鸟迎富贵"这一符号的具体物质材料或物质的运动状态，包括点、线、面、色彩及其依托的木质建筑材料等。其中，点、线、面、色彩等高度抽象的视觉语言语素，组成了"花鸟迎富贵"装饰图形建构最为基础的底层结构。它们通过合乎视觉逻辑的形象塑造，建构出可供建筑装饰的、优美、生动的图形符号。

图 3-2　饶氏庄园前天井院东面木雕"花鸟迎富贵"

在底层结构中，"语素既是构成装饰图形的最小语言单位——元语言，作为个体，它们又是完全的符号，而且都由各自的能指与所指构成"（冷先平，2018b）。装饰图形底层结构中的点、线、面、色彩等语素，一方面，它们经由工匠按照一定的建构原则和要求组合成装饰图形视觉形象——上层结构，它们是上层结构语言表达所寄托的中介质；另一方面，作为装饰图形建构的视觉语言，与言语符号中最小功能单位的音素不同，它们在社会历史发展中已经形成了许许多多约定俗成的内容，亦具有意义。

根据符号能指与所指之间的任意性可知，能指背后所指的意义并非单一的而是多元分歧的，是"浮动的意义"①。作为传播信息、传播意义的符号，其能指的中介到达所指意义的连接不是一条直接的途径，也就是说，因为非语言形式的传播符号在能指和所指之间不像语言符号那样具有全社会的约定规则，而且不具有很强的历史传承性，它们往往是一种行业约定，或者是受传双方的特别约定，或者是随着传播需要而出现的临时约定，所以作为能指和所指的中介项意指很难被理性地确认，不能成为所有的受传者的共识（贡布里希，1987）。那么，基于"浮动的意义"的不确定性，明清时期鄂湘赣移民圈民居建筑装饰图形符号借助文化传承和明清时期社会公众约定俗成的"意指"就会出现，以遏制其意义的浮动，剔除那些不确定的、多余的信息，获得对装饰图形符号的确切解读。因而有必要对其建构的点、线、面、色彩等底层结构语言要素进行意义的挖掘。

1）点。康定斯基（1988）定义点为"一种看不见的实体"。因此，它必须被界定为一种非物质的存在。从物质内容来考虑，点相当于零。在欧氏几何中，点被认为是没有大小的图形，在空间中只有位置。康定斯基的定义很有玄机，"点是一种看不见的实体"，说明点并非完全虚无的，在视觉上它表现出一种位置的占有，这与欧几里得几何关于点的定义相吻合。尽管点没有具体的大小、长短、宽窄等，它仍然可以作为线的起点和终点。对视觉而言，任何符号满足了上述条件都会获得"点"的意味。由此可以理解，装饰图形视觉符号建构中"点"的要素，并非呈现为某一固定不变的形状，而是有着丰富变化的形态。由于点在形态上的相对性和不确定性，其语言表达力会随条件变化，分析其内在意义时要根据装饰图形的具体情况来进行。再从点的本质、功能上看：点本质上是最简洁的形，一个点即可造就一定的主张（康定斯基，1988）。因此，点在视觉形式上可以表现为各种不同的形状，既可以规则、也可以不规则；形状越小时，点的感觉越强，其视觉张力越弱，而作为装饰图形的要素，它的表达力和可塑性就越强；当点逐渐增大时，它趋于面的视觉感觉会不断增强，这时，点在装饰图形上常常呈现为抽象的几何形象或具象形象。例如饶氏庄园封火墙装饰中点的应用（图3-3）。由此可见，点在建构装饰图形符号中，会遵循形式美的法则，依据造型的要求，通过点的形状与造型形象的面积、位置、方向等因素的关系，以规律化的形式对形象进行建构；或者以自由化的表现手法，对形象进行刻画。

图3-3所示为饶氏庄园封火墙，饶氏庄园的山墙采用砖、石、土等材料砌筑而成，为硬山式"弓"形三级封火墙形制。这种"弓"形的封火墙是由岭南传统民居建筑中镬耳墙与徽派建筑的马头墙融合、发展与演变形成的，充分体现了明清时期鄂西北移民地区文化的复杂性和多元性。装饰造型上，半圆形轮廓的流线较为缓和柔美，墙体墙面顶端都用花形镂空进行装饰，这种半圆形轮廓与内心的圆点组构关系相得益彰，很自然地形成整个墙体的视觉焦点和中心，显示出"点"在民居建筑装饰图形符号建构过程中积极的一面。

---

① "浮动的意义"，是指传播符号特别是非语言形式的传播符号存在某种不确定性（贡布里希，1987）。

图 3-3　饶氏庄园封火墙

2）线。在几何学上，线是点在移动中留下的轨迹，是与基本的绘画元素——点相对的结果，严格地说，它可以称为第二元素（康定斯基，1988）。按照丹尼尔·钱德勒符号分层的理论，线作为装饰图形符号底层结构中最基本的语素之一，同点、面语素一样还具有自身的符号意义。以不同线形的象征为例，几何直线具有理性的特征，显示明了、直率的性格；自由的曲线则富有个性且不易重复，具有感性的特征。由于表现者在表现过程中加入了自己的主观感受，自由曲线更具有灵巧、柔和、生动的艺术特性。再从线的方向上来看，水平线一般给人以安定、平和、静止、辽阔的感觉；垂直线则是予人以向上、刚毅、正直、主动、庄严、崇高等联想等。关于"线"的本质和艺术表现力，沃尔夫林（2004）认为："一种风格的线描的特征并不是由线条存在这个事实决定的，而是由——正如我们已经说过的——这些线条用以迫切使眼睛去注视它们的力量决定的。古典的设计的轮廓发挥着一种绝对的力量：正是这种轮廓向我们吐露出事实真相，而且作为装饰的图画也依赖于这种轮廓。它充满了表现力，而且包含着所有的美。我们无论在什么地方看到 16 世纪的图画，一种明显的线的主题就涌现在眼前。在线条之歌中形式的真实性被揭示出来。"

在明清时期鄂湘赣移民圈民居建筑装饰图形符号建构中的具体应用方面，线的功能主要表现在：①线是装饰图形造型的重要手段；②线表现出装饰图形不同的艺术风格；③线是美感产生的源泉；④线在装饰图形中具有丰富的情感表达力。以饶氏庄园门楼主入口南北墙柱石刻（图 3-4）为例进行具体的分析。

饶氏庄园门楼主入口的南、北墙柱上均装饰有植物花草与日用生活中的器物图形纹样。位于北院厢房西侧的墙柱上也同样设有石刻，题材为器物纹饰——花瓶搭配植物花草——牡丹，器物纹饰——花瓶搭配植物花草——月季；组合后的装饰图形边圈又用"回"纹环绕装饰。寓意上取自这些题材，"瓶"谐音"平"，与月季组合象征"四季平安"，与牡丹组合寓意"富贵平安"。

从图 3-4 可以看出线在装饰图形符号建构中起到的重要作用，无论是"四季平安"还是"富贵平安"，所用线条的类型大致可以分为直线、圆弧线和蛇形线几种，这三类不同形态的线条具有极强的流动性，工匠们在雕琢这些石雕的过程中，利用这些线条来引导视觉

装饰部位	工艺技法	照片	图例	装饰部位	工艺技法	照片	图例
南边墙柱	石刻			南边墙柱	石刻		
北边墙柱	石刻			北边墙柱	石刻		

饶氏庄园门楼主入口南北墙柱石刻 饶氏庄园北院厢房西侧墙柱

图 3-4 饶氏庄园石柱

的追逐变化，从而很好地把握了装饰图形形像的塑造，以及建筑、雕塑图形等在设计上的美感。也就是说，这些线条通过各自的表现力，使得它们所建构的装饰图形符号独具审美特性，从而赋予所装饰的方形墙柱以诗性的"灵魂"。

3）面。在形态学中，面是具有大小、形状、色彩和肌理等要素的造型元素，它不同于形象，但又接近形象，是作为造型中"形"的元素。在几何学上，面通常被定义为线移动的轨迹。

在装饰图形符号的建构中，用面来进行图形的视觉形象建构较为常见，将装饰图形符号形象的塑造及其形式进行艺术处理既是形象塑造的要求，也是作为消费需求者和创造者——工匠主观意识控制的反映。在传统民居装饰图形中，面经常呈现出以下几种类型。

抽象几何形：即用数理的构成方法，通过直线、曲线，或直曲线相结合形成的面，又称无机形，如正方形、长方形、三角形、圆形、菱形、五角形等。在表意上，它们具有数理性的简洁、明快、冷静和秩序感等特点。作为造型的要素，这些"面"被广泛地运用在传统民居建筑门窗装饰、花砖装饰、地面镶嵌装饰等图形中。

有机形和不规则形：与抽象几何形相对，是由人自由创造所构成的形。"有机"可以理解为自然世界中具体而生动的物象，其塑造过程加诸情感因素，因而主观性较强。在传统民居装饰图形中，许多人物题材的减地石雕画、木雕等均有应用，这种语言要素具有较强的塑造能力，所创造的艺术形象具体、生动。例如，在湖北省大冶市水南湾民居的建筑外墙面，大多是由本地山上开凿的石头打磨而成，有一些石块的表面被刻上不同的细纹，如细密整齐的直线纹、圆形的铜钱纹等。水南湾民居另一个外墙面的特征是镂刻成各种形状的小石窗，有福字纹、万字纹、铜钱纹等各种装饰图案（图 3-5）。在形式上有些类似于拴马石，也有一些仅作装饰使用。

图 3-5　湖北省大冶市水南湾民居建筑外墙镂空石窗

由此可见，在意义表达上，面的"表情"是最丰富的。明清时期鄂湘赣移民圈民居建筑装饰图形符号往往随着"面"所塑造的形状、位置、大小、虚实、色彩、肌理等变化而形成视觉表达的、复杂的符号世界。

4）色彩。明清时期鄂湘赣移民圈民居建筑装饰中的彩画，在色彩构成上通常需要很多明丽、鲜艳的色彩。其实放眼整个湘东北地区的传统民居建筑装饰，彩绘装饰的存在度并不高。大体上建筑色彩都由建筑材料本身来决定，如青砖、墨瓦、木材的原色等。有彩绘或墨绘的民居建筑，一般也都是在马头墙、檐口、天花等部位稍做修饰，不会刻意去放大彩绘的存在感。但在对湖南省浏阳市大围山镇锦绶堂的调研中发现，其彩绘装饰（图 3-6）在建筑装饰中也非常值得一提。

图 3-6　湖南省浏阳市锦绶堂建筑彩绘

锦绶堂的彩绘装饰让人印象深刻。首先是彩绘的部位，彩绘不仅只绘制在一些固定的装饰面，如檐口、马头墙、天花等，还绘制在建筑内部的各个结构构件上，如梁枋、脊檩等，以及各个木雕构件，如窗框、雀替等部位都有彩绘存在，彩绘的面积占比非常大。其次是彩绘的色彩，锦绶堂至今已有百年岁月，然而建筑内部的彩绘装饰，其色彩依然鲜艳明亮、清晰可辨，这可能与当时采用了性质较为稳定的矿物颜料有关。红、黄、蓝、绿各色彩均有涉及，通过布局和配比达到和谐统一，具有一定的艺术水准。从图 3-6 中可以看出，工匠们为了使这些色彩的搭配趋于合理而生动，在表现技巧上常使用"线"作为色彩之间形成和谐关系的桥梁，具体做法是在各种色彩之间使用红、黑、白、金四种黄金色的线，通过勾勒、沥粉贴金、空白、晕色等手段来协调彩画中原本不调和的色彩关系，使之产生独具地域特色的审美魅力。

总之，在底层结构中，点、线、面、色彩等语素在建构明清时期鄂湘赣移民圈民居建筑装饰图形符号的过程中不是孤立地发挥作用的，而是根据装饰的题材内容、表现的主题，以及装饰图形在历时性的程式化发展的要求等，进行综合、理性的应用，并取得创新和突破。

（2）上层结构——抽象视觉语言语素建构的艺术形象。

传统民居装饰图形的上层结构，是由底层结构的语素及其组合所形成的形、义同体的视觉符号和符号系列，它是建构装饰图形信息的核心，是中国传统民居装饰图形的表层视觉形式。在这层结构中，装饰图形通过语义符号的有机组合实现意义的表达（冷先平，2018a）。明清时期鄂湘赣移民圈民居建筑装饰图形是一种特殊符号，同时也是视觉的图像，是艺术形象。因此，其上层结构语素的组合及其编码的过程也是装饰图形艺术处理、艺术塑造的过程。具体表现为点、线、面、色彩等语素所塑造的视觉形象、装饰纹样及其编码排列、所附色彩和依托的石材、木材等媒介、材料之间的关系。无论这些上层结构是抽象还是具象的图形形式，它们在编码组合过程中必须遵从有关视觉形式的规律：其一，视觉艺术的形式应该与视觉艺术的内容相对应，即它是内容的外部表现形态；其二，如果说形式是作品的存在方式，那么视觉形式则是视觉作品的存在方式；其三，视觉形式是一种关系体系，是视觉艺术的内部构成关系，是视觉艺术的结构和组织，对视觉艺术的分析和把握必须从视觉形式的内部构成关系来进行；其四，视觉形式既是一种实体的存在，也是一种虚幻的存在；其五，视觉形式是视觉赋予对象以形式而实现的，是视觉格式塔能力的体现；其六，视觉形式是情感的外化，是客观化的快感；其七，视觉形式就是指感官对象的物理形式，诸如形体、线条、色彩、空间等；其八，视觉形式是一种意象；其九，视觉形式本身是一种图式、范型（曹晖，2009）。

由此可见，明清时期鄂湘赣移民圈民居建筑装饰图形符号的上层结构包括媒介和空间组织两个层面。

1）媒介层面——视觉形象及其依附材料所体现出来的表层视觉形式。海德格尔（1936）认为所有的艺术作品中都存在"物因素"。明清时期鄂湘赣移民圈民居建筑装饰图形符号建构所需要的各种材料如石材、木料、色彩等，以及附着于这些材料之上的各种语素都是物因素，它们是装饰图形存在的基础。装饰图形符号以这些物因素为媒介，通过点、线、面、体和色彩、肌理、光影、空间等艺术手法的处理，产生可以为视觉感知的图形形式，即视觉表层形式。

2）空间组织层面——语素按照视觉规律编码组合所体现出来的内在关系，即深层视觉形式。明清时期鄂湘赣移民圈民居建筑装饰图形符号视觉形式内部之间的组织、结构和联系，展现了其美的存在方式和状态。民居建筑所采用的土木砖石色彩颜料及铁制材料等是表层形式，是装饰图形符号的媒介载体，而语素编码组合的各种关系，如多样统一、对比与和谐、节奏与韵律等就是深层形式。在这里，上层结构的两个层面不是孤立的，而是相互联系的，处于底层结构的点、线、面和色彩、形状、色调等艺术语言构成装饰图形符号形式的空间组织关系，这些关系的有机联系塑造了装饰图形的艺术形象，成为装饰图形能指最为直接的表层视觉形态的主要组成部分。

上述的分析，展示出一幅清晰的明清时期鄂湘赣移民圈民居建筑装饰图形符号能指的结构，如图3-7所示。

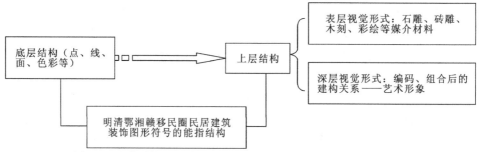

图 3-7 明清时期鄂湘赣移民圈民居建筑装饰图形符号能指结构图

从图中可以发现，明清时期鄂湘赣移民圈民居建筑装饰图形符号能指两个层次之间不是孤立的，而是相互联系的，由二者构成的装饰图形符号在意义生成上显示为渐次递进的关系。

2. 明清时期鄂湘赣移民圈民居建筑装饰图形的意义约定——所指

作为符号，能指一定有一个所指与之相对，就像一枚硬币具有两个面一样。能指的关键在于其"实体性"，就像装饰图形符号所依附的物质实体一样；所指的关键则在于其"现实性"，这种现实性主要指它代表的始终是现实世界中某一特定的存在物，例如湖南省浏阳市大围山镇锦绶堂民居建筑外窗所用的冰片纹，但它又不是指向人们现实生活中的某一个具体的事物，而是指向这个事物的全部及它存在于人的心理再现。由此可见，装饰所用的冰片纹在所指的概念上是"冰片"视觉形象的外显形式，由于能指与所指之间的任意性的存在，冰片纹用于锦绶堂书房的外窗装饰，显然其用意不在于"冰片"这一客观存在物的再现，而在于其"现实性"——由冰片纹所象征的"寒窗苦读、名扬天下"的寓意。因此，所指作为明清时期鄂湘赣移民圈民居建筑装饰图形的意义约定，是装饰图形符号的能指在这一时期的社会约定中被分配与它所涉的概念发生关系，并由之引发的联想、象征和意义表达的部分。

在符号的结构中，从能指的符号形式到所指的意义内容，都是意指在充当中介物。明清时期鄂湘赣移民圈民居建筑装饰图形符号的历时结构（图 3-8）表明，视觉不是对元素的机械复制，而是对有意义的整体结构式样的把握（阿恩海姆，1998a）。视觉的一个很大的优点，不仅在于它是一种高度清晰的媒介，还在于这一媒介会提供出关于外部世界的各种物体和时间的无穷无尽的丰富信息（阿恩海姆，1998b）。千百年来，人们通过对装饰图形符号的视觉建构，已经形成了其系统的、有意义的整体结构样式。装饰图形符号所指的意义就是人们在传统民居建筑这个特殊"容器"中所表达的对自然或者社会事物的认识，这些装饰图形符号被人们赋予不同的象征含义，以使符号的使用者依据其所指的意义约定来选择心中的理想化解读，实现其蕴含精神内容的理性传递和交流。

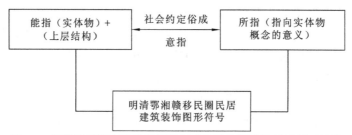

图 3-8 明清时期鄂湘赣移民圈民居建筑装饰图形符号的历时结构

从图 3-8 可以看出，明清时期鄂湘赣移民圈民居建筑装饰图形符号在传播活动中，只要能指有其指称或者表意的东西存在，那么，所指就可以通过符号语言的社会约定——任意性获得对意义的主观解释。在某种意义上，所指充当了能指与客观表意事物之间的中介，在能指与所指之间，通过意指实现从能指的装饰图形符号形式到所指最终内蕴意义的指向和选择。

3. 能指与所指的关系

传播符号学研究表明，一个能指往往会有多个不同概念含意的所指，同时，一个所指也可能有多个能指的实体与之相对应。这种关系使得能指和所指在符号化的过程中，其中介"意指"的语义无穷无尽。从能指的符号形式到所指的意义内容，意指作为中介并不是简单的若干个符号所指意的相加，通过语言的解释将对符号的分析、编码与组合转化为思想和概念的心理过程，同时，也涉及将思想和概念转化为可扩展性语言表达的心理过程。在这个过程中，人们使用文字言语将所感知的视觉符号在大脑中进行加工和有序的划分，形成与视觉符号相关的文字言语解释，这种解释会因使用者的经验、文化背景、修养和习惯不同而不同。体现在明清时期鄂湘赣移民圈民居建筑装饰图形符号中，由于任意性——历史的社会约定的存在，其构成符号的点、线、面等基本语素成为符号编码、组合后意义解读的过滤器，它们以自身所指概念的指向性来遏制建构后意义的浮动，排除装饰图形符号"浮动意义中"多余的信息，使能指和所指之间的关系明确、简洁。下面以饶氏庄园前天井院东面的木雕装饰作品"花鸟迎富贵"（图 3-9）为例做进一步的分析。

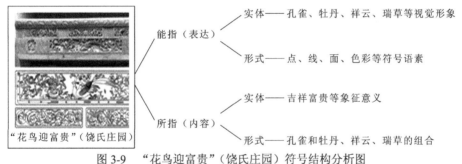

图 3-9　"花鸟迎富贵"（饶氏庄园）符号结构分析图

装饰图形"花鸟迎富贵"能指层面所表达的实体，指向视觉可接受的孔雀、牡丹、祥云和瑞草等视觉形象，构成装饰图形能指上层结构的视觉表达；而形式则是构成视觉形象最为基本的语素点、线、面等，通过这些基本语素建构出的孔雀、牡丹等图形符号，与所使用的木质材料构成装饰图形符号实体。

在内容层面上，所指的现实性主要体现在人们的思想、情感、心理等概念上，"内蕴意义"意指对富贵生活、平安吉祥理念的追求和向往。这些和作为客观事物的孔雀、牡丹、祥云和瑞草等所指概念并没有直接的关联，而需要借助它们抽象概念的象征和寓意才能获得表达。因此，内容的形式所指在符号内部按照一系列视觉形象进行组合后，显示实体概念意义的存在。

通过对"花鸟迎富贵"符号结构的分析发现，装饰图形符号的能指和所指之间的关系不是机械的，而是有机的、相互联系的客观存在。具体表现为以下几方面。

其一，非同构等值关系。在明清时期鄂湘赣移民圈民居建筑装饰图形符号的能指和所指关系中，如图 3-9 所示，表达层的能指与内容层的所指的关系处于一种游离的状态，这种状态导致能指与所指之间的关系是非同构性的。图中，能指表达层的孔雀和牡丹等视觉形象同所指内容的吉祥富贵意义是相吻合的，这是因为在符号化过程中明确的意指使二者具有等值同构关系。那么，非同构等值关系的原因在于能指和所指的对应关系中，能指和所指之间往往是一种非对称关系，即非一一对应。另外，符号形式的艺术形象，其内涵往往会超越创造主体的表达意图，给予审美解读上的不确定性和多义性，使得处于内容层面的所指概念的内涵发生游离，获得更为广泛的意义指向。从而需要更多的象征、隐喻、意象等链接与表达层的能指发生关联，以挖掘更深层次的"内蕴意义"。由此"花鸟迎富贵"装饰图形符号背后，是因从清末到民国初年社会的动荡和不安定，饶氏归隐田园、隐居山林的出世情怀。这种"内蕴意义"显然迥异于之前能指和所指意义的关联，而是在新的意义链接下所发生的对"花鸟迎富贵"这一装饰图形意义的新解读。

其二，纵向蕴含关系。明清时期鄂湘赣移民圈民居建筑装饰图形作为视觉语言传播的符号，其符号的多义性会打破能指和所指在社会的约定关系中所形成的相对稳定的关系。尤其是在历史的发展过程中，这些符号的存在方式、用途及传播范围等的不同，都会影响内容层面所指的意义，形成能指与所指之间多层次递进的纵向蕴含关系。

（二）明清时期鄂湘赣移民圈民居建筑装饰图形符号的"内蕴意义"

1. 符号的意指结构

一般来讲，"能指与所指结合成符号的过程叫意指。换言之，意指是将一个能指和一个所指结合在一起。意指不仅发生在创造符号时，而且发生在从一个符号中提取意义的时候。"（郭鸿，2008）按照结构主义符号学理论的观点，所有的意指都包含两个层面：其一是能指的物质实体形态所体现的表达层面；其二是组成符号的语素以编码组合意义的方式所表现思维形态的内容层面。也就是说，意指发生在两个过程中，即创造符号的过程中和解释符号的过程中。据此，法国符号学家罗兰·巴尔特在符号学先驱索绪尔理论的基础上，进一步深化了传统符号学理论。在他看来，索绪尔的"能指+所指=符号"只是符号表意的第一个层次，而只有将这个层次的符号作为第二个层次表意系统的能指时，才能产生新的所指（余志鸿，2007）。也就是说，符号含有两个层次的表意系统，当第一个层次的符号作为第二层表意系统的能指时，会产生一个新的所指，并形成新的符号。这种转换的过程就是符号的换挡加速的过程，也是符号内涵意义"神话"的过程，在这个过程中，第一层次的意义构成外延意义，第二层次中的意义才是"内蕴意义"或"隐喻"的所在。

下面还是以饶氏庄园门楼主入口南北墙柱石刻为例（图 3-10）来进行分析。"四季平安"和"富贵平安"两块石刻是由花瓶和月季花为题材组成的，在这里"花瓶"形式化的符号系统与"月季花"形式的符号系统发生连接，产生新的所指，新的所指意义超越了"花瓶"或"月季花"二者符号系统所规定的范围，通过符号的重新编码组合形成了新的图形符号形式，并被赋予了文化的意义，从而形成物化的"四季平安""富贵平安"等吉祥文化符号。由此可见，装饰图形视觉符号的所指意义是非常复杂的，分析它们首先要考虑的是所指意义与装饰视觉符号意义延伸范围的关系，也就是说，一个被形式化的装饰图形的符号系统，在传播该系统全部所指的功能时，不可能是封闭的。所指的意义在可能的范围内会向其他符号系统产生交流和渗透，甚至相互包容。其次，能指与所指的联系是任意性的，两者之间并不存在必然的内在联系。但任意性是有条件的，它必须有一个合理的范围、是约定俗成的，这种要求决定了能指和所指之间不可能随心所欲，不是泛任意化的关系。因而，装饰图形符号所指意义的分析要考虑能指系统在所指层面上的历史积淀和社会约定。避免其所指意义的疑义、误读。因此，明清时期鄂湘赣移民圈民居建筑装饰图形符号在传播活动中，只要有其表意或者指称的某种内容存在，那么，它就可以通过符号语言的社会约定获得对意义的主观解释。

由这个理论和案例的分析，不难发现明清时期鄂湘赣移民圈民居建筑装饰图形符号的表意结构。如图3-10所示。

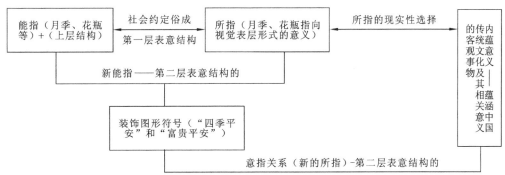

图 3-10　明清时期鄂湘赣移民圈民居建筑装饰图形符号表意结构——内蕴意义

据此，对明清时期鄂湘赣移民圈民居建筑装饰图形符号表意结构的探究，有利于厘清装饰图形符号的内蕴意义，以及与中国传统文化及其相关意义的客观事物之间发生的联结。

2. 符号"内蕴意义"的解读

明清时期鄂湘赣移民圈民居建筑装饰图形符号是一个完整的系统，作为其符号的能指，要注重对其造型层面的点、线、面、色彩，以及它们的编码、组合关系和所依附的物质材料的研究；作为其符号的所指，要注意由其艺术形象视觉表层所蕴含的视觉信息指向——内容层面和表达层面的关系，这种关系构成了其符号的意义指向。不仅如此，当某一装饰图形符号成为新能指时，新所指就是其"内蕴意义"。

在湘东北片传统民居建筑及其装饰艺术的调研中，浏阳市大围山镇锦绶堂建筑的外窗特别有意味。例如在书房的位置，其花窗的纹样所采用的冰裂纹，就有寒窗苦读的劝勉之意（图3-11）。而在建筑正立面的外窗，其窗框装饰采用的卷轴样式，为配合卷轴的造型，特意将相邻的两个窗做成了一高一低的样式，增添了建筑立面装饰的趣味性。下面以冰裂纹为例来进行其符号的内蕴意义分析。冰裂纹在视觉的表达层面上，表现为以木质的线形材料对书房外窗的装饰，在内容层面上，表达出被装饰过的书房外窗"窗"的概念。如果对其符号的分析研究就此停滞，显然是不妥帖的。罗兰·巴尔特的符号理论表明，以涵指符号学的名义，在符号系统之间的意指关系中可以分出两个意指面，即直接面和涵指面。当符号系统意指作用的时候，往往会在一个符号系统与另一个符号系统之间发生意指关系，以此形成涵指符号学的符号链接模式。在锦绶堂冰裂纹装饰图形符号系统的意指关系中，第一符号系统"能指＋所指＝符号"构成意指的直接面——即表达出被装饰过的书房"窗"的概念，在第二系统中充当意指关系的涵指面（新所指的内容）——即"冰裂纹"符号下蕴含的"内在意蕴"——"十年寒窗无人问，一举成名天下知"的意义指向和追求。

图 3-11 冰裂纹窗及其视觉形式

由此可见，在解读符号意义的过程中，不能忽视那些具有社会性代码及其对符号的解读起支配性作用的约定，因为这些都是符号意义解读的关键；同时，对装饰图形符号意义的解读应该兼顾受众的感受，与受众建立良好的关系。因此，无论从哪个层次的分析来看，装饰图形符号意指的直接面总是与其所指的自然与社会的客体事物相对应，是明示的；而对"内蕴意义"，则需要对符号意指做出合乎时代、社会和文化发展趋势的心理感悟，通过对符号隐含义的归纳，获得合理解读。

三、图形符号的特点

明清时期鄂湘赣移民圈民居建筑装饰图形作为传播符号家族中的成员，是这些符号语素编码组合后的艺术形象，由于装饰图形所蕴含的信息只有凭借符号才能够流通，因此，同普通符号一样，在传播本质上表现为信息的流通。事实上，信息首先就表现为符号，或者说一种信息的外在形式就是某种符号。世界上没有离开符号而单独存在的信息，正如没有不包含信息的符号。符号总是负载着某种信息，信息总是表现为某种符号（戴元光 等，2007）。所以，装饰图形符号不仅具有传播符号所共有的那些特性，而且，作为艺术符号还有着自身的特点。

（一）真实性

明清时期鄂湘赣移民圈民居建筑装饰图形的艺术性是有中国传统文化作为营养基础的，也可以与康德的美学理论相印证。康德认为美有"自由美"和"依存美"两种，自由美是康德在审美的领域里对一种感性的自由发现，在他看来，纯粹的鉴赏判断只能是自由美，即没有任何目的、概念强加于其上而"自由地自身使人喜欢的"那种美；与之相反则是"依存美"，即含有对象的合乎目的性（邓晓芒，2004）。康德（2002）认为："我们出于正当的理由只应当把通过自由而生产，也就是把通过以理性为其行动的基础的某种任意性而进行的生产，称之为艺术。"从这个概念可以看出艺术的核心含义，即理性及与它相关的"自由性"和"任意性"。据此，人们可以按照"美的规律"来建造美的事物，那些装饰、绘画、家具设计及室内装潢等形式的造物都被康德列举为"一般的艺术"，并且其所谓的"自由的任意"之中的"熟练技巧""技术实践"或"机械的艺术"。由此可以判断，那些有着独特艺术思维和设计表现力的装饰图形是具有艺术性的。其艺术性在于它们将自然物的各种形态，运用点、线、面和色彩等造型语素，通过丰富的想象、变化、抽象、组合而形成千姿百态的图形与纹样，使它们能够以一种"以愉快的情感作为直接的意图"，"使愉快去伴随作为认识方式的那些表象"，以达到情感的普遍传达（邓晓芒，2004）。

明清时期鄂湘赣移民圈民居建筑装饰图形的艺术真实性，是指装饰图形通过其符号建构的艺术形象来表达人们的情感，揭示生活的本质规律的特性。在这些装饰图形符号运用于民居建筑装饰营造的过程中，它们普遍遵循"图必有意，意必吉祥"的营造法则，然后经过合理的构图、多样统一的秩序结构和排列等视觉修辞手段，将自然景象、人物、虫鱼、鸟兽、植物等那些与人们日常生活息息相关物象塑造成为艺术形象，借此表达他们祈福求祥、趋吉避凶的美好愿望和对美好生活的追求。例如，湖南省浏阳市大围山镇锦绶堂建筑柱枋的装饰（图3-12）。

图 3-12　湖南省浏阳市大围山镇锦绶堂建筑柱枋的装饰

柱枋是锦绶堂木雕装饰的一大重点。在造型和题材上都具有锦绶堂自身的装饰特点。在进入正厅的前廊部位，有一组红木镶金边的动植物纹样的柱枋，其上为松鹤、梅鹊和蝙蝠等寓意长寿吉祥的图案。在正厅的天井四周，有四个书卷形状的柱枋木雕，其上各刻画了象征高尚人格的梅、兰、竹、菊四君子的图样，并在每幅图的旁边雕刻有赞扬其品格的文字装饰。可见屋主人对自身情操修养的严格要求，和对"志存高远"美好人格的肯定与向往。

上述案例充分说明了"梅""兰""竹""菊"等艺术形象反映了"客观世界的真实，或者再现的真实"和"主观世界的真实或表现的真实"。对于前者，是将明清时期，移民圈内传统社会生活中的各种元素，进行艺术化的加工和运用，使之成为装饰图形符号的视觉元素和组成部分。这种真实不言而喻。后者则需要创造主体——工匠与审美接受主体——房屋主人或者其消费者的双重作用，这种真实都是个人的感情的流露。因此，无论装饰图形中艺术形象是抽象还是具象，创造主体在创作过程中所付出的情感一定是真实可靠的。同样，在审美接受过程中，接受主体情感的真实性也在审美过程中不断修正和完善。总而言之，艺术的真实性是两者的统一，只有这样，真实的客观存在于真实的主观情感，才能够通过明清时期鄂湘赣移民圈民居建筑装饰图形符号得到表达。

（二）地域性

明清时期鄂湘赣移民圈民居建筑是地域性建筑，它扎根于鄂湘赣等具体的环境之中，受到该地域范围内地理环境、社会文化、民俗习俗等各种因素的影响，形成了特有的建筑形式和装饰风格，从而该地域用于民居建筑的装饰图形具有鲜明的地域性。

关于建筑的地域性，建筑是一个地区的产物，世界上是没有抽象的建筑的，只有具体的地区的建筑，它总是扎根于具体的环境之中，受到所在地区的地理气候条件的影响，受具体的地形条件、自然条件、地形地貌和城市已有的建筑地段环境所制约。这是造就一个建筑形式和风格的一个基本点。就民居建筑的装饰图形而言，它与民居建筑的地域特征相互关联，作为建筑文化和特征显现的主要载体形式，装饰图形符号的地域性特点是不言而喻的［图3-13（王升，2006）］。

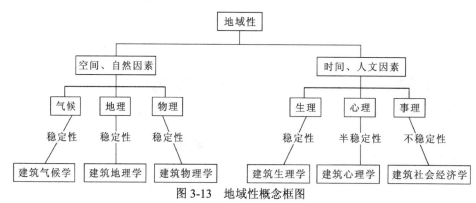

图3-13 地域性概念框图

影响明清时期鄂湘赣移民圈民居建筑装饰图形符号地域性形成的因素，不能简单地归因于自然场所[①]，而应该综合考虑物质文化与非物质文化两个方面因素来进行分析。

鄂湘赣移民圈民居建筑所处的地理环境及其使用的建筑材料的影响，决定了其地域性。

1. 地理环境因素

从地理位置来看，鄂湘赣移民圈的移民到达地——湘鄂地区位于长江中下游，远离京城，位于中华腹地但相对封闭，明清时期的经济发展状况不如江浙、闽南及粤赣地区繁荣发达，但这一时期的移民运动与当地多民族文化的融合，客观上促进了这一地区民居建筑及其装饰的多元化发展。

在建筑样式上，受地理环境和移民发源地徽派建筑样式的影响，鄂东南、鄂西北和湘东、南、北片等地区，民居建筑的造型多为以典型的抬梁式和穿斗式石木结构为主的房屋。如湖北省大冶市水南湾民居群、阳新白沙镇黄塘村、通山闯王镇宝石村和湖南岳阳市张谷英镇的张谷英村民居等，房屋建造大多依地就势，多为合院住宅，它们的平面布局讲究主轴线的左右对称，两侧使用厢房或者院墙来保持与外界的隔绝，形成这一地区民居建筑极具内敛和防御的性格特征。整体来看，因村镇住宅密集，故其民居屋宇墙檐相接、院落鳞次栉比。为了安全、防火，家家户户都设计建有高于屋顶的封火墙。封火墙因其象形于马头，故又称马头墙。封火墙墙头轮廓造型形式高低错落变化多样，一般分为一阶、二阶、三阶等多个等级，"五岳朝天"就是对这一建筑样式的生动形容。通常以白色的灰塑对封火墙的墙面进行装饰，墙头覆盖黑瓦连两坡墙檐，赋予平淡的建筑屋面以高低起伏的节奏感，青墙黑瓦，朴实而简洁。

但在鄂西和湘西等少数民族地区，例如鄂西宣恩彭家寨村、湘西凤凰等地，这里的土家

---

① 所谓的场所性，首先是自然条件本身的差异，其次是对自然条件适应方法的差异（文化上的差异）。但这种场所性是建筑的地域性和多样性的基础。

族、苗族、侗族、壮族、布依族等民族，受所谓"天无三日晴，地无三里平"的潮湿气候、多山少地加之毒蛇猛兽经常出没等因素的影响，其民居的建筑形式多采用干栏式木构架的吊脚楼。这种吊脚楼大多是傍山而建，使用当地盛产的木材搭建成两层楼的木构架，柱子因坡就势，长短不齐地架立在坡上。房屋分为上下两层，楼上铺楼板。下层一般不设隔墙，其间可堆放农具、杂物，也可养殖猪、牛牲畜和禽类等；上层分客堂和卧室，四周向外伸出挑廊，是主人生活和休息的地方。与干栏全部悬空的干栏式建筑不同，鄂西和湘西等少数民族地区的吊脚楼在形貌特征与建筑结构上，因地方不同而富于变化，既通风又防潮，还可防止毒蛇猛兽的侵扰，优点明显。

2. 建筑材料因素

民居建筑及其装饰的营造受地理环境、经济状况、交通运输等诸多因素的影响，大多民居建筑及其装饰会就地取材，并最大限度地发挥材料在建筑学、美学上的特长，因材装饰。例如，鄂西和湘西等少数民族地区吊脚楼的装饰，充分利用了当地出产的木质材料的性能，将构筑的吊脚楼飞檐翘角，三面环有走廊并悬出木质栏杆。悬柱饰呈八棱形或四方形，底端造型常被雕刻成金爪、绣球等各种形状；栏杆上装饰的图形多为四方格、喜字格、万字塔和亚字格等象征吉祥如意的纹样；吊脚楼上层客堂和卧室的窗棂均刻以喜鹊登梅、双凤朝阳、狮子滚球，或者牡丹、菊花、茶花等各种花草题材的图形纹样进行装饰，极具民族特色。

物质层面上，首先，除了表现在物质层面上的那些因素以外，有关地域性的文化、意识形态、人文习俗等非物质层面的因素，都会影响鄂湘赣移民圈民居建筑及其装饰图形，使其具有地域性的特征。从大的方面来看，不同的国家和民族，文化的地域性及其个体差异，在建筑上所表现出来的尺度和风格是有显著差别的。其次，不同的国家或民族都存在着地方的界限及其相关的社会生活联系和规则。这种地域性的界限，通过政治、经济和宗教等活动影响与建筑相关的法律、规则、规范、习惯、道德、情操、营造观等；不仅如此，这些联系还会加深各个地区文化的交流和碰撞，影响建筑及其装饰的地域性。第三，不同的宗教信仰不仅会产生不同的宗教建筑，还会潜移默化地影响民居建筑及其装饰的营造。在湖南省浏阳市桃树湾大屋祖堂室内装饰中，其檐部就彩绘有八仙的人物形象（图3-14），这些形象都刻画得很细腻，包括服装、神态、色彩等，每位仙人的特色也很明显。除了立绘之外，在每个立绘的旁边还用文字进行描述。在湖南省浏阳市的锦绶堂的彩绘装饰中，也常见暗八仙题材，比如在正厅的脊檩和天花藻井部分（图3-15）。

图 3-14　湖南省浏阳市桃树湾刘家大屋八仙彩绘

图3-15　湖南省浏阳市锦绥堂脊檩部位暗八仙彩绘

除八仙外，还有许多形象具有驱恶辟邪纳福之意：蝙蝠，取"福"字谐音，寓意福气；仙鹤、鹿、桃子、松树等形象则寓意长寿多福，如"鹤鹿同春""松鹤同龄"等，在湘东片区的民居建筑装饰纹样中，也多见此类题材。另外，民族、风俗习惯的差异也会直接影响建筑及其装饰的地域性。在明清时期鄂湘赣移民通道和移民到达地的范围内，有着鲜明的地理特征和丰富多样的人文生态，在这个移民圈内，赣文化、楚文化与蜀文化相互碰撞、渗透，融合为多元丰盈的"两湖"移民地域文化；在此文化浸染下，建筑装饰中带有大量楚巫的符号，如武陵山区土家族民居中在梁上采用的太极和神龙图案（胡彬彬，2005），并形成样式各异的民居建筑类型及其装饰风格。

（三）直观性

在以视觉为传播特征的视觉艺术中，明清时期鄂湘赣移民圈民居建筑装饰图形符号的艺术形象营造必须遵从其直观性的普遍规律。一般来讲，在造型方式上，艺术形象是创造者运用形象思维方法，通过对客体的观察、分析和思考，反映客观现实生活和人们的情感的结果。装饰图形符号中那些生动的艺术形象，无不是营造它们的工匠根据委托的要求，在客观事物发展变化和人们的情感历程中，通过对创造灵感和契机的寻找，并运用程式化创新的表现手法，将如砖、瓦、石材、木材等特定的装饰材料与底层结构的点、线、面、色彩等视觉元素进行编码组合形成艺术形象固定下来，使之成为人们通过视觉直接感知的审美对象，涉及符号的编码与解码，涉及艺术形象的审美和意义的解读。因此，装饰图形符号艺术形象的直观性不仅仅只是作为能指层面的对象化的物质因素，在其所指概念层面下，还包含有更深层次的"内蕴意义"和更深刻的艺术理解，也就是说，装饰图形符号的直观性能够架起艺术形象与内在意蕴层的桥梁，引发人们的审美兴趣和思考，实现与审美接受主体的艺术素养、审美期待的联系。

（四）社会性

明清时期鄂湘赣移民圈民居装饰图形符号的共性——任意性，决定了它在传播中需要由社会全体成员的共同约定才能表示某种意义。就语言符号而言，索绪尔（1980）有过完整的论述："语言既是言语机能的社会产物，又是社会集团为了使个人有可能行使这机能所采用的一套必不可少的规约。"鉴于传播符号的共性，这些装饰图形符号是明清时期，生活在湘赣移民圈内的人们在进行民居营造的过程中逐渐形成和发展、并形成地域特色鲜明的、特有的符号体系。因此，作为一种传播的符号，装饰图形符号的生成和发展离不开时代和社会环境等条件的制约，这些毫无疑问地决定了它们作为符号的社会属性。

第二节 图形符号信息

一、图形符号的媒介属性

建筑作为人们生活的容器，必定与人类社会的一切活动有关。它伴随着人类发展的历史而不断发展和演变。作为一种特殊的"容器"，建筑对我们生活时代而言是可取的生活方式的诠释（邓波，2008）。可见，建筑是各种各样复杂信息的载体，人与人、人与建筑的交流因建筑而发生，构成了人在复杂的社会行为和社会现象体系中活动的意义空间，使建筑成为一种能够表达含义的信号媒介[①]。

（一）图形符号的媒介性

1. 作为媒介的民居建筑

黑格尔（1979）《美学》中论及建筑时，曾有个形象的比喻，他说可以把建筑比作书页，虽然局限在一定的空间里，却像钟声一样能唤起心灵深处的幽情和遐想。因而从建筑引发交流的方面说明了建筑媒介属性的存在。

据考，"媒介"一词最早见于"观古今用人，必因媒介"（《旧唐书·张行成传》）。据此，媒介用来指示双方发生关系的人或事物。先秦时期，"媒"通常是指媒人，如"匪我愆期，子无良媒"（《诗·卫风·氓》），后来引申为事物发生变化的诱因。"介"则指居于两者之间的中介物或者工具。在传播学的视角，媒介就是插入传播过程之中，用以扩大并延伸信息传递的工具（施拉姆 等，1984）。根据这个观点，媒介可以理解为利用媒质存储和传播信息的物质工具，或者说传播信息符号的物质实体。关于媒介，麦克卢汉进一步认为媒介的主要作用和功能是改变人类的生活方式。他创造性地提出"媒介是人体的延伸"论点，并提出"媒介即信息"的核心命题，从而使媒介概念的外延得以扩大，使很多人的活动方式及工具都可以划分到媒介的范围内，传播媒介的范围也随之扩大。可以说，媒介是无时不有、无处不在的。对建筑而言，一方面，建筑作为人造物本身就是信息的载体；另一方面，它作为直接作用于人的实体，由它所营造的生活空间形成人与人关系的重要纽带之一，在这个空间，它向人们提供人与人之间的交流场所，并构筑人们传播生活的方式。

图 3-16 为湖北省丹江口市饶氏庄园单檐硬山顶式屋脊。在鄂西北地区，受传统荆楚文化中建筑形式的影响，饶氏庄园屋顶采用两坡式的直坡屋面并用小青瓦铺设成有规律的瓦阵，由此形成一排排自上而下的瓦垄，每两条瓦垄之间低凹处形成可排水的水沟，起到排除雨水的作用。在视觉形式上，一排排自下而上的瓦垄铺装整齐，流线优美，具有很强的动感。

脊饰上，饶氏庄园屋脊简洁、质朴。屋面两坡交界处屋脊为单脊，采用立瓦叠砌的构造方法而成；屋脊装饰的脊花为烧制的植物花草镂花构件；端部用瓦垫高，略向上翘起，然后与脊饰动物造型鸱吻相连形成装饰。传说鸱吻为龙的第九子，是中国古代神话传说中的神兽，具有辟除火灾的象征作用。

[①] 意大利符号学家艾柯认为建筑是一种表达含义的信号媒介，这种信号系统是建立在社会约定俗成基础之上的，在对建筑功能和形式关系的阐述中，既包含了功能和形式的信码联系，又体现了形式反映功能的约定概念，而且作为社会客观现实建筑只有在信码的基础形式上才有表达功能（勃罗德彭特，1991）。

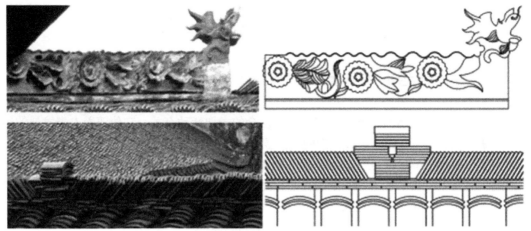

图 3-16　饶氏庄园屋脊

2. 民居建筑及其装饰图形符号的物质载体——质料介质

亚里士多德（2011）认为，任何事物的形成和变化都有质料因、形式因、动力因和目的因四种，其中，形式因既可以是动力因也可以是目的因。也就是说，事物的形成主要是由质料因和形式因的组合所构成。质料是一种相对的概念，相应于一种形式而有一种质料。它表明媒介的构成离不开质料和形式这两种基本因素。

作为媒介，对明清时期鄂湘赣移民圈民居建筑及其装饰图形符号真实性结构及其意义的考察是复杂、多层次和逐渐生成的。建筑作为人行为的结果，会因不同"尺度"[①]的人的行为而有所不同，因而作为媒介所呈现的作用方式也不同。在传播中，其媒介性的尺度不仅在于建筑作为媒介的物质实体性，而且还在于装饰图形符号的形式及其象征的意义。从质料与形式的关系来看，质料和形式是艺术作品之本质的原生规定性，并且只有从此出发才反过来被转嫁到物上去（海德格尔，2004）。也正是因为这样一个过程，民居建筑及其装饰图形符号作为媒介才有可能形成，并成为信息传播的渠道和载体。

民居建筑的媒介属性离不开其建构的质料。一般来讲，中国传统民居建筑是人类最早、最大量使用且与人类生活最密切相关的建筑类型，也是人类最原始又最持久发展的一种建筑类型。民居在一定程度上揭示出不同民族在不同时代和不同环境中生存、发展的规律，也反映了当时、当地的经济、文化、生产、生活、伦理、习俗、宗教信仰及哲学、美学等观念和现实状况（陆元鼎 等，2003）。这些信息通过建筑营造的材料、结构、形式、装饰及其风格等蕴含于建筑之中。因此，民居建筑作为人们交流、传播的媒介，它不仅本身承载有信息，还为装饰图形符号的传播提供传播的渠道，承载和传送着装饰图形符号的信息。

对民居建筑的装饰而言，装饰涉猎的范围非常广泛，几乎每一个建筑的局部构件如砖墙、石瓦、柱、梁、枋、椽、檐、天棚、门窗、地面、围栅栏杆等，都是装饰的对象。总的来说，传统民居建筑作为装饰的载体，其承载装饰的位置主要包括以下三个部分。

[①] 这里的"尺度"从客观上讲可以是规律，从主观上讲可以理解为真理。古希腊哲学家普罗泰戈拉认为"人是万物的尺度"，说明世界的存在、规律和真理都以人及其所处的环境和需要的变化为转移。即，都是以人的感觉为标准，具有相对性。

（1）台基。

台基又称基座，是专门指高出于地面用砖石筑成的平台，是建筑物的底座，具有承托建筑物的作用，亦有防腐、防潮等辅助功能。在结构方面，石工制作以台基为重点，柱顶石，即石础，上面承载柱、梁及屋盖的重量。台基的四周压面包角不直接承重，方便对基座的维护、加固；同时，由于高于地面，可以弥补传统民居建筑视觉上的不足，形成结实、稳固、美观的视觉感受。根据传统建筑等级的不同，台基大致可以分为普通台基（即直方型台基）、带勾栏台基、复合型台基和须弥座四种。明清时期鄂湘赣移民圈民居建筑使用的是普通台基。

普通台基历经从夯土台到磉墩的发展过程。夯土台是将土夯实形成的台基，其构造简单、施工便捷；这种台基发展到后期，不再用夯土做法，而改为柱顶石下部用砖砌的石台来取代，即磉墩，《五灯会元·卷第二十》有记载"大小岳上座，口似磉盘"，故称柱下石磉。明清时期鄂湘赣移民圈民居建筑使用的普通台基多为方形结构。同建筑其他部位一样，它的形制与装饰都有具体的要求，清顺治九年（1652年）规定：公侯以下官民房屋，台阶高一尺，梁栋许绘画五彩杂花，柱用素饰，门用墨饰。官员住屋，中梁贴金。二品以上官，正房得立望兽。余不得擅用，违者治罪。顺治十八年（1661年）又经题准，公侯以下、三品官以上房屋，台阶高二尺；四品官以下至士民房屋，台阶高一尺。调研发现，明清时期鄂湘赣移民圈民居建筑的台基一般都是用素土与灰土、碎砖等三合土夯而成，通常高约一尺；装饰的部位有台基、柱础、台阶、铺地等，这也是砖雕、石雕艺术样式装饰较多的位置（图3-17）。

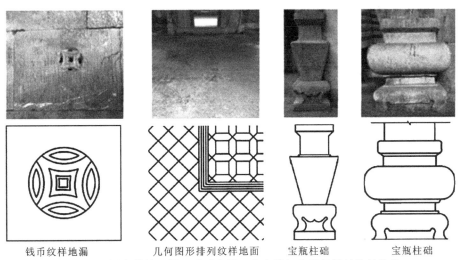

| 钱币纹样地漏 | 几何图形排列纹样地面 | 宝瓶柱础 | 宝瓶柱础 |

图3-17　通山县吴田村王明璠府第（大夫第）台基细部结构的装饰

（2）屋顶。

屋顶是传统建筑外部的顶盖部分，也是传统建筑房屋的最高部分。《周易·系辞下》所谓："上栋下宇，以待风雨，盖取诸大壮。"《隋书·炀帝上》记载："夫宫室之制本以便生。上栋下宇，足避风露；高台广厦，岂曰适形。"其中在土木结构房子中起承载支撑作用的木质结构总称"栋"，包括支撑屋顶的梁枋、椽子、檩子和柱子的整体组合结构。"上栋"，即椽子和檩子的总称（不含支柱），或者屋顶部分。在建筑的营造上，屋顶不仅具备遮阳、避风、挡雨的功能，而且还可以通过对其细部诸如屋脊、屋檐、屋角和山尖等的装饰加工，改变建筑方正框架呆板的视觉缺点。一般来讲，其形式通常包括硬山、悬山、歇山、攒尖、庑殿等五种，可根据建筑的等级要求分别选用。明清时期鄂湘赣移民圈的民居建筑受江西等移民发源地建筑传统的影响，屋顶以各式封火墙的高耸为特征，墙头以两坡青瓦顶覆盖，造型丰富，色调素雅、明快，于青山绿水之中，黛瓦白墙，层叠有序，极富节奏和韵律美感。

（3）屋身。

屋身指介于建筑台基与屋顶之间的空间部分，即建筑功能实现的部分。它由梁柱和墙体两部分组成。梁柱的构架制，通常以立柱四根，上施梁枋，牵制成为一"间"，其中，前后横木为枋、左右为梁，梁的数层重叠称为"梁架"。建筑物上部之一切荷载均由构架负担。墙体，通常为木板或砖石，起隔断作用，故又称为"隔断墙"。因此，屋身可根据"间"的不同和使用要求，划分为不同的空间，它们在布局上讲究组群秩序和规律，充分体现出传统建筑的"礼乐仁和"的和谐之美。明清时期鄂湘赣移民圈民居建筑及其室内装饰，室内的空间分割经常采用门、屏、罩、隔扇等进行隔断。在由屋身所构成的室内空间和庭院之间，千奇百怪的镂空窗花，不仅使深宅大院显得通透、敞亮，而且彼此之间互为照应，互为统一。尤其是庭院里面的植物和景观，如花卉树木、叠山辟池，与筑构的走廊通道和室内室外相连，延伸了建筑的空间，为居民提供了悠闲、安宁、温馨、舒适的生活环境。与这种空间相关联的建筑细部及其装饰主要体现在梁、柱、枋、斗拱、天花、藻井、雀替、门窗、栏杆、墙面等结构上（图3-18）。

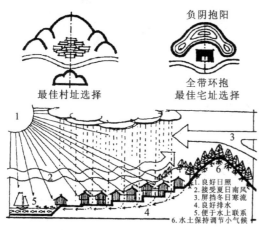

我国传统聚落选址及其优势分析图（王其亨，2005）

明清鄂湘赣移民圈民居建筑的基本特征：
● 平面布局和环境特征，它是社会制度、习俗、信仰和生活方式在民居中的体现。
● 结构和外形特征，它反映了地理条件、构造技术等对建筑的影响。
● 装饰装修和细部特征，它是文化、习俗和审美意识在民居建筑内部和外观艺术上的表现。

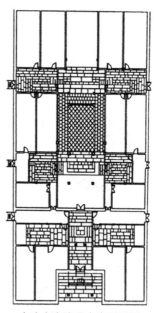

大冶水南湾承志堂平面图

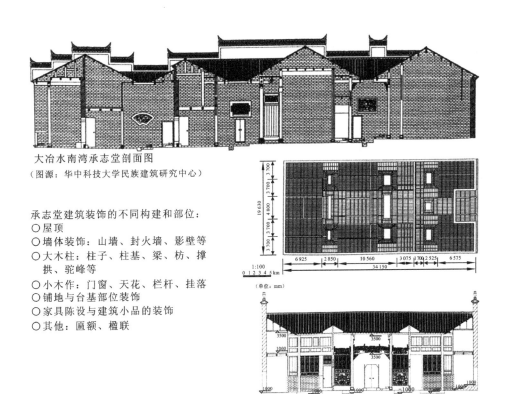

大冶水南湾承志堂剖面图
（图源：华中科技大学民族建筑研究中心）

承志堂建筑装饰的不同构建和部位：
○ 屋顶
○ 墙体装饰：山墙、封火墙、影壁等
○ 大木柱：柱子、柱基、梁、枋、撑
　　拱、驼峰等
○ 小木作：门窗、天花、栏杆、挂落
○ 铺地与台基部位装饰
○ 家具陈设与建筑小品的装饰
○ 其他：匾额、楹联

大冶水南湾承志堂仰视平面图及剖面图

图 3-18　明清时期鄂湘赣移民圈民居建筑营造及其装饰部位图

3. 民居建筑装饰图形符号的媒介可能性

对建筑的文化意义而言，佩夫斯纳认为："要创造这样一个作品显而易见的方式是对一些实用结构进行装饰：建筑作品＝房屋＋装饰。"由此可见，建筑作为传播文本，它所能够负载意义的实体就是装饰（Gombrich，1984）。因此，对明清时期鄂湘赣移民圈民居建筑媒介性的分析离不开对其装饰图形符号媒介属性的研究。下面从其符号文本建构（文本）的三个方面进行具体分析。

（1）装饰图形必须依附于诸如石材、砖材、木料和色彩颜料等丰富多样的装饰材料，通过这些质料介质与装饰图形符号的视觉形式发生勾连，对传统民居建筑的装饰发生作用，因而是可视觉感知、可触摸的、具体的物质实体，这是其构成传播媒介的物质前提条件。

（2）作为传播的符号，装饰图形视觉形式的构成是有规律的，有着特定的所指内容、象征寓意和审美标准及其意义表达，并由此形成视觉语言符号特有的符号体系，使它所附着的物质实体与其他普通的物质实体区别开来，成为传播信息的文本媒介。

（3）装饰图形符号的所指及其内蕴意义——信息，构成其传播的重要内容。明清时期鄂湘赣移民圈民居建筑及其装饰图形在历时性传播过程中蕴含大量的有关营造、文化和审美的信息，这些信息不仅影响符号建构体系的不断完善，也反映了人们对美好生活的向往和追求。

从上述分析可以看出，物体、符号、信息三者是构成明清时期鄂湘赣移民圈民居建筑装饰图形符号文本的核心要素，正是因为其文本构造的特点，才使得这些用于民居建筑的装饰图形成为可传播的文本和传播媒介。

4. 民居建筑及其装饰图形符号的媒介特点

根据民居建筑及其装饰图形符号媒介的质料、艺术符号、信息三者核心要素构成的相互关系，可以分析其作为媒介的以下特点。

（1）实体性。

实体性表现为民居建筑装饰图形符号媒介是具体的物质存在，它通过其构造的质料、图形、形状、大小和肌理等，给予建筑以装饰、保护功能和可直观的实体感知。从媒介作用来看，起着承载、储存、传输和视觉显现的作用。其实体性是装饰图形符号艺术传播活动中物的因素。"一切艺术作品都有这种物的特性。……建筑艺术存在于石头之中"（海德格尔，1991）。这些装饰图形艺术符号依附于构筑其质料的实体，构成人工化的艺术媒介使相关信息得以传播和扩散。

此外，作为一种艺术媒介，装饰图形符号与其审美价值和艺术价值本体是相互关联、不可分离的。明清时期鄂湘赣移民圈民居建筑装饰图形营造的过程是审美价值创造的过程，在这个过程中，通过营造其建构的诸多质料介质、营造的刀、斧、锯、凿等工具介质和制作者的砌筑、凿制、雕刻、涂绘等技巧，综合地融入装饰图形审美价值的建构过程之中，并最终熔铸成审美价值载体的感性形式，使之具有艺术性。媒介作为"中介"物，一般来讲，它只是价值形成的途径、工具和手段等，一旦其某种价值被创造出来，媒介是可以丢弃的。审视其审美价值的创造过程可以发现，营造装饰图形符号的过程不同，相关质料、工具和技巧、方法等作为审美价值创造的媒介，在相关过程中会成为装饰图形符号审美形式不可分离的组成部分，一旦审美价值形成就再也不能把媒介（质料、工具和技巧、方法等）与其创造过程和创造结果（装饰图形的视觉形式、材料质感、肌理效果、色彩等）分离开。

（2）承载性。

作为传播媒介，民居建筑装饰图形符号的承载性表现为：通过一定的工具和手段，营造者们将构思好的装饰图形立意构想及其艺术形式，固定到相应的质料介质上，例如，民居建筑中经常看到的各种雕刻、彩绘等，使其以物态化的视觉感性形态来传播装饰图形所包含的信息内容。当然，作为媒介，民居建筑装饰图形承载信息是有前提的。从其质料介质的砖、石、木、铁等材料来看，它们都是负载装饰图形符号最合适的媒介材料，是成品媒质。即传统民居装饰图形符号中承载艺术语言的感性物理介质。抛开题材和象征意义等共性的信息内容，就装饰图形符号审美价值和艺术价值的创造来说，某种特定的价值往往只能通过与其相应的特定的媒介材料才能实现。不同媒介材料之间通常是不能相互通融的。即某种特定的媒介材料在实现相关审美价值及其视觉形式的建构时，它就规定了与这种媒介材料相关的一种审美价值及其视觉形式的特质。如果不同媒介材料参与不同审美价值的创造，则会形成各种不同审美价值及其视觉形式之不同的装饰图形类别。比如民居建筑雕刻装饰中的砖雕、石雕、木雕等，它们可能题材相同，但因为媒介材料不同，所呈现出的视觉形式和美感会截然不同。因此，要创造某种特定审美价值，不宜实行多种媒介材料共享，因为不同媒介材料构成的装饰图形符号的承载性存在差别。

（3）伦理性。

传统民居建筑不仅因其使用功能，还因其通过建筑空间所构成的交流场域，运用装饰来传播民众的核心价值。作为传统民居建筑意义呈现的重要组成部分，装饰图形符号媒介不仅承担"装饰美"的责任，还承担着教化人们在生活中该"怎么做"的责任。就绘画艺术而言，在唐代，它就有"成教化，助人伦"的社会责任。它强调绘画的社会文化功能及其道德教育意义，不主张将绘画单纯地看作"怡情悦性"的观点，从而促进了中国绘画题材领域的扩展和价值功能的开发。装饰图形作为一种艺术形式，在题材和价值功能方面与传统绘画有许多相似之处，例如："梅、兰、竹、菊"，"忠、孝、节、义"，"礼、义、廉、耻"等都是这两种艺术形式喜欢使用的题材内容，并以此来传播和维系"人伦纲常"的体系。一般来讲，伦理与道德密切关联，但二者又不能等同，而是建立在某些得到普遍接受的准则上的理性过程（帕特森，2018）。这意味着一种选择，即在善与恶、合乎道德的正义行为与非正义行为间作出理性选择。但要看到这种选择具有一定的超越性，它揭示人性，追求生命的意义，探索生存的价值等人类共同的主题，超越了民族和地域，也超越意识形态，是一种大关怀。在社会群体生活中，每一个人都不可避免地要面临各种各样的伦理选择。作为可大众传播的媒介，装饰图形符号伦理的选择会对之产生非常大的影响。

（4）阅读性。

加拿大传播学者伊尼斯（2003）认为："我们对其他文明的了解，在很大程度上，有赖于这些文明所用的媒介的性质。"对明清时期鄂湘赣移民圈民居建筑装饰图形符号的了解亦是如此，有赖于对其作为媒介性质的认识和理解。因为一种媒介经过长期使用以后，可能会在一定程度上决定它传播的知识的特征。所以长期使用某种艺术媒介，会影响该媒介所传播的艺术性质和特征，乃至于影响它的创作方式和接受方式。

从营造建构的角度来看，传统民居建筑及其装饰图形传播媒介负载的特殊信息、具有独特的建构语言。关于这一点，奥拓有过类似形象的比喻，他把希腊神庙的内殿比喻为句子的主语，门廊和柱廊比作宾语，将柱子和内殿之间的联系比作谓语。他认为在这个结构合理的、占据空间的"句子"里，权威性的空间统治着整个建筑……这个句子总是由一种族长式的秩序所统治（哈里斯，2001）。这表明建筑是有自己的语法规则的，是能被阅读的传播文本。传统民居建筑及其装饰图形也不能例外，具有可阅读性。再从受众接受角度来看，在建筑被阅读的过程中，民居建筑及其装饰图形的审美意义和内涵信息是以人和建筑所起现实作用的体验为基础的，由于长期使用这种艺术媒介必然会促进受众"感受形式美的眼睛"的视觉经验形成（马克思，1979）。这种经验往往会影响建筑及其装饰符号语言的编码和解码，影响对它们阅读体系的建构。

（5）文本性。

所谓文本就是指通过媒介所承担的各类作品。在符号学领域，通过符号可以建构各种各样的信息。由于有受众参与了符号互动，因而符号会产生意义，其原因就是信息被转移到文本之中，文本应如何被解读成为关键，也就是说，人们所要解读的文本就是信息发生意义的地方。可见，对于明清时期鄂湘赣移民圈民居建筑装饰图形而言，无论哪种形式的图形符号都含有与之相关联的象征意义，它们通过极其复杂的编码过程将信息以物化的视觉形式展示出来，以达到传播的目的。可以说作为一种可传播的艺术符号，装饰图形既是传播媒介，也是传播文本。

在装饰图形符号作为文本的建构中，由于它不属于即时消费的媒介，因而在它的发展历程中会得到不断的修缮、改良乃至重建。也就是说，文本的表征在经历一段时间后，随着不同的经济、政治、文化、民俗和艺术生产水平及人的意愿等因素而发生改变，会重新被人们接受并解读。呈现出信息兼容和扩充的特性。当然，这种兼容和扩充不是盲目的。在扩充编码过程中，普遍遵循着"因袭创新性"的原则。因为只有重复而无变化，作品就必然单调枯燥；只有变化而无重复，就容易陷入散漫凌乱。在有"持续性"的作品中这一问题特别重要（梁思成，1998）。正是因为这种"持续性"，才使得明清时期鄂湘赣移民圈民居建筑装饰图形文本的改变，始终保持隶属中国传统民居建筑文化的根本属性。

（二）民居建筑与装饰图形符号的关系

从传播学的视角来看，民居建筑作为传播媒介，一方面，它构筑了可供人们生活、交流和文化传播的空间。本质上讲，民居建筑是特定时期（包括明清时期）、连续空间中建筑主体的存在，是在自然与人们心理融合过程中衍生出来的结构性空间框架，具有使用的特定的物质性；同时，它又利用这种空间对装饰图形符号的艺术生产提出了各种不同的标准和样式，以满足人们对建筑表现意蕴的追求，具有信息传播的功能性。另一方面，装饰图形除了满足对民居建筑直接的保护性及其显性装饰审美功能外，还具有象征意义及道德伦理的教化和文化传播功能。可见装饰图形所蕴含的信息能够通过民居建筑媒介备受关注，并给人们留下深刻的记忆。而受众的接受过程也是一种"使用与满足"的彰显。马克思和恩格斯（2004）曾指出："由于人类自然发展的规律，一旦满足了某一范围的需要，又会游离出、创造出新的需要。"正是因为这种需要，才使得人们通过装饰图形艺术媒介，经由艺术欣赏和意义的作用获得态度转变，甚至导致个人和群体社会行为的变化。

由此可见，明清时期鄂湘赣移民圈民居是其装饰图形的物质载体，而且也构筑了人们的生活方式，两者之间是一种从属关系。但由于建筑作为传播文本所能够负载意义的实体是装饰，因而，装饰图形符号又具有相对的对立性。

（三）民居建筑及其装饰图形符号的大众传播模式

民居建筑及其装饰图形符号作为媒介，在传播过程中所传播的信息与传播者、受传者之间的各种行为构成一个整体。在由这个整体构成的传播系统中，各要素的组织形式与要素之间所构成的传播方式、秩序及其相互联系构成了其特有的大众传播模式。

1. 媒介要素及其特征

所谓大众传播，美国传播学家杰诺维茨认为："大众传播由一些机构和技术所构成，专业化群体凭借这些机构和技术，通过技术手段（如报刊、广播、电视等）向为数众多、各不相同而又分布广泛的受众传播符号的内容。"（麦奎尔 等，1990）关于大众传播的定义论述众多，但就其包含有传者、信息、大众传播工具和受众四个基本要素来看，是为传播学者们较为一致的意见和观点。在这四个要素中，传者指一个机构或组织，并非具体的某一个人，具有组织性，内部有精细的分工；受众众多、不知名、参差不一，性质不确定；大众传播工具是以某种机器大量复制信息，供受众选择。对照上述四个要素可以发现，建筑及其装饰图形符号具有大众传播媒介的特征。

第一，从传者的角度，大众传播中的传者是从事信息生产和传播的专业化个人、组织或机构，他们为了各种目的而加工、处理不同内容的信息，并借助于传播技术、传播工具发送信息。这一要素是大众传播的起点，在大众传播过程中，与传播的对象——受众发生相对固定的关系。就像特定的报刊有特定的读者群体一样。在民居建筑及其装饰图形符号作为媒介构成的活动中，传、受双方的角色也是相对固定的，正是因为这种相对固定的关系，才使得鄂湘赣移民圈地区那些鲜明的、颇具"工匠精神"的建筑及其装饰艺术风格得以保存和发展。

第二，从受众的角度，大众传播中的受众始终是一般的大众或个人，常常被传播者看作一个具有某种普遍特性的群体。受众是一个模糊的集合概念，任何人，无论其男女性别、社会地位、年龄、职业习惯和文化层次如何，只要接触大众传播中传播的信息，那么他就是受众中的一名成员。由此可见，在大众传播中受传者具有数量众多，且不易确定秉性、喜好等特点。对民居建筑及其装饰图形而言，它们的受众是指以各种关系与其发生关联的人群，这些人可以是消费使用者，也可以是评议者或欣赏者。由于其受众群体的广泛性，意味着与它发生关系的人群数量庞大，也意味着民居建筑及其装饰图形具有跨群体和跨阶层的特点。从使用消费的群体来看，这一群体是相对固定的，因而有可能把握它们的共同性质。但在其历史发展中，不同年代的消费者之间的性质又会存在差别；不仅如此，对其评议者或欣赏者而言，他们在时间、空间上都不具连续的关系，因而性质更为复杂。

第三，从大众传播工具的角度，大众传播是运用先进的传播技术和产业化手段大量生产、复制和传播信息的活动（夏晓鸣，2011）。这里撇开大众传播工具——"机器"的属性，立足于大量"生产、复制和传播信息"，民居建筑及其装饰图形复制信息的方式与其他媒介有所差异，但成为信息的载体，承载信息、传播信息的功能并无二致。而且，作为艺术媒介，它们会随着时间的推移有所创新。因为传统民居建筑在它的发展过程中，建筑的结构、样式、材料及营造技术会随着时间的推移而发生改变。装饰图形所依附的建筑构件形状、材料的改变对装饰图形的艺术生产提出新的要求，作为特殊的传媒介质，传统民居建筑为装饰图形的艺术传播提供了储存和可复制的产品形态，以及符合进行民居装饰的标准化样式（冷先平，2018a）。

第四，从传播信息的角度，大众传播的信息既具有商品属性，也具有文化属性。同理，民居建筑及其装饰图形在功能上所体现出来的种种属性与大众传播信息的商品价值属性相吻合；而在非功能的，表现为人们在心理层面上追求美感、装饰建筑、传承文明的特性上，与文化属性相吻合。由于民居建筑装饰图形符号传播的信息复杂，本内容将在后文中专题分析。

第五，从传播过程的角度，大众传播不像人际传播那样具有双向性，而是属于单向的传播活动。这一点，在以民居建筑及其装饰图形符号为媒介的传播活动中也有明显的体现，它们的受众对建筑及其装饰图形符号的各种感受，总是会受到其社会约定俗成的影响，需要相当长的时间才能够获得；而这种获得感的反馈，在由建筑及其装饰图形符号构成的交流空间中是缺少灵活有效的渠道反馈给传者的；传者营造的目的是为受众服务的，受制于营造规律和社会经济、政治等条件的影响，受众只能在作为传者的工匠设计、建构所提供好的范围内进行接触和选择，具有一定程度的被动性。因此，以建筑及其装饰图形符号为媒介的传播活动也是一个单向的传播活动。再者，传统民居建筑及其装饰图形符号的艺术生产受时代礼制制度的影响和制约，明清时期鄂湘赣移民圈民居建筑及其装饰图形符号中诸如"寒窗苦读""精忠报国""二十四孝""鱼樵耕读""桃园三结义"等历史典故题材的选择与营造,都是当时礼制制度影响的结果。这说明,建筑及其以装饰图形符号为媒介的传播活动与大众传播都是制度化的社会传播,正是由于传播过程中的特殊性赋予它在满足居住的前提下的教化作用,在中国传统社会,其营造都会被纳入社会制度的轨道。

通过上述比较分析,可以看出民居建筑及其装饰图形符号的传播活动与大众传播本质上的关联,因此,它的传播会遵循一些大众传播的规律。

2. 传播过程模式

传播是由传播过程中传播的信息、传者和受众及其传播参与者的各种行为所构成的整体。这个整体构成一个有机联系的传播系统,在这个系统中各要素的组织形式和要素之间所构成的秩序、作用方式和相互联系构成了传播系统的结构[图3-19(冷先平,2018b)]。下面根据明清时期鄂湘赣移民圈民居建筑及其装饰图形符号的传播过程模式来进行具体分析。

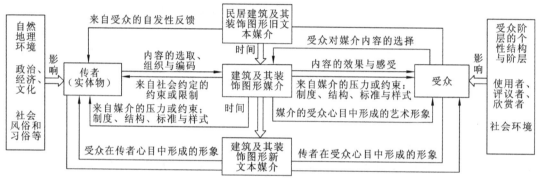

图3-19 明清时期鄂湘赣移民圈民居建筑及其装饰图形符号的传播过程模式图

首先,作为媒介,民居建筑及其装饰图形符号有可供人们交流的空间。在中国传统社会里,尤其是明清时期,民居作为一种建筑形态不仅仅只满足人们对它的使用需求,而且还反映着人和建筑的关系、人与人的关系等问题。从上述"模式"可以看出,作为营造者的传者行为往往要受自然地理环境、政治、经济、文化、社会风俗和习俗及其心理等各种因素的影响。当民居建筑及其装饰图形符号作为媒介时,任何媒介对个人和社会的任何影响,都是由于新的尺度产生的任何一种延伸,都要在事物中引进一种新的尺度(麦克卢汉,2000)。这说明,传者的营造工作会受到种种尺度的制约,如内容的选取、组织与编码,来自媒介的压力或约束,制度、结构、标准与样式;来自社会约定的约束或限制及来自受众种种反馈的影响。为此,方能营造出作为媒介的民居建筑及其装饰图形符号的物质实体,构建传播信息的通道,从而使建筑及其装饰图形符号等有意义的信息得以和受众发生连接。

其次,对受众而言,对建筑及其装饰图形符号的接受是包括使用与审美接受在内的各种信息的总和。上述"模式"表明,受众是其传播活动的最后环节和目的所在,是建筑及其装饰图形符号消费应用、意义诠释、审美认知和价值得以实现的根本。因此,受众群体的主体个性、阶层、结构、素养及社会环境等因素都会影响传播的效果。这个"模式"还表明,受众的接受不是被动接受,而是具有主观能动性的。在这个"模式"中,它们通过"受众对媒介内容的选择"和"受众自发性反馈"等手段实现对传播者的影响,促进建筑及其装饰图形符号文本媒介的创新。

最后，民居建筑及其装饰图形符号是传播媒介，也是传播文本。模式表明，明清时期鄂湘赣移民圈民居建筑及其装饰图形符号的传播过程，在信息流通上是单向性的。也就是说，受众在这个传播过程中是无法当面提问、要求解释的。整个传播过程缺乏及时而广泛的反馈，说明其媒介的性质不属于消费媒介，而是时间媒介。这一特点决定了民居建筑及其装饰图形符号在表征了一个时代之后，在传播的过程中必然要经历时间，不断地被改良、被修缮乃至被重建，附加新的文本信息，成为新的文本。对此，楼庆西（1999）认为："中国古代建筑装饰则是在历史的长河中不断发展而形成一种传统的，是随着建筑类型的增加，建筑结构的变化，建筑材料的多样化，以及民族文化的发展而不断丰富起来的。因此，传统建筑装饰的发展本身就意味着它的应用价值。"因此，民居建筑及其装饰图形符号作为大众传播的媒介文本，是蕴含着无限变化和生机、雅俗共赏的文本，其因袭传统和创新发展的二元对立的界限不是绝对的，而是有机联系的，在建筑及其装饰图形符号历时传播过程中呈现出程式化创新的特点。

明清时期鄂湘赣移民圈民居建筑及其装饰图形符号的传播过程是一种复杂的社会行为，是一个变量因素众多且复杂的社会互动过程。这一"模式"不仅勾画了传播中要素之间复杂的互动关系，同时，作为一个传播系统的结构形式，也有利于获得对民居建筑及其装饰图形符号更全面、更深入的认识，获得更科学宏观的把握。

二、图形符号文化特征和题材内容

（一）图形符号的文化特征

一般来讲，建筑装饰作为人类文化的组成部分，一直存在于人类的建筑艺术创造活动之中，是反映时代特征的社会存在。它的构成形式与作用，诸如塑造、雕刻、镶嵌和彩绘及其题材内容的意涵等，都可以通过其造型特征、所用材料、使用功能等反映出来，赋予建筑以视觉形式美的灵魂。建筑装饰视觉反映出来的图形符号建构可谓历史悠久，源远流长。明清时期鄂湘赣移民圈民居建筑装饰图形符号的建构也不例外。

由文献资料查阅和实地调研可知，明清时期鄂湘赣移民圈民居建筑装饰图形是趋吉避凶的"吉祥"符号，由此上溯至明清时期，在传统民居建筑的营造过程中人们创造了难以计数的装饰图形纹样，它们大多都构思巧妙、匠心独运、形象生动、雅俗共赏，给人以深刻的印象。其中，诸如龙、凤、麒麟、仙鹤、狮、虎、鹿、猴等动物题材，牡丹、梅、兰、竹、菊、莲花等植物题材，各种门神、福禄寿三星、钟馗、刘海、麻姑、八仙等人物题材，万字、如意、中国结、双钱、福、禄、寿、喜等符号文字题材的装饰图形，始终贯穿着人们对美好生活的憧憬和对吉祥幸福的美好愿望；体现了明清时期鄂湘赣移民圈民居建筑装饰图形符号所蕴含的多元文化和丰富的人文精神。

1. 民居建筑装饰图形符号发展的历史流脉与传承

在中国，"吉祥"自古以来都被认为是祥瑞喜庆、福善好运之征兆的词汇。早在史前时代，人们便有了与"吉祥"有关的祈愿、祝福的民俗观念。从旧石器时代晚期山顶洞人墓地发现的尸骨上的赤铁矿粉和装饰随葬品、新石器时代半坡遗址的彩陶等出土物及其所透露的巫祝文化等信息，都是相关的证据。就其意，《周易》之"吉，无不利"，《周书·武顺》曰"礼义顺祥曰吉"，《山海经·大荒西经》之"江山之南栖为吉"，注曰，"吉者，言无凶夭"。按照这些典籍的解释，吉祥便是吉兆，所谓"是故，变化云为，吉事有祥"（《周易·系辞下》）就是这个意思。"吉祥"始见《庄子·内篇》："瞻彼阕者，虚室生白，吉祥止止。"唐代成玄英又疏"吉者，福善之事；祥者，嘉庆之征"。由此可见，在中国古代就有将有关祈福向善和欢乐喜庆之征等诉诸感性的视觉形式，即绘制成吉祥图像，俗称"瑞应图"或"吉祥画"（王树村，1985），以此来表达对未来、对生活美好的希望和祈愿。就建筑而言，辽宁省建平县牛河良村女神庙建筑遗址中就有距今 5 000 多年的线脚和彩绘等古代建筑吉祥装饰的实例。凡此种种，说明与民居建筑装饰图形符号相关的吉祥图形纹样的形成历史非常悠久。

先秦时期，真正意义上的吉祥图形纹样在阶级社会中才得以产生和发展。在阶级社会里，人们的意识形态与原始社会相比发生了很大的变化。与此同时，伴随着生产力水平和技术能力的提高，这一时期学术思想自由，诸子竞出、百家争鸣、文化繁荣，其丰富的思想内容得以通过客观形式表现出来，例如，青铜器、漆器上的饕餮纹、夔龙纹、鸟纹、象纹，以及抽象的云纹、雷纹、环带纹等几何纹样等各种纹饰。在建筑及其装饰方面，20世纪70年代后期在陕西省岐山县周原就发现了西周早期的周公庙遗址，这也是我国目前已知的最早、最严整的四合院实例。其布局方式采用围墙和走廊等将单体的建筑围合起来，长、幼、尊、卑按照宗法、礼制的规定安排位置，其全部房基建立在夯土基上，建筑群组以影壁、门道、前堂、过廊及后室作为中轴线，东西两侧配置以厢房、门房，左右对称，前后两进，布局合理、严谨；墙体都是用夯土板筑而成，室内地面与墙面用三合土，即白灰、沙和黄泥抹面，光滑坚硬；屋顶用茅草覆盖，屋脊及天沟处已经开始使用少量的瓦。之后，西周成熟的宗法制度促进了建筑的发展，春秋时期极具象征的高台建筑，至战国时期更为流行。先秦时期建筑装饰多在人们认为较为瞩目、显眼的位置，如屋面瓦当、大门的兽面铺首等部位。从建筑瓦当的装饰来看，西周时期开始使用陶瓦，尤其晚期出现的半圆瓦当，多装饰有回纹、菊花纹、饕餮纹、重环纹等；用砖上，春秋时期开始出现实心砖和印花空心砖，战国出现用于墓室的大型印花空心砖，模印装饰内容有几何纹、动植物纹和人物纹，人物纹大多表现了墓室主人宴、饮、骑、射等生活场景，为后来秦汉时期画像砖的滥觞打下基础。从洛阳出土的西周青铜器"矢令簋"上可以看到梁柱式柱头坐斗结构——中国建筑斗拱的萌芽。由此可以推知，建筑装饰题材与该时期其他美术样式（如青铜器、陶器、漆器和服饰等）大体相同。

秦汉时期，秦代沿袭战国时期的营造理念和文化思想，装饰的题材多有道教中的长生不老、阴阳五行的各种阴阳气旋错形的纹样和其他动植物纹样；至汉代在保持和继承战国到秦代的题材和样式外，装饰题材和装饰图形纹样发生了很多变化，更加丰富。这些可以从已发现的众多与建筑及其装饰相关的如画像石、画像砖、汉墓壁画、瓦当等汉代文物上得到印证。这些文物上的装饰图形纹样包括各种各样的珍禽瑞兽和花草虫鱼；同时还有各种富有装饰效果的几何纹、夔纹、云气纹、涡卷纹、茱萸纹等；"青龙、白虎、朱雀、玄武"四灵图形纹样也开始出现。由此可见，汉代的吉祥图案和装饰花纹之丰富多样，很多都为后来历代的吉祥图案所继承（王磊义 等，1989）。在汉代，我国的用于建筑装饰的图形纹样，或者说传统吉祥图案纹样已初成体系。

应该强调的是，魏晋南北朝以降，佛教在民间广泛流传，加之玄学的兴起，客观上导致社会思想意识形态发生了变化。受此影响，在多民族文化融合的过程中，装饰图形纹样在本土继续发展的同时，明显地出现了受佛教影响的因素。例如敦煌唐代藻井图案中的宝相花纹、莲花、联珠宝相花纹等，建筑装饰的题材更加广泛。以瓦当为例，一方面，这一时期保留和继承了汉代的部分建筑装饰的莲瓣、云纹、文字、人面瓦等瓦当装饰题材；另一方面，新的装饰题材，例如河北省邯郸市临漳县城西南 18 公里处铜雀台遗址中所发掘的东魏北齐时的石璃首建筑装饰构件和石门墩、兽面铺首及陶制鸱尾等，将鸱尾、兽面等构件用于建筑屋脊两端，以体现驱邪镇脊的装饰功能。另有位于江苏的南朝陵墓神道两侧的排列石刻，有如天禄、神道柱、麒麟、辟邪等装饰物，都是这一时期特有的题材形式。在多民族文化融合方面，受北方少数民族和印度、波斯等外来文化的影响，中原地区的建筑装饰图形纹样中开始出现卷草、缨络、莲瓣、飞天、火焰和狮子等许多新的外来装饰元素，而受佛教美术影响渗透最明显的例证"宝相花"则历经唐宋元明清各代一直延续至今。可见其装饰题材日益变化，丰富多样。

唐宋时期，是"吉祥"图形装饰纹样大繁荣的时期。唐代刘赓曾根据古籍如《山海经》《史记》《汉书》《瑞应图》等书中所载的各种祥瑞现象，辑著《稽瑞》一书，收录唐代以前的"瑞应"条目多达 180 条。这些被辑录的"瑞应"图像成为后来宋元明清各代层出不穷的吉祥图谱、笺谱的基本依据（王树村，1992）。

在隋唐时期，建筑领域的佛教装饰题材基本承袭了南北朝的内容，装饰风格更加圆润、饱满、柔美，图形纹样也由单一纹样向如卷草凤纹、狮鹿卷草的纹样方向组合发展。就瓦当而言，其装饰纹样就由莲花纹与连珠两种题材组合而成。此外，这一时期还出现了如连珠纹、回纹、海石榴凤纹、团巢纹、葡萄纹等新的图形纹样。其他建筑装饰题材的变化，在山西省平顺县海会院明慧大师塔等建筑中，也可见佛教建筑塔门两侧的武士雕刻、柱础覆刻盆莲花等装饰的实例；一些建筑立面开始出现了"悬鱼"装饰构件，这在唐代李思训《江帆楼阁图》和五代卫贤《高士图》等绘画中可找到佐证。

宋代的建筑受唐代影响，装饰上多用彩绘、雕刻及琉璃瓦等，装饰风格上趋向细致工整、柔美绚丽，并且建筑构件开始趋向标准化。从这一时期的《木经》《营造法式》《清明上河图》《文姬归汉图》和《中兴应桢图》等宋画所描绘的建筑及其装饰中可以看出，宋代建筑从外貌到室内与唐代有显著不同。该时期在建筑营造技术、技巧较为成熟的基础上，对建筑细部的装饰不遗余力，不仅一柱一梁都要进行装饰加工，而且对建筑的细部装饰更加重视。例如：小木作的格子门，每一条门框都可能有七八种断面形式，而毯文窗格的棱条表面通常会加上凸起的线脚进行装饰；在那些精彩的诸如"卷草""如意头""云头""剑环"等彩画中，都要按照《营造法式》的要求，使每一朵花、每一片叶都要经过由浅到深的复杂晕染才能完成。其装饰图形纹样极尽变化，生动活泼，充分体现了宋代建筑与装饰有机的结合。

值得一提的是，唐宋以后由于文人画的兴起，较之文人雅士们对"出世"脱俗意境的高雅追求，大多数"吉祥"的装饰图形纹样因广泛应用于建筑雕刻、彩画、陶瓷、服饰、刺绣、织物、漆器上，影响人们日常生活的方方面面。然而其营造者多为不知名的民间艺人或匠人，被认为充满着俗世的欲望而难登大雅之堂。而这也恰恰说明作为"吉祥"的装饰图形纹样的高度普及和普通民众审美的日常化，以及人们对"图必吉祥"的喜爱和理性追求。

明清时期，是"吉祥"装饰图形纹样集大成和成熟的阶段。这一时期的吉祥装饰图形纹样已经规律化和系统化，并广为流传。例如道家八宝题材，在这一时期的民居建筑装饰中不断被使用，且百用不厌。再从文献记载来看，文嘉的《严氏书画记》中记载的吉祥题材绘画就有三百余种，可知那些民间艺人和匠人所做作品的种类就不计其数了。在建筑领域，明代计成在江苏仪征所著的《园冶》一书中，还记载了许许多多在园林建筑中所使用的吉祥图案和纹样。本书田野调查中诸多民居建筑及其装饰图形表现的主题、营造技巧及其象征意义等，均与该期"吉祥"装饰图形纹样存在沿袭或继承的关联。

纵观与传统民居建筑及其装饰图形相关的"吉祥"图形纹样产生、演化和形成的历史，不难发现，随着人类社会的不断进步和向前发展，装饰图形所蕴含的宗教、迷信的色彩逐渐淡化，而作为视觉审美和表达人们美好愿景的象征寓意不断增强，也会在当前我国新农村建设中继续发挥文化传播的重要作用。

2. 民居建筑装饰图形符号营造的思想观念和精神特征

明清时期鄂湘赣移民圈民居建筑装饰图形符号是以民居建筑为基源，在中国古代农耕和中国传统文化基础上形成和发展的。作为寓意吉祥的图形，它们在形成和发展中积淀了各个时代人们为追求衣、食、住、行的满足而努力的历史遗痕，所建构的意义为世界最广大的民众所认知和共享。客观地反映了这一时期人们的人生观、幸福观和精神特征。

（1）民居建筑装饰图形符号营造的思想观念。

1）风水观念。中国风水学鼻祖郭璞在《葬经》认为："葬者，乘生气也。夫阴阳之气，噫而为风，升而为云，降而为雨，行乎地中，谓之生气……气乘风则散，界水则止……古人聚之使不散，行之使有止，故谓之风水。"他首先提出了风水乘"生气"论、藏风得水论、风水"形势"论等观点，指出安居必须选择"生气"旺盛的"藏风聚气"之地。进而具体阐述了"藏风聚气"的要求，即"左青龙、右白虎、前朱雀、后玄武"。通俗地说，安居、宅基的选择要背有靠山，前面远处要有低伏的小丘，而左右两侧应该有砂山环抱，只有明堂宽敞，曲水环抱，才能达到"藏风聚气"的目的，才有利于营造优良的人居环境、促进人的健康发展。一般来讲，中国传统文化主要有儒家、道家、中国佛学和宋明理学四大思想资源。而在这之前《周易》、阴阳五行等凝结中华先民精神智慧的学说，已经开始在探索人、宇宙和世界万物的关系。其中，《周易》把两种相对性的象征当作阴阳二元。"阴""阳"二字字源历史悠久，在甲骨文和金文中均可寻迹。上述阴阳二字的记载仅作为其造字的含义，而作为中国传统哲学的专门术语，则始见于《道德经》中的"万物负阴而抱阳，冲气以为和"。这里，《道德经》强调了万事万物既对立又统一的关系，它们都有阴和阳两个方面，阴和阳是事物普遍存在的矛盾。在矛盾中、运动中和变化中，万物背阴而向阳，在阴阳二气的激荡中达成新的统一。《周易》则进一步将阴阳提升到"道"的高度，分别以"——""——"的符号形式来表达"阴""阳"，正所谓"一阴一阳之谓道，继之者善也，成之者性也"；"是故，易有太极，是生两仪，两仪生四象"（《周易·系辞上》）。其中，两仪是为阴阳，而太极则是在宇宙从无极而太极，以至万物化生过程中，处于天地未开、混沌未分阴阳之前的状态。这种将万事万物生成的开端归结于阴阳二元相结合的思想，便构成风水理论的基本根基。

在中国传统建筑的营造中，风水的核心内容是"天人合一"。对于"天人合一"，《周易·系辞下》曾经这样描述："天地之大德曰生。"《庄子·外篇》曰："天地者，万物之父母也。"汉代硕儒董仲舒在《春秋繁露·阴阳义》中也明确"以类合之，天人一也"的观念。在中国历史上古人对所谓"天"的意指有多种，归纳起来有三：其一，是主宰之天，即赋有人格之神义；其二，是自然之天，即赋有自然界之义；其三，是义理之天，即赋有超越性之义、道德之义。例如《周易·系辞下》中强调三才之道："易之为书也，广大悉备：有天道焉，有人道焉，有地道焉。兼三才而两之，故六。六者，非他也，三才之道也。"将天地人三者并列起来，并将人放在中心位置，说明"天人不相胜"，人的位置非常重要。进而"是以立天之道，曰阴曰阳；立地之道，曰柔与刚；立人之道，曰仁与义，兼三才而两之"。说明天道曰阴阳，地道曰刚柔，人道曰仁义。世间万物，天有天之道，天之道在于"始万物"；地有地之道，地之道在于"生万物"；人有人之道，人之道的重要作用就在于"成万物"。天、地、人三者虽然各有其道，但它们不是孤立的而是相互对应、相互联系，始终保持着一种内在的生成关系和实现原则。由此可见，"天人合一"的思想即可获得顺应自然、师法自然、神权天授三个层面的演绎，并形成这样一种见解：自然界称为天人，人文界称为人，中国人一面用人文对抗自然，抬高人文和自然并立；另一面却主张天人合一，仍要双方调和融通，既不让自然吞灭人文，也不想用人文来战胜自然（林宋瑜，2004）。这应该就是"天人不相胜"的意蕴所在。

在风水理念的影响下，明清时期鄂湘赣移民圈民居建筑装饰图形符号的艺术处理，充分体现出"天人合一"追求的创造精神。基于此，民居建筑的营造不仅仅为人们提供遮蔽风雨的居住场地，而且通过装饰及其意义的表达为人们提供灵魂的庇所。人作为民居及其装饰营造空间里活动的主体，营造者考虑的"人"在其中的感受更重于"建筑物"的表现，强调"实用理性精神"。一般来讲，建筑体量以人体的尺度为原则，以"适行""便生"①为目的，因而，民居建筑装饰的图形符号就能通过象形、图画、表意、色彩等视觉艺术形式表达传统文化的内涵，使营造过程中"天人合一"的理性追求，经由民居装饰图形符号物化出来。

总之，风水在中国传统建筑中，从选址规划到建筑单体、室内外装修及其环境，贯穿于整个建筑营造活动的各个环境，可以说是中国传统建筑美学的精神灵魂。其对传统民居建筑择地、布局、装饰及其人与自然环境、人类命运协调关系的探索，都反映了中国传统哲学精神"天人合一"的实质。

2）儒道文化心理。中国传统民居建筑的营造深受传统哲学思想的影响，追求人与自然环境的融合。从风水观念的居住环境的选择与营造，到居住室内环境的装饰及其样式的不断改进，均离不开"道法自然""师法自然"之哲学理念的影响。明清时期鄂湘赣移民圈民居建筑及其装饰图形符号也不例外。湘东北地区传统民居建筑及其装饰艺术调研资料显示，湘东北地区在传统村落选址上非常注重人和自然的关系，强调背山面水。山寓稳固，有靠山之意，能抵挡恶劣气候和战祸侵扰。水寓永恒，代表生命和好运，也寓财富，净化

---

① "适行"与"便生"是中国传统建筑中实用的营造观点。"适行"是以"度"为基础的。"度"反映的是建筑物的尺度、体景、造型，以及施工过程中的重要参数。"便生"则指便于现世的人、便于生活的双重含义。

邪恶和晦气。湘东北地区的大屋建筑选址,四面青山环绕,屋前水脉流淌,人与自然和谐共生。张谷英大屋、黄泥湾大屋选择理念和方法亦如此。

张谷英大屋选址在风水学中属于"四灵地",即(左)青龙蜿蜒,(右)白虎顺伏,(前)朱雀翔舞,(后)玄武昂首。四周的山脉,呈围合之势,簇拥着这片建筑,适合"藏风聚气"。内部亦有渭洞河水贯穿全村,俗称"金带环抱"(图3-20)。

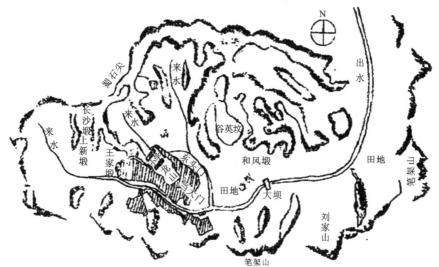

图3-20　张谷英村风水地形图(图源:《张氏族谱》)

黄泥湾大屋与张谷英大屋十分相似,在《叶氏族谱》中记载:"先祖度山川之锦绣,选风俗之纯良而卜基,故洞中胜景万千,古迹尤多。幕阜山二十五洞天圣地,红花尖即为余脉。昌江水三十里,流声不响,白沙岭是其泽源。东观山排紫气,南眺土出黄泥,右是坳背虎踞,左为游家龙盘……天然合人工一色,新创与古迹相辉,盛景如画,赞前人择地之优良,锦上添花,志后代创业之艰辛,乡土可爱(图3-21)。"

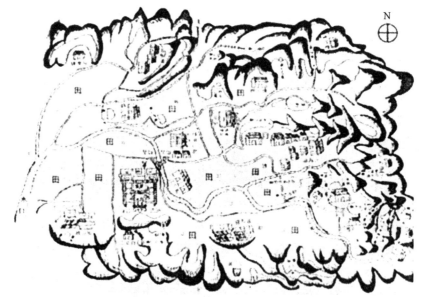

图3-21　黄泥湾叶家洞风水图(图源:《叶氏族谱》)

从上述调研资料可以看出，明清时期鄂湘赣移民圈民居建筑及其装饰图形符号在营造过程中，受"师法自然"文化心理的影响和对居宅"秩秩斯干，幽幽南山"（《诗经·小雅》）浪漫意境的追求。

3）礼制、中庸的平衡发展。中国古代是非常重视礼制的，作为统治思想的儒家思想极大地倡导了"礼"制度，即，以血缘关系为纽带，强调孝悌，建立上至君臣，下至每一个家庭的尊卑秩序。倡导儒家的秩序与和平。儒家主张和平是儒家思想孜孜以求的。礼所追求的就是一种秩序。儒家文化是一种秩序的和平论，而和谐是儒家秩序的和平论的核心，它包括天人和谐、社会和谐、家庭和谐、群己和谐。从此出发，可以建立起天人合一的宇宙秩序，三纲六纪的社会秩序，治国安邦的国家秩序（蔡德贵，2003）。这种礼制的秩序在明清时期鄂湘赣移民圈民居建筑及其装饰图形符号的建构中也有具体的反映。图3-22所示为湖北大冶水南湾敦善堂平面图，从平面布局图可以看出，敦善堂的新旧两组"五间三天井"建筑，有明显的轴线，对称布局，中轴线上依次为门厅、大厅和堂屋空间，门厅空间较低有些压迫感，通过门厅进入内堂，空间豁然开朗，在轴线两侧每个空间单元有厢房两间，在天井空间两侧设有院门通往两侧的巷道空间，后期在主体两侧逐渐加建，形成了当下的空间形态。新加建部分与主体的轴线是垂直关系，加建部分主体是"一明两暗"的五连间形式，通过纵向天井空间将建筑组合一体。这种布局的方式深深烙有儒家伦理思想"礼制"的痕迹。

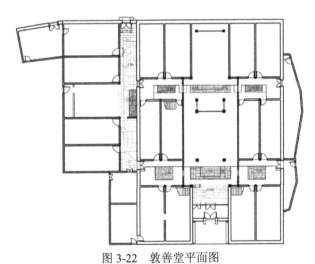

图3-22　敦善堂平面图

此外儒家思想中庸、和平的主张，不仅促成中国人宁静、和平、内向和含蓄民族性格的形成，也影响民居建筑及其装饰的活动。鄂东南传统民居建筑及其装饰的调研资料表明，鄂东南传统民居的装饰深受儒家思想的影响，强调营造过程中人与环境的和谐关系。灰色基调是这一地区民居建筑体现出的整体特点，在装饰色彩上主要利用清水砖墙的本色；同时，建筑屋顶加入了灰瓦进行整体搭配，墙体也以白灰色为主。至于使用这种灰色基调的原因无外乎以下两个方面：其一是深受中国传统文化中庸思想的影响，主要是"中庸""和谐"的思想，以这种思想及审美意识去猜想物质世界原本的色彩形式；其二是在中国封建社会的长期洗礼中，统治阶级对建筑色彩的形式和规模都有严格的等级规定，这就使得中国大部分建筑，包括民居建筑的色彩搭配趋向于类似。综上所述，鄂东南地区的民居建筑的可选颜色的范围就不像现代一样丰富，而是存在极大的局限。但即便是整体偏灰的色彩基调，同样也反映了人们对人与自然关系的美好向往，象征着天人合一的美好祝愿。

4）民俗文化心理。民俗，即民间风俗。《汉书·王贡两龚鲍传》记载："百里不同风，千里不同俗。"《礼记·王制》曰："岁二月，东巡守至于岱宗，柴而望祀山川。觐诸侯，问百年者就见之。命大师陈诗以观民风……"《诗经》中的《风》即民歌。《风》采集了周南、召南、邶、鄘、卫、王、郑、齐、魏、秦、唐、陈、桧、曹、豳 15 个地区的土风歌谣共 160 篇，这些民歌反映了当时人们的风俗习惯，包含大量的民俗事项。由此可见，民俗是一种历史悠久的文化遗产。作为一种特殊的文化形式，民俗文化是民众风俗生活文化的总称，是一种社会意识形态，反映了一个国家、一个民族或一个地区在长期的社会生活中所创造、享用、传承的生活习惯；是普通民众世代相袭的底层文化，是在不同的时代、不同的民族和不同的地域范围内，源于人类社会群体生活的需要而形成、发展和演变，并为人们的日常生活服务。因此，在民俗文化的传播过程中，那些在人们头脑循环往复潜留下来的心理意识，经历史的传承而逐步稳定的习俗意识即可以理解为民俗文化心理。例如，明清时期鄂湘赣移民圈民居建筑及其装饰图形符号常用的"五福临门""进京赶考""八仙过海"等题材，均以感性的装饰图形符号等视觉形式，反映普通民众的民俗文化心理和价值取向。

民俗来源于生活，但不拘泥于生活。从古至今，民俗文化在中国的演变经历了几千年的历史，在这个漫长的过程中，它始终保持"不慕古，不留今，与时变，与俗化"（《管子·正世》）的程式化创新精神，积累了丰富多彩的风俗习惯。所谓"与俗化"与"因俗而动"意思相同。"俗"有风俗、礼俗等多种含义。关于"俗"，从《史记·管晏列传》"俗之所欲，因而予之"，到《慎子·逸文》"法非从天下，非从地出，发于人间，合乎人心而已"，可见所谓"合乎人心"，就像《荀子·非十二子》中所说的"上则取听于上，下则取从于俗"那样是合人心、从俗，也就是因人情，是人心所欲。因此，相当多的哲人认为追求"利""富""乐""贵"等，是出自人的本性，而不是什么邪恶（刘泽华，2016）。在明清时期鄂湘赣移民圈民居建筑及其装饰图形符号的营造过程中，这种民俗文化的思想和心理主要体现在个人价值、道德观念、信仰理想、风俗习惯、审美趋向等方面，表现出人们对和顺、平安、崇儒贵士、聚财发家、五福康宁等的具体追求。

（2）民居建筑装饰图形符号营造的精神特征。

明清时期鄂湘赣移民圈民居建筑装饰图形符号营造的哲学观念及其文化心理表明，民居建筑对装饰和对视觉愉悦的追求是人类生活中亘古不变的行为（布莱特，2006）。同时，也是该地域范围内普通民众艺术意志的体现。因为，意志的变化，它仅有的积淀物只是一时史风格的差异，那不可能是纯粹任意或偶然的。相反地，它们一定具有一种与发生在人类总体结构中的精神与智性变革相一致的关系，这些变化清楚地反映在神话、宗教、哲学体系、世界观念的发展中（沃林格尔，2004）。所以，明清时期鄂湘赣移民圈民居建筑装饰图形符号，不仅具有明确的使用功能，还具有鲜明的精神特征。

首先，明清时期鄂湘赣移民圈移民到达地的两湖地区，楚文化、赣文化和蜀文化等相互碰撞、渗透融合为多元丰盈的"两湖"移民地域文化。受楚人"崇龙拜凤""喜欢幻想""眷念故土"等文化心理的影响，民居建筑装饰图形的艺术风格显现理想浪漫精神特征。在题材选择和造型形式上突破了自然的束缚，充分扩展其艺术自由的空间，将各种分散的、并不关联美好的事物集于一身。在造型上，运用象征、谐音、暗喻的艺术手法，如瓶与"平"、鸡与"吉"、羊与"祥"、蝠与"福"的组合重构，形成理想浪漫的吉祥图形纹样；在色彩上，遵循楚人"尚赤，爱绿，喜五彩"（刘和惠，1995）的传统，从而使民居建筑及其装饰图形符号所营造的艺术空间达到精采绝艳的浪漫境界。

其次，凸显了鲜明的人文主义精神。人文精神一般说来，应当是整个人类文化所体现的最根本的精神，或者说是整个人类文化生活的内在灵魂。它以追求真善美等崇高价值理想为核心，以人的全面发展、自由、解放和幸福为终极目的（孟建伟，1996）。上述分析表明，民居建筑及其装饰图形符号的艺术传播，植根于深厚的传统文化基础，其营造的哲学观念和文化心理充分体现了对"以人为本"精神理念的追求和对人的普遍关怀。

最后，通达和顺、包容含蓄的精神诉求。明清时期鄂湘赣移民圈多元丰盈文化的融合、碰撞，不仅促进了该地域范围内民族或者群体文化传统的逐渐形成和完善，也深刻影响民族或者群体的共同思维方式及行为习惯，影响民居建筑及其装饰图形符号通达和顺、包容含蓄的精神诉求。例如，在湘南地区的不少村落，由于当地盛产木材，民居的木雕装饰甚为壮观，几乎家家户户的门、窗、格栅、梁柱、斗拱上都有木雕花纹装饰。大门上端一般都挂有木雕吞口，据说由饕餮纹演变而来，称为"虎头衔剑"（左汉中，1998）。湖北省通山县闯王镇芭蕉湾的焦氏宗祠实地调研资料也能充分说明这一点（图 3-23）。

焦氏宗祠山墙为硬山式云墙，当地人称为"衮龙脊"，蜿蜒曲折，极富动态气势，使得整个建筑形态更加优美；这种封火墙由岭南传统民居建筑中的镬耳墙演化发展而来，体现出移民文化的多元性。贝聿铭曾经说过："一座好的建筑物应该能适应周围环境，它不是力求在那里表现自己，而是应该改善、美化和丰富周围环境，这是设计一座建筑最起码的要求。"云墙正是如此，通过不同地域、不同文化建筑及其装饰样式的融合，打破了灰白屋壁的单调，在具有防火实用功能的前提下，使整个建筑充满了韵律感。

墀头是山墙伸出至檐柱之外的部分，承担着屋顶和边墙排水的作用。焦氏宗祠墀头的营造及其装饰与徽派建筑（图 3-24）的处理也不完全相同。其造型简约，上面绘有吉祥图案，自上而下分别是蝙蝠纹、缠枝纹、花卉、福字，用白灰打底，单色绘制，清新淡雅。檐下整体由卷草纹围绕，与屋檐协调统一。云墙侧面是一幅大象彩图绘画，头顶祥云；大象力大无穷，却性情温和，诚实忠厚，被视作吉祥、力量的象征，也被人们称为兽中之德者，寓意好景象。

图 3-23　湖北省通山县闯王镇芭蕉湾的焦氏宗祠　　　　图 3-24　安徽省黟县西递民居

总的来讲，民居建筑装饰图形符号的精神特征，显示了其在形成过程中所受到的多元文化的复合影响，体现了明清时期鄂湘赣移民圈民居建筑装饰图形营造独特的文化心理内涵。

（二）图形符号的题材

明清时期鄂湘赣移民圈民居建筑装饰图形符号具有独特的艺术个性，这是由它的建造功能、造型方式及其文化根源决定的。纵观与民居建筑装饰图形相关的中国"吉祥"图形纹样发展的历史线索，明清时期，这些装饰图形始终保持着一定程度的稳固和传承性，即在不断的发展过程中保持着其视觉图式相对的稳定性。这些装饰图形符号传播的观念及其象征物，与儒学的仁和、三纲五常的礼制秩序，与佛教的善恶因果报应、道德的进步和觉悟，与道教的清静无为、尊道贵德、得道成仙等组合，对明清时期生活在鄂湘赣移民圈地域范围内的普通民众的信仰生活和日常生活都产生非常重要的影响。其直观的视觉形象在历经历史长河的洗礼之后，牢固地建立在人们的思想意识里面，成为人们表达情感的载体，服务生活。由此可见，吉祥图纹被赋予各种道德性能，更揉入了中国的远古神话传说、宗教说教、封建人伦观念，从而大大地拓宽了吉祥纹样的题材及其应用范围，并使之终于以独立的形式面世（陈辉 等，1992）。因此，作为一种艺术符号，民居建筑装饰图形符号题材内容的选择及其艺术形象，储存着大量的文化信息，构成了其艺术表达的思想、主题、情调、气氛和意蕴。下面从几个方面来具体分析。

1. 动植物类题材

动植物类题材主要包括花草植物和祥禽瑞兽两个具体的类别（图 3-25、图 3-26）。其中，花草植物有梅、兰、竹、菊、荷、莲、桃、李、杏、橘、松、柳、柏、槐、牡丹、芙蓉、枇杷、海棠、百合、水仙、石榴、山茶、玉兰、灵芝、桂花、葵花、蜡梅、芭蕉、葡萄、芍药、宝相花、金盏花、万年青等。祥禽瑞兽有凤、仙鹤、喜鹊、鸳鸯、锦鸡等飞禽，龙、牛、羊、猴、狗、兔、鸡、龟、鼠、猪、马、鹿、麒麟、狮子、松鼠等走兽，蝙蝠、蟾、鱼、蝶、蝉等。

图 3-25　饶氏庄园门楼前方
"封侯（猴）挂印"拴马桩

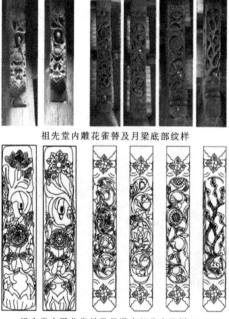

祖先堂内雕花雀替及月梁底部纹样

祖先堂内雕花雀替及月梁底部花卉纹样CAD
图 3-26　张谷英祖先堂

2. 人物、历史故事类题材

人物、历史故事类题材主要包括：宗教、个人理想追求、生活愿景、历史故事、神话传说、典故、戏曲等具体类别。其中，宗教题材主要有八仙过海、刘海戏金蟾、莲花、塔刹、相轮等；反映个人理想追求的题材有鲤鱼跃龙门、封侯挂印、连中三元、平升三级、喜禄封侯等；表达生活愿景的题材众多，具体有五福捧寿、马上平安、三羊开泰、鹿灵合欢、春光长寿、三星高照、榴开百子、麒麟送子、五子登科、金玉满堂、八仙祝寿等；表现历史故事的题材有二十四孝、桃园三结义、郭子仪拜寿、竹林七贤等；神话传说有蓬莱仙境；典故有渔樵耕读、凿壁偷光等；戏曲类题材大多为《封神榜》《三国演义》《水浒传》《红楼梦》《西厢记》等古典名著中所描绘的场景。

3. 自然宇宙、抽象图形、文字等事物类题材

自然宇宙等抽象事物类题材主要包括云气星象、几何形状、文字等具体类别。其中，云气星象的题材有日、月、云、雷、风、气、北斗星相等；几何形状题材有回纹、曲线、折线、波形纹、菱形纹、万字纹等；文字类题材内容主要是装饰于民居建筑梁枋、柱、牌坊、照壁、瓦当、牌楼等部位上的文字、题字、对联，如饶氏庄园和张谷英祖先堂建筑柱枋装饰中的文字，此类题材内容众多就不一一列举了。

在以上这些题材中，云气星象、几何形状纹饰是中国传统"吉祥"纹样最早的装饰题材类型，也是我国古代人民对自然规律的认知及其崇拜信仰在造物过程中的一种体现。据《中国纹样史》（田自秉 等，2003）介绍，原始时期此类纹样有太阳纹、月亮纹、星纹、云纹、水纹、火纹、山纹；春秋战国时期的天象纹有云纹、山纹；秦汉时期有日、月、云、气、北斗、星座等纹样。此后的发展延绵不绝。作为建筑的装饰题材早见于商周建筑的瓦当和其他器物，几何形状的纹饰和文字等同样如此。它们构成明清时期鄂湘赣移民圈民居建筑装饰图形符号的文化基因，在民居建筑及其装饰过程中发挥作用。

动植物类装饰题材发展的历史悠久，也是中国传统"吉祥"纹样常见的装饰内容。在原始社会，由于生产力水平的低下和人们对自然的认识局限等原因，某种动物或植物等特定物体通常会被认为与人有一种特殊的关系，并成为图腾崇拜。一般来讲，每一个氏族都可能被认为起源于某种图腾，例如"天命玄鸟，降而生商"（《史记·表》）中的"玄鸟"就成为商族的图腾，这种图腾便是该氏族的源头和保护神，也成为他们的徽号和象征。再如《列子·黄帝》中记载："黄帝与炎帝战于阪泉之野，帅熊、罴、狼、豹、貙、虎为前驱，雕、鹖、鹰、鸢为旗帜。"可见图腾符号一般以动物居多。植物中那些参天的树木通常也会被认为上可接天宇、登天通神，下可达黄泉，故为"神木"。在后来的社会发展过程中，这些附有"神性"的动、植物被社会化、世俗化，被赋予真、善、美，赋予吉祥的文化内涵，如清时期鄂湘赣移民圈民居建筑及其装饰题材中的"龙凤呈祥""鹤鹿同春""麒麟送子""松柏同春""富贵长春""福寿三多"等人们喜闻乐见的内容。

人物、历史故事类题材的文化基因历史悠久，但在民居建筑及其装饰的应用中要稍晚一点。早期用于装饰的人物题材选取的范围比较狭窄，多为神话和宗教人物；到魏晋南北朝时期人物纹饰的题材有了拓宽，尤其在这一时期的文化交融过程中，诸如"佛像""飞天"和"胡人舞乐"等题材也开始大量出现；隋、唐、五代的人物题材在前代的基础上有了较大的发展，其中八仙图、戏婴图等题材纹样构成唐与五代的装饰风格特征。宋代，尤其是

北宋时期，由于五代十国纷争局面结束，城市经济繁荣，社会相对稳定，普通民众阶层的崛起及其生活需求、商品交流空间的扩大与发展，为建筑及其装饰和其他工艺美术的发展提供了物质条件和消费市场，促进了不同器物的品种、造型、图形纹样和装饰手法等方面的一系列变化。这一时期建筑与装饰的有机结合是宋代的一大特点，在建筑技巧娴熟的基础上更加注重建筑细部的刻画，每一梁、每一柱都要进行装修和装饰细致处理的艺术加工。因此，在人物、历史故事类题材方面不仅注重神话和宗教人物题材的继承，还注重此类题材的生活化，例如出行、观戏、夫妻饮宴等。制作上，工匠观察事物细致入微，刀功绘笔技艺纯熟，平添建筑内部空间的审美意蕴。元代由于推崇藏传佛教，故有一些新的人物、历史故事类题材出现，在一些道教建筑中出现巨幅的人物类宣教壁画。明清时期，人物、历史故事类题材非常丰富多彩，其中，戏曲类装饰题材，是在明代中叶之后才出现的，具有打破严格宗法制度下住宅序列空间的单调沉闷气氛，创造娱乐生活环境的积极作用。同时，透过戏文人物，也赋予一定的伦理教化意义。实地调研中也发现，这一时期民居建筑及其装饰中的人物、历史故事类题材的功能主要为教育族人和子孙如何遵守儒学的修身为人的法则，如何勤劳耕读进身功名、精忠报国、光耀门庭等（鲁晨海，2012）。

由此可见，明清时期鄂湘赣移民圈民居建筑装饰图形符号的题材大概可以分为动、植物类题材，人物、历史故事类题材和宇宙自然、抽象图形、文字等事物类题材等三大类。这些题材内容通过民居建筑及其构件：天花、藻井、盘龙柱、花格门窗、挂落、隔架、景窗、脊兽、垂柱、栏杆、雀替、如意斗棋、悬鱼、惹草、鼓墩、上马石、拴马桩、照壁、须弥座、铺地等物质媒介载体呈现出来，实现对中国传统文化根性基因的继承和文化的广泛传播。

第四章　明清时期鄂湘赣移民圈民居建筑装饰图形的风格

明清时期鄂湘赣移民圈民居建筑及其装饰图形作为一种传统艺术形式，是具有鲜明时代风格特征的。贡布里希认为："风格是集体的产物，艺术是个人实践，带有科学和心理实验的创作。"（Ernst，1960）对民居建筑及其装饰图形而言，风格是指在历史发展过程中所形成相对稳定的艺术风貌和特色。文献资料的梳理和实地调研情况亦表明，对其艺术风格的研究应立足于民居建筑及其装饰图形作品，而非"艺术家"。因此，在对营造技艺、产生的文化背景及其符号学视觉进行研究的基础上，对民居建筑及其装饰图形作品艺术风格的研究，还要进一步缀合图像学、建筑学、美术学等，考察它们作为艺术图像的生成、传播及接受的完整状态，将风格融进内容，再用内容帮助理解风格，进而揭示装饰图形艺术作品的形式结构、风格流变和图像意义。

第一节　图像学维度

一、图像属性

（一）图像学视角

明清时期鄂湘赣移民圈民居建筑装饰图形，作为一种特殊的艺术符号，是否也能够作为"图像"而获得艺术史学中图像学理论的关照？

图像学，最早可见于切萨雷·理帕 1593 年出版的《图像学》一书。17~18 世纪，德国考古学者戈特霍尔德·埃弗拉伊姆·莱辛，在《古代怎样雕塑死亡》中尝试着用分析图像的意义来研究古代文化；19~20 世纪初，法国学者埃米尔·马勒（2008）在《哥特式图像：13 世纪的法兰西宗教艺术》中，开始关注基督教艺术图像的意义；至 20 世纪初期，德国艺术史家阿比·瓦尔堡，在意大利罗马召开的国际美术史学会议上首次提出"图像逻辑的"（德语 ikonologisch）艺术研究方法，奠定图像学学科基础。他所开创的这种研究方法，在很大程度上，是对阿洛伊斯·里格尔、海因里希·沃尔夫林等艺术史学者，以知觉心理学为基础的形式美学研究模式的偏离甚至反拨[1]。作为西方艺术史中的一个重要分支，图像学十分强调对于艺术作品的题材、象征及其文化含义的研究。自阿比·瓦尔堡开辟图像学分析道路以来，潘诺夫斯基、贡布里希及米歇尔等学者，都注重将艺术作品、实践、现象与

---

[1] 自瓦尔堡到潘诺夫斯基、贡布里希和米歇尔以来，图像学研究一直强调将艺术实践、作品及现象与整体的社会文化联系起来，注重艺术作品产生的外围或外部环境，考察图像生成、传播和接受的完整过程，力图客观地揭示艺术作品风格流变和图像意义（朱橙，2017）。

整体的社会文化联系起来。尤其是潘诺夫斯基，在吸收前辈学者卡西尔、李格尔等思想的基础之上，将这种偏向文化史的研究方法予以条理化、规范化的理论表述，使得图像学在艺术史研究尤其是古典艺术领域获得了极强的适用性。

其中，潘诺夫斯基作为图像学研究的集大成者，在《图像学研究》中，以内容分析为出发点提出图像学研究的方法，即图像意义上的三个层次的解释理论（潘诺夫斯基，2011）。

第一个层次，解释的是"原始或者自然的主题"，是图像前描述，即有关图像纯形式主义分析阶段。为了得出这个层次上的合理解释，解释者需要具有实际的经验，去识别在视觉上那些如构图、线条及色彩等能够被识别的东西，了解对象和事物，其目的在于确认题材，了解图像自然意义载体的艺术母题的世界或纯粹形式世界，解释图像的自然意义。

第二个层次，解释的是"衍生或传统的主题"，是图像志分析。分析的对象是那些约定俗成的题材及其组成图像、故事和作品直接涉及的内容、象征寓意的世界。要求解释者必备文献等方面的知识，帮助他熟悉特定的概念和表现主题。由于对这种主题的领会，就是将手持小刀的男子理解为圣巴多罗买，将持桃的女子视为"诚实"的拟人像，将按照一定位置与姿态围在餐桌前的一群人看作"最后的晚餐"，而将按照一定方式角斗的两个人理解为"恶与善的搏斗"（潘诺夫斯基，2011）。因而，解释者必须具备对不同历史条件下运用对象和事件来表现特定主题和概念的把握，通过分辨和理解图像之中已知的故事和人物，进而对作品内容所涉及的意旨作具体判断。

第三个层次，解释的是旨在挖掘"内在的意义或内容"，是图像学分析。受符号学影响，卡希尔认为"在特定的文化中，图像代表着根本性的原则或者观念，所以我们可以将艺术品看作是一个艺术家、宗教、哲学或者是整个文明的文献。"（达勒瓦，2009）潘诺夫斯基进一步指出"从图像——亦即艺术作品的构图特征和图像志特征中，从图像表现的故事、寓言中，推断、把握一个民族、一个时代、一个阶级、一种宗教和哲学学说的基本态度，将纯粹的形式、母题、图像、故事和寓意视为根本原理的展现，进而理解作品的象征意义"（潘诺夫斯基，2011）。可知，图像的意义并不止于那些表面元素的集合，而是应将其作为其他事物的象征，发现它所映照的所属时代或者民族的"艺术意志"，以解释、揭示艺术作品的深层次意义。

以下为潘诺夫斯基（2011）图像学研究方法，见表4-1。

表 4-1　潘诺夫斯基图像学研究方法

解释对象	解释行为	解释工具	解释的修正原则（历史传统）
I. 第一性或自然主题 A.真实的主题 B.表现化的主题	图像学分析前的图像描述和伪形式分析	实际经验（对象和物体的了解程度）	风格史（理解在不同对象及历史条件下怎样通过形式表现出来）
II.第二性或程式主题，构成图像故事和寓意的世界	图像志分析	文献知识（特定主题和概念的熟悉）	类型史（洞察特定主题和概念在不同历史条件下对对象和事件所表现的方式）
III.形成象征意义世界原本的意义或内容	深度图像学解释（图像学分析）	综合直觉（对人类心灵基本倾向的熟悉）但受到个人心理与"世界观"的限定	一般意义上的文化特征（理解在不同的历史条件下，人类本质的精神倾向，怎样通过特定的主题及想象表现出来）

表 4-1 中，潘诺夫斯基图像学理论三个层次的含义并不是互不相关，而是彼此融合、

一体多面的。尽管其理论存在一定程度的"失语"可能,但缀合中国传统美学理论与其他西方艺术史研究方法,仍然可以探究明清时期鄂湘赣移民圈民居建筑装饰图形深层次的意义,不断接近装饰图形作品的本质。

从上述图像学发展的源流来看,在初始阶段,图像学理论将图像研究的对象和图像概念的内涵界定在以绘画、雕塑为主体等主流传统艺术范围内。随着社会的发展和图像媒介的进步,图像的概念涵盖的范围日益扩大。德国艺术史学家霍斯特·布雷德坎普认为:图像学研究的对象不应再局限于那些主流的艺术样式,而应该包容一切视觉的图像。就像德国哲学家本雅明所表述的那样:"由摄影、电影等新的影像生产、复制和放映技术发明催生的大众观看方式,客观上起到了消解传统拟人化移情观看方式的作用。视觉模式的艺术史叙事,借助于幻灯投影技术,在大众艺术史教育活动中,愈益把观者引入一种与移情的生理感知切断关联的纯视觉化的观看状态。"(张坚,2009)基于图像文本观看方式的转变,现代图像学关注的对象发生了从"神性图像"向"世俗图像"、从主流的"精英图像"到"普通图像"的转变。对于明清时期鄂湘赣移民圈民居建筑装饰图形而言,显然它们都是世俗的、普通的图像。

(二)图像学分析——以饶氏庄园门楼的装饰为例

明清时期鄂湘赣移民圈民居建筑的门楼不仅是建筑的入口,而且也是建筑的门脸。通常宅以门户为冠带,入必由之,出必由之。《阳宅撮要》指出:"大门者,合舍之外大门也,最为紧要,宜开本宅之上吉方。"其地位和意义不言自明,是建筑装饰重点关注的地方,以满足建筑功能的需要和主人的审美心理需求。

饶氏庄园门楼构造也不例外。

首先,从图像描述的角度来看,饶氏庄园大门实体为砖墙砌筑,高达 6 m 以上,形制为单檐硬山顶,山墙造型为马头墙。门楼居建筑立面中间,面阔 3.9 m,高有两层;门楼前设有木栅门围护,辅首为木栅门中央圆形太极阴阳鱼锁门;门槛为一道槛,与两侧高大的院墙紧密结合,配以木栅门围护构成双层门的设计,增强了庄园入口的防御性。大门的装饰图形包括彩绘、雕刻等多种形式,题材丰富。这层可以说是饶氏庄园大门"所见即所得"的含义,是解码饶氏庄园大门装饰象征意义的第一步。

其次,从饶氏庄园大门装饰题材所衍生的传统主题来看,各种不同题材的选取并非随意为之,而是明清时期鄂湘赣移民圈地域范围内人们对生活客观态度的具体反映,是装饰图形遵从艺术生产规律的结果(图4-1)。

门楼间置抱鼓石一对,大门与木栅门之间设有约 1.2 m 的垂花门廊。为了体现出房屋主人的武官身份,抱鼓石造型近似于卧狮,守护在正门两侧。抱鼓石的石座上雕刻的题材主要为植物,南边抱鼓石鼓面中间刻有麒麟的动物造型,麒麟在中国传统文化中是为"四灵",即麟凤龟龙之首,寓意"人旺";北边抱鼓石鼓面中间则刻有貔貅的动物造型,貔貅在中国传统文化中也是吉祥的符号,是招财进宝的祥兽,寓意"财旺"(图4-2)。

饶氏庄园的大门是广亮大门式样,大门的装饰通常会针对构件进行美化处理。题材上,连楹处有牡丹木雕,民间俗称为"福窝",象征福至心灵、寿山福海。大门门板上方有四个方形门簪,门簪的下方八面分别雕刻着暗八仙题材的装饰图形,如图 4-3 所示,以寓意降妖除魔、驱恶正邪,保佑宅屋主人平安康宁。饶氏庄园地处鄂西北移民地区,这种装饰题材的选取和样式,说明明清移民文化与武当道教的宗教信仰之融合对主人饶崇义营造思想的深刻影响。

饶氏庄园门楼立面图及视觉形式提取

门楼云纹镶板及浮雕木看梁

饶氏庄园大门门簪

门楼木珊门太极图

门楼木镶板云纹装饰

饶氏庄园大门连楹

图 4-1 饶氏庄园门楼图像

装饰部位	题材工艺	照片	图例
大门南边抱鼓石	麒麟石刻		
大门北边抱鼓石	貔貅石刻		

图 4-2 饶氏庄园门楼图像

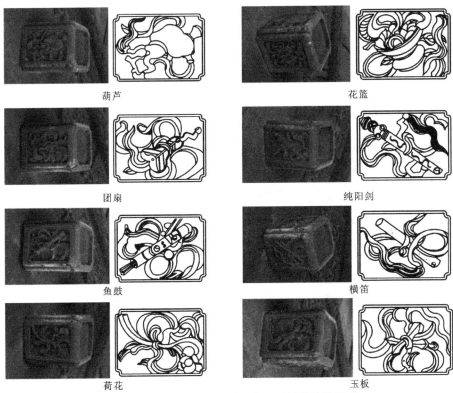

葫芦　　　　　　　　　　　　　　花篮

团扇　　　　　　　　　　　　　　纯阳剑

鱼鼓　　　　　　　　　　　　　　横笛

荷花　　　　　　　　　　　　　　玉板

图 4-3　饶氏庄园门簪"暗八仙"题材的装饰图形

　　一般来讲，民间称抱鼓石为"门当"，门簪为"户对"，按照传统民居建筑构造中的基本规则，但凡大门必有门当、户对，是此才能传达房屋主人某种意义上的身份象征及和谐的视觉效果。门当、户对通常被同呼并称。形制与装饰水平的高低象征并决定宅屋主人的门第状况，或者家庭的社会地位和经济情况等。因此，其装饰题材的选择及其营造，往往会十分重视主人身份及其文化修养等题材内容，以展现他们的身份标志及社会地位。

　　经由饶氏庄园门楼，可到达北院前天井院，再到中厅正门。前天井院深约 5.5 m，宽约 10.6 m。拾五级台阶而上是中厅。按照封建礼制的规定：九级台阶即为"九五之尊"，只有帝王可用，官员或普通百姓只能营造五级台阶。这充分显示了饶氏庄园主人饶崇义的社会身份和地位。

　　不仅如此，踏入中厅的门槛构筑也比较高，以契合主人饶崇义的身份和地位。在装饰题材的选取上，正门门头下方施有彩绘，如图 4-4 所示，南边彩绘题材为宝剑，代表着"武"，寓意武艺出众；北边的彩绘题材用书香来代表着"文"，象征文才不凡。正门为方柱形石墩，如图 4-5 所示，南北石墩分别装饰有减地雕石刻图案。南边装饰的题材为仙鹤与松树等的组合内容。鹤在传统文化中是一种长寿的仙禽，《古今注》载"鹤千岁化为苍，又千岁变为黑，所谓玄鹤是也"；松为百木之长，在中国传统社会中是吉祥的象征，《礼记·礼器》中载"松柏之有心也""贯四时而不改柯易叶"。"松"与"鹤"组合即松鹤延年；北边的装饰题材为梅花鹿、竹子的组合图案，竹子可寓意节节高升，梅花鹿的"鹿"字谐音"禄"，暗喻官运亨通，节节高升。石墩底部石刻题材为"梅花""兰花""竹"和"菊花"。"梅、兰、竹、菊"亦谓"四君子"，其品质分别是：傲、幽、坚、淡。宅屋主人选择此类题材无疑是想用"四君子"来指代自己高洁的品德。

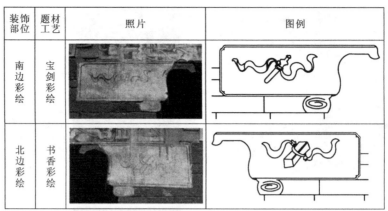

装饰部位	题材工艺	照片	图例
南边彩绘	宝剑彩绘		
北边彩绘	书香彩绘		

图 4-4　饶氏庄园正门门头下方彩绘即视觉形式

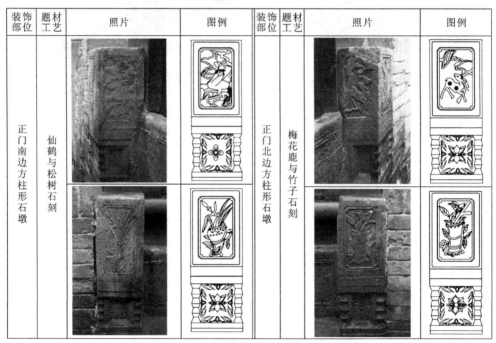

装饰部位	题材工艺	照片	图例	装饰部位	题材工艺	照片	图例
正门南边方柱形石墩	仙鹤与松树石刻			正门北边方柱形石墩	梅花鹿与竹子石刻		

图 4-5　饶氏庄园正门方柱形石墩及其视觉形式

最后，对饶氏庄园大门装饰图形"内在的意义或内容"的查询为综合研究，探索的不仅是作为创造主体有意或无意间表达的那些更深层次的象征内涵，而且也揭示了明清时期鄂湘赣移民圈内普通民众对宅第建构及其装饰的基本态度或制度化的要求。也就是说，是在前两个阶段的基础上挖掘出装饰图形图像文本的"本质"，即隐藏于装饰图形作品中的国家、时代、阶级、宗教、哲学等重要的信息——"内蕴意义"。可见，这样的意义是在特定的文化中，图像代表着根本性的原则或者观念，所以我们可以将艺术品看作是一个艺术家对宗教、哲学，或者是整个文明的文献（达勒瓦，2009）。

对饶氏庄园大门装饰图形个案的图像学分析表明，明清时期鄂湘赣移民圈民居建筑装饰图形是以视觉为基础的，是对客观自然物象的反映。作为一种象征的视觉符号，其结构性符码的建构有赖于中国传统文化与鄂湘赣移民圈地域文化成员所共享的意义系统，由符号、意义和建构规则组成。解码其蕴含的符号价值及其象征意义，不仅需要从符号的信息内容中获取，还需要从传统文化中去获得更多的理解。从这个意义上讲，民居建筑装饰图形可以获得图像学角度的解释。

二、图像生成

明清时期鄂湘赣移民圈民居建筑装饰图形是传播信息、表达情感和意义的媒介，作为图像，也是叙事的一种方式、工具或手段。对人类来说，似乎任何材料都适宜于叙事：叙事承载物可以是口头或书面的有声语言、是固定的或活动的画面、是手势，以及所有这些材料的有机混合；叙事遍布于神话、传说、寓言、民间故事、小说、史诗、历史……（巴特[①]，1989）。概括起来，最基本和最重要的媒介无外乎于语词和图像。对于后者，图画就是一种编了码的现实，犹如基因中包含有人的编码生物类别一样。所以，图画总是比话语或想法更概括、更复杂。图画以一种在时间和空间上都浓缩了的方式传输现实状况。因而，图画当然也让人感到某种程度的迷糊不清，然而，图画在内容上比话语更为丰富——话语"容易安排"，但也容易出偏差（舒里安，2005）。

（一）图像生成的文化语境

1. 符号建构的文化语境

明清时期鄂湘赣移民圈民居建筑装饰图形的符号建构是其图像传播的基础和前提。从本质上来看，民居建筑装饰图形是符号化视觉语言形态，其图像概念的内涵具有"视觉性"文化的社会属性，并体现为一种人们认知的经验模式，即它是通过视觉来阐释世界的一种方式，"看"并不是相信，而是阐释（米尔佐夫，2006）。也就是说，装饰图形作为视觉的图像，它已经不再是人造的物质景观，而是被创造主体赋予了人类社会性的意识和情感视觉符号语言，其图像的视觉样貌和视觉表达，不等于自然、生活中题材的具体物象，当人们通过装饰图形作品来试图解释或理解我们所生活的世界时，就需要通过装饰图形符号的物质媒介和信息载体来实现，比如建筑及其装饰中的悬鱼、雀替、马头墙和抱鼓石等。因此，装饰图形符号建构必然离不开装饰图形符号化的"文化语境"[②]，离不开对现实世界的诸如题材、形式、符号载体等物象，与符号象征意义的"图像"之间的理性选择与思考。

2. 符号建构的基本条件

作为视觉的图像，民居建筑装饰图形是明清时期鄂湘赣移民圈人们意识形态和文化建构的产物。它们之所以成为传播的符号是因为满足以下几个方面的条件。其一，它们都是人造的符号，有着独立于自身之外的媒介记录方式，例如明清时期鄂湘赣移民圈民居建筑中的各种不同的细部及其装饰，都可以记录、存储、传播相关主题的题材信息和内容，展现营造的技艺与技巧等，具有信息价值。其二，装饰图形中，那些细部和装饰的题材、内容等并非是人们关注的重点，而是这些事物特定信息的替代物，以及它们的象征意义

---

① 此处巴特，即为罗兰·巴尔特。
② 文化语境是审美语境的一种类型，它是实现文本沟通的社会符号性情境。文化是指人类的符号表意系统，因而文化语境主要是指影响审美沟通的种种符号表意系统（王一川，2004）。在关于"语境"概念的解释中社会人类学家马林诺夫斯基提出了"文化语境"这一概念。

和美学价值。其三，作为传播的符号，能指与所指之间的约定俗成，决定了其意义的相互约定或共识，使它们能够在社会群体中流通。可见，明清时期鄂湘赣移民圈民居建筑装饰图形符号集群所显现的形式、情感及其意义，是特定文化语境中人们的主观意识及其参与的结果。

（二）地域文化"语境"影响下装饰图形符号建构的差异性

从装饰图形信息认知的角度来看，明清时期鄂湘赣移民圈民居建筑装饰图形的符号建构，充分体现了中国传统文化共同的文化意识，在众多的诸如牡丹、仙鹤、梅兰竹菊等造型中，在人们的普遍意识中，它们是能够反映"吉祥""长寿"和"高洁"等意义的象征符号，在中国传统文化语境中，这些图形符号的传播最能被受众快速、准确、有效地认知和接受。再从装饰图形的艺术形式和视觉呈现来看，明清时期鄂湘赣移民圈地域范围内，文化语境的形成有着鲜明的地域性。这种与中国传统文化普遍性质具有差异性的地域文化，吴良镛（1996）认为："所谓地域，既是一个独立的文化单元，也是一个经济载体，更是一个人文区域，每一个区域每一个城市都存在着深层次的文化差异。"地域文化作为一种最能够体现特定空间范围内独具特点的文化类型，不仅造就了建筑地域文化的特色，而且铸就了地域性建筑及其装饰的灵魂，直接影响装饰图形符号的信息内涵和符号建构。下面以不同地域范围的民居建筑装饰题材选取和营造技术来进行一些具体分析。

湖南是明清移民主要的到达地之一，于湘西的调研表明，受"风俗陋其，家喜巫鬼"的楚文化，及"江西填湖广"移民运动文化的影响，在民居建筑装饰中多带有大量的楚巫符号、巫术神性意识的图像与纹样，充溢着楚巫文化浪漫飘逸的神秘色彩。正如湖南省永顺县谢家祠堂的顶梁上雕有太极和神龙题材的图案，门檐上装饰有八卦和狮子，檐檩下边是鳌鱼、雀替以象征神水镇避火灾（龙湘平，2007）。在雕刻技法上，湖南地区的民居建筑装饰不像移民发源地的徽派建筑那样奢华烦琐，而是因地制宜，实时创新。例如，湖南省郴州市永兴县板梁古村民居窗棂和隔扇的装饰，减地雕刻不拘古法，采用先在底板上刻好底纹背景，并预先加工好木刻构件，再将预先加工好的木刻构件叠加镶嵌于底板之上形成多层复合叠加的组合。这种创新的技术与方法，使装饰图形纹样形成层次丰富、主次分明和虚实相宜的独特装饰风格。在藏式民居中，例如日喀则地区，民居建筑装饰题材的选取则多以宗教内容为主，在这些建筑的门上装饰有日月祥云图，或悬挂风马旗，这些都是有别于湖南民居建筑装饰题材，并富有宗教意义的、最醒目的标识。湘鄂地区"八宝"装饰题材，与这一地区的"八瑞相"（即宝瓶、宝盖、双鱼、莲花、右旋海螺、吉祥结、尊胜幢、金轮），"八瑞物"（即宝镜、黄丹、酸奶、长寿茅草、木瓜、右旋海螺、朱砂和芥子）等区别明显，构成藏式民居建筑题材鲜明的地域特色。

再如"蝙蝠"的题材（图 4-6）的运用。调研资料表明，在明清时期鄂湘赣移民圈地域范围内蝙蝠题材应用非常广泛，例如湖南省浏阳市锦绶堂过亭梁柱蝙蝠寿桃木雕和桃树湾大屋传统民居建筑抱鼓石部位的"福禄同春"装饰。由于蝙蝠的"蝠"与"福"谐音，人们常常以此作为载体语言来对建筑细部进行装饰。所进行的艺术处理不是简单的蝙蝠生物形态的自然模拟和再现，而是对整个造型进行抽象化美化处理，就像锦绶堂蝙蝠造型那样，将蝙蝠的头部刻画成虎头云耳，将原本并非美丽的蝙蝠通过祥云卷翅的夸张和变形，形式上利用线条和面的结合、错落有致地将双翅处理得左右对称，构型完整，整体上呈现出蝙蝠展翅飞翔的优美造型。在明清时期鄂湘赣移民圈的蝙蝠题材装饰图形，根据装饰的部位和适形形状，大致可以分为方形、三角形、菱形和圆形等几种，像锦绥堂过亭梁柱蝙蝠寿桃木雕形态是为独立、圆润，而在如湖北省通山县宝石村的民居建筑中隔扇的格心部分的造型则需要按照适形——方形的要求，以发射式的骨架构图，配以其他的植物花卉题材，建构出"五福捧寿"的装饰图形形式。凡此种种，在此地域范围内的蝙蝠题材装饰图形主要包括中心发射式、对称式、连续飞翔式和自由飞翔式等程式化造型形式。云南地区白族传统民居受中原文化的影响亦采纳"蝙蝠"题材进行装饰，其中，蝙蝠题材的"格子门"装饰与明清时期鄂湘赣移民圈民居建筑装饰差别很大。白族传统民居的"中堂"门称为格子门，一堂通常为六扇，寓"福禄"之意。每扇格子门由天头、上幅、玉腰、下裙和地脚五部分组成，寓意"五福"齐全（张春继，2009）。可见，在题材选取上，白族与湘赣移民圈地域范围内的人们对美好生活的追求十分一致，但在象征物上却差异甚远。

安徽省黟县西递民居　　　山西省晋中市王家大院中的　　　湖北省通山县宝石村民居中的
蝙蝠题材图形　　　　　　　蝙蝠题材图形　　　　　　　　　蝙蝠题材图形

图 4-6　蝙蝠题材图形

由此可见，明清时期鄂湘赣移民圈地域文化在"语境"的影响下，装饰图形符号建构存在以下几个方面的差异。

第一，受明清时期鄂湘赣移民圈地域文化和民俗习俗传统的影响，装饰图形符号建构在题材选取及其符号话语表达方面存在着差异。

第二，受明清时期鄂湘赣移民圈自然地理环境的影响，装饰图形符号建构在建筑材料的选取、造型样式的形成及色彩处理等方面存在着差异。

第三，受明清时期鄂湘赣移民圈经济发展状况、生产力水平和建筑营造技术等因素影响，装饰图形符号建构的艺术风格存在着差异。

值得强调的是，受文化传播的影响，明清时期鄂湘赣移民圈民居装饰图形的地域差异性不会缩小，反而特色会更加鲜明。

（三）明清时期鄂湘赣移民圈民居建筑装饰图形的图像生成

1. 艺术生产概况

明清时期，鄂湘赣移民圈是以移民文化为主要特征的多种文化相互关联的区域。主要范围包括移民通道并辐射到今江西、湖北和湖南等地。

该期该地域范围内移民来源主要为江西、浙江、安徽、四川、江苏、贵州、河北、山东、河南、山西、福建、陕西、广东等，其中江西籍移民为多。湖北的江西籍移民又以南昌、吉安、饶州三府为多；湖南的江西籍移民则多来自赣南。

根据张国雄（1995）《明清时期的两湖移民》等文献资料，以湖北为例整理出迁入湖北各地区的外族、家族的比重情况表（表4-2）。此表客观上反映了明清时期移民迁入地人员的结构状况。也能够说明，移民迁入地的民居建筑及其装饰，是以今湖北、湖南为轴心，受自东往西的一场移民运动的影响而呈现出形成样式各异的民居建筑类型及其装饰风格。

表4-2　迁入湖北各地区的外族、家族占比情况分析表

区域	外族/家族总数	占比	备注
鄂东北	125/136	92%	外族来自江西110，安徽6，其他省9
鄂东南	63/69	91%	外族来自江西49，其他省14
江汉平原	97/107	91%	外族来自江西77，安徽8，其他省12
鄂北	11/15	73%	以随州为例分析约≥80%
鄂西北	无明确记载	—	外族来自陕西50%，江西30%，其他省10%
鄂西南	无明确记载	—	
湖北	308/339	91%	外族来自江西254，占82.5%，其他省54

宋元时期，"两湖"是人口相对稀少的地区，元末明初的战乱进一步加剧了这一地区的人口凋落。《汉川县志》记载："（元末）川沔一带，烟火寂然，至明初仍是土旷赋悬，听客户插草立界。"《安陆县志》亦载："（元末）兵燹以来，晨星而列雁户者又几何，闻之老父，言洪武初大索土著弗得，惟城东有老户湾屋数橼，而无其人。鸟兔山之阴穴土以处者几人而无其庐舍，徙黄麻人以实之，合老妇孺子仅二千余口，编里者七。"湖南省醴陵市也不例外："醴陵各姓率多聚居，在数百年前皆客民也，……元明之际，土著存者仅十八户。湘赣接壤，故是时迁入者，以赣西赣南一带之人为多。"从而导致这一时期"两湖"地区闲田旷土的大量存在，客观上为或因"逐熟""就谷"的移民奠定了物质基础。至明清时期这一地区原居民与移民的结构发生了根本变化，也直接导致移民到达地的原住居民的住宅现存存量较少（表4-2）。例如在鄂西北地区，《文献通考》（马端临，1985）记载该地"昔户口稀少，且非土著，皆江南狭乡百姓扶老携幼而来"。明清时期在九省通衢的汉口亦是"此地从来无土著，九分商贾一分民"（清·叶调元《汉口竹枝词》）。故很难依据遗存来总结其形成特征或分布规律。

因此，调查和研究的重点放在湘赣移民圈民居建筑及其装饰的"模仿+修正+融合"的形成过程上。比较移民迁入地与迁出地民居建筑的类型——宅第、街物、牌坊、祠堂、戏台、会馆等装饰的风格，并根据融合、衍变的过程来分析其艺术生产的规律。

明清时期鄂湘赣移民圈民居建筑的形制，充分体现出对礼制的遵从。在中国，儒家文化的核心是礼制文化。自汉代以来，儒家思想不仅为历代君王所采纳利用，而且对中国传统建筑也产生了非常重要的影响，促成建筑构筑的森严等级制度。对于居住的建筑，《唐会要·舆服志》中记载，大夫第需要遵循"三品已上，堂舍不得过五间九架，厅厦两头，门屋不得五间五架。五品已上堂舍不得过五间七架，厅厦两头，门屋不得过三间两架……勋官各依本品，六品七品已下堂舍，不得过三间五架，门屋不得过一间两架"，普通百姓则"又庶人所造堂舍，不得过三间四架，门屋一间两架"。此后历代在传统民居及其装饰的形

制、体量、装饰和结构等方面都有类似的规定，《宋史·舆服六》中规定："庶人舍屋许五架，门一间两厦而已。"《明史·舆服志》更为具体："公侯，前厅七间两厦九架，中堂七间九架，后堂七间七架，门三间五架，家庙三间五架……，廊、庑、庖、库，从屋不得过五间七架。"一品、二品厅堂五间九架，门三间五架，三品至五品，厅堂五间七架，门三间五架，六品至九品，厅堂三间七架，门一间三架，洪武三十五年，申明禁制，一品至三品厅堂各七间。洪武二十六年定制，庶民庐舍不过三间五架。三十年复申禁饰，不许造九五间数，房屋虽至十二十所，随基物力，但不许过三间。正统十二年令稍变通之，庶民房屋架多而间少者，不再禁限。清代的《钦定大清会典事例》中相关规定更是细致到"公侯以下三品官以上房屋台阶高二尺，四品以下至士庶房屋台阶高一尺"这样极致的程度。

清代张惠言在前人研究的基础上，细化和完善了《仪礼图》的礼图体系，就民居建筑而言，具体载有东周春秋时期大夫第居宅的平面形制和要求（图4-7），湖北省阳新县玉塅村光禄大夫第依此形制（图4-8）。《仪礼图》中的士大夫住宅图，表明此类住宅呈南北稍长的矩形，门屋建于南墙正中，面阔三间，中可设通行车马的"断砌造"门道，两侧为有阶级可登之室——"塾"。门内壁广庭，庭中置"碑"。厅堂建于庭北侧而近北垣，下建附有东、西二级基台。依周制西阶称为"宾阶"，供宾客所用；东阶称为"阼阶"，供主人使用。台上建筑似为面阔五间与进深三间。三间为堂，为主人的生活起居和接待客人之所。

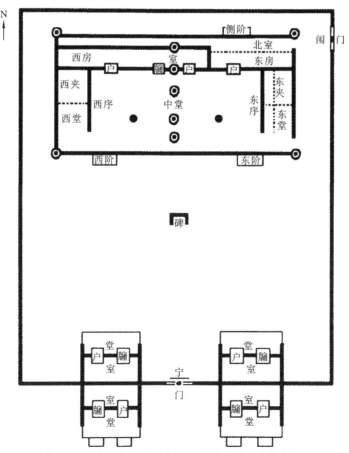

图4-7　（清）张惠言《仪礼图》中的士大夫住宅图

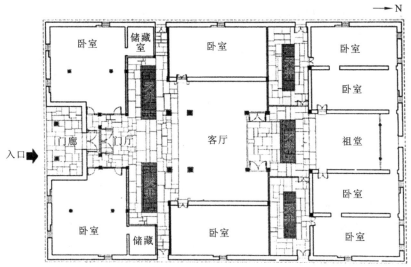

图4-8 阳新县玉堍村光禄大夫第平面图

堂两侧各建南北向内墙一道，称"东亭"及"西亭"。其外侧有侧室"东堂""东夹"及"西堂""西夹"。堂后另有"后室"及"东房""西房"，当为主人之住所。"东房"之后又设"北室"，有门出入及踏跺上下。东墙北端辟一小门，称为"闱门"（陆元鼎，2003）。图中尚未给出附属房舍如包厨、杂屋等具体的位置，但充分证明了中国传统民居居合院式布局的基本样式在汉代就已经基本形成。

（1）宅第。

在对明清时期鄂湘赣移民圈民居建筑的调研中发现，民居建筑但凡具有一定规模，必以"堂""大夫第"和"庄园"等名冠之。所谓"堂"，即正房或高大的房子。《说文解字》段注："古曰堂，汉以后曰殿。"《论语·先进》："由也升堂矣，未入于室也。"《说文》："殿，堂之高大者也。""堂"释义诸多，对于民居建筑而言，"堂"是地位和身份的表现。"大夫第"则是士大夫的宅第，是明清科举时代"耕读传家""读书做官"和"光宗耀祖"普遍世俗追求的象征。"庄园"，《唐会要·租税》："遂于当处买百姓庄园舍宅。"这里的"庄园"有别于皇室的皇庄，而是乡绅或归隐官员的私庄。无论"堂""大夫第"或者"庄园"等的称谓如何，实质上它们都是明清时期，鄂湘赣移民圈人们经济生活、政治生活和文化生活的综合反映。总的来讲，从建筑的选址、构筑到装饰，无不承载着主人对美好生活的心愿，折射出他们全部的人生理想、文化心理等信息内容。

例如鄂东南民居，信奉风水是明清时期人们营造的一种习俗，普遍认为宅第大门如果正对斜坡、山尖或怪树等就是不吉利。故选址时不仅要顺应地势，还要考虑风水。受村落结构和地形等条件的限制，宅第的朝向和位置大多相对固定，通常由风水师测定房屋的入口，采取角度偏转等特殊处理，朝向视线开阔区域，因而入口大多开在房屋的中轴线上，呈偏转的"斜门"状，入口门墙与主墙面呈一定的夹角，以获得最佳风水并达到趋吉避凶的目的。

天井是鄂东南民居中最主要的空间组成部分，从建筑功能上来看，解决了房屋的通风、采光等问题。从使用功能来看，天井与厅堂构成人们交往的活动空间，因而天井四周的梁枋、雀替和柁墩等位置，都是装饰的重点区域。一般天井前方以仪门、檐柱和二层的额枋为主要部分；天井其他三方立面的建筑机构与装饰大致相同，通常都会在骑门梁和左右下角的梁托及上方的元宝梁的主要视觉面上装饰以精美的图形；厅前的骑门梁与对面的仪门形成呼应，也是装饰的重点，所选题材都具有教化、励志等作用，骑门梁下方的梁托与檐柱相连；与天井同构的前厅装饰的小木作包括：透雕、深雕、浅浮雕等各种不同装饰风格的隔扇门，它们或以对称、或以四组等多种形式，围合出厅堂民俗生活的视觉审美图景。

（2）街屋。

街屋是集商住于一体的建筑形式。传统街屋一般紧靠商业街，前半部分为临街的商业店铺，后半部分则为住宅空间。建筑形式与宅第相似，但又有所不同。对鄂东南片区调研的大冶市上冯湾的街巷生长现象和文献资料的研究表明，街屋的构造和装饰会遵循一定的规律，如图4-9所示。

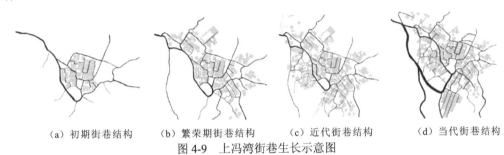

（a）初期街巷结构　　（b）繁荣期街巷结构　　（c）近代街巷结构　　（d）当代街巷结构

图4-9　上冯湾街巷生长示意图

一般来讲，传统街屋平面布局大多比较随意、因地制宜，由于众多街屋的积聚就逐步形成街巷，呈现自然的平面肌理和街区的活力。通常传统街屋平面布局以天井为轴，呈对称分布，较之普通宅第简洁、狭长。多采用"五开间"或"三开间"；从功能上来看，从前往后依次为店铺、天井、住宅；规模较大的街屋有的达到七进至八进，功能分区按照廊道、手工作坊、店铺、天井、客厅、卧室的顺序分布，较前者更为复杂；每个天井院落形成相对独立的住宅单元。街面墙体主要为青砖砌筑，采用侧砖加平砖顺砌错缝砌筑的空斗墙砌法；内墙的材质则多选用木质材料，在门窗位置有的还绘以壁画装饰。街屋建筑密度大，受移民迁出地徽派建筑的影响，邻里之间的山墙都延伸出高大的封火墙，墙头青瓦覆盖，沿中轴线抬高形成墙脊，形似"马头"，故又称为马头墙（图4-10）。沿山墙伸出檐柱之外的墀头，突出在两边上墙的边沿，用来支撑街屋前后的出檐，起到屋顶排水和边墙挡水的作用，同时也形成邻里之间隔断的标志。因而装饰上也为房屋主人所重视，常常选取能够

图4-10　黄陂大余湾街屋马头墙

象征"生意兴隆""财源滚滚"的题材内容进行装饰，是为所谓的墀头文化。街屋街巷的生长方面多以原聚集地为中心，沿所形成的街巷呈线性中心式发散扩展而进一步繁荣。

（3）祠堂。

祠堂又称宗祠或祠室，是祭祀祖先或先贤的场所，也是传统民居建筑的一种特殊式样。明代《鲁班经》中记载："凡造祠宇为之家庙，前三门（山门），次东西走马廊，又次之大所，此之后明楼，茶亭，亭之后即寝堂。"实际建筑中，祠堂的建制并无明文规定约束，规模可大可小，但不能够僭越礼制的规定。

明清时期鄂湘赣移民圈民居建筑中，祠堂的院落多为三进或四进，例如，湖北省阳新县白沙镇梁氏宗祠（图 4-11），顺次包括大门、仪门、享堂和寝堂。其建筑样式比民宅质量好且规模大，外观也更加突出；祠堂入口的立面、山墙的装饰处理都有独特之处。在鄂东南地区有的祠堂的山墙会做成如游龙般高耸，极富动感，被称为"衮龙脊"的云墙，体现出与移民迁出地建筑式样的程式化创新的差别。在用材和装饰上，用材考究，装饰多有设计精美、做工巧妙的砖雕、木雕、石雕及彩绘，题材内容广泛，十分华丽。体现出明清时期生活在鄂湘赣移民圈地域范围内劳动人民艺术生产劳动的勤劳智慧和创造能力。

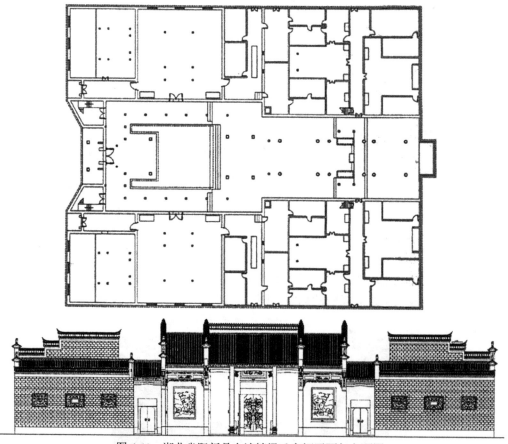

图 4-11　湖北省阳新县白沙镇梁氏宗祠平面与立面图

（4）牌坊屋。

牌坊屋是鄂湘赣移民圈地区一种特殊的建筑形式。牌坊原本是为表彰科第、德政、功勋和忠孝节义所立的建筑物，通常也叫牌楼。在鄂东南的通山、阳新、崇阳和赤壁等地区，出现一种牌坊与住宅结合到一起的"牌坊屋"。这些地区地形地貌复杂，连绵起伏的山岭和蜿蜒丰富的水系，为鄂东南厚重的民间文化、乡土环境的形成提供了条件，也为形成该地区极具特色的"牌坊屋"提供了最基本的物质保障。例如，湖北省通山县通羊镇岭下村五组塘家垅的"旌许显达之妻成氏"节孝牌坊（图4-12），这座牌坊屋占地约34 m^2，坐北朝南，系砖木结构，硬山顶。门楼为四柱三门三楼式样。三个门均由三层如意斗拱撑起楼檐，装饰六条鱼尾脊，门楼下方是"节孝"的题匾；门楼正面门洞为雕有蝙蝠图案的花砖砌筑，中门留有入口供出入；下层额梁分别雕有"二龙戏珠"的砖雕图形，边门额梁则装饰"丹凤朝阳"砖雕。这些装饰的图形作品无一不惟妙惟肖，别具风采，整体给人形制完整、庄重堂皇的视觉效果。

图4-12　湖北省通山县通羊镇岭下村塘家垅"旌许显达之妻成氏"节孝牌坊

　　牌坊屋在鄂东南有两种常见的类型：一种用于宗祠，做成牌坊式来强调宗祠的入口；另外一种是经过朝廷御批允许兴建的牌坊，此类牌坊前坊后宅，实质上是一座拥有牌坊的住宅。

　　（5）戏楼。

　　戏楼，又称作戏台，是供演戏使用的建筑。传统的戏楼有不同的种类、形式和名称，它们大多依附于祠堂或大型院落。戏楼的作用有二：一是节日、婚丧嫁娶等重要时日演出，供人们庆祝娱乐之用；二是用于家族祭奠祖先，以尽孝道。戏楼的建造通常会避开正位，大多坐南朝北，或东西向，三面敞开，方便人们观看，一面留作后台供表演者使用。戏楼装饰的部位通常位于屋脊、梁枋、壁柱、门窗、屏风和许多细小的构件。其彩绘多运用青绿彩和土朱单彩，雕刻则有木雕、石雕等，匠艺精良；有的戏楼还在装饰上采取彩绘与雕刻相结合的方法，整体上形成一种明快、鲜艳的艺术效果。

　　一般来讲，明清时期鄂湘赣移民圈戏楼多建于戏曲文化发达的地区。例如湖北罗田的陈家山，有罗田东腔戏，即东路花鼓戏。嘉庆、道光年间，湖北打锣腔系剧种先后形成。打锣腔源于鄂东秧歌、畈腔等劳动歌曲，"哦呵腔"由湖北省内向西流传（戴义德，2007）。陈家山位于湖北罗田与麻城、安徽金寨交界处，全村 180 多户人家、600 余人同居一个马鞍形山梁上的大垸内，村里人十分喜爱东腔戏，自清初至今，东腔戏在这里相传了 9 代 200 多年，还有 80 多名东腔戏老艺人登上了《湖北省志·文艺》。陈家山垸内至今还保留有一座历经 200 年的戏楼，该戏楼是陈氏家族节日庆典和婚丧嫁娶演出和娱乐的场所。戏楼位于一座清水砖砌的天井院落，与该院落的正厅相对，厅内悬有师祖陈兴太题写的"源远流长"匾额；天井和正厅均为观戏的席位。这些都说明当地人是非常喜爱东腔戏的。无独有偶，关于戏曲等艺术形式的兴盛状况，康熙年间天门人胡承诺在《颐志堂诗·插秧》中写道："盛夏四五月……须臾曼声起，调杂濯与鞠，鼓铙间喧唱，高腔弥野绿。"又有《房县县志·风俗篇》记载："冬至日，大户开祠堂，张筵演剧，人会宗族以祭。"在一些赛会日甚至达到"六腊不停，月月有戏"的程度。在鄂西北一些少数民族地区，"容美土司史料文丛"所载："山羊隘古夷地也，有明洪武年间。……其俗尚鬼信巫。敬向王公安等神。以宿晨傩愿为要务。敬巫师赛神愿。吹牛角，跳鼓丈，语言喧哗者多矣。"可见，人们"感于哀乐，缘事而发"（《汉书·艺文志》）的戏曲演出活动，客观上促进了明清时期鄂湘赣移民圈范围内戏楼的大量兴建。

明清时期鄂湘赣移民圈民居还有吊脚楼、石板屋和寨堡等形式。关于建筑及其装饰的部位及其详细情况，可见本章"民居建筑及其装饰图形符号的物质载体——质料介质"部分内容，这里不再赘述。

2. 艺术生产主体结构

居住是人的本能需求，居住意味着人们与既定的环境之间建立起有意义的关系（拉普普，1979）。居住建筑及其装饰的艺术生产主体，包括为实现"上古穴居而野处，后世圣人易之以宫室，上栋下宇，以御风雨，盖取诸大壮"（《周易·系辞传下》）的所有人。对于明清时期鄂湘赣移民圈民居建筑及其装饰艺术生产的主体而言，可以从房屋主人与工匠两个方面具体进行分析。

（1）房屋主人。

明清时期，鄂湘赣移民圈民居建筑主人，既是艺术生产的主体，同时也是建筑及其装饰消费的主要组成部分。文献研究和调查研究资料表明，受地域经济、政治和自然环境的影响，他们之间存在着较大的社会差异性。这种差异性主要体现在构成社会的人的差异方面。人组成了社会，而社会反过来又会涵化和影响生活在社会中的人。因此，鄂湘赣移民圈范围内包括移民群体在内的所有人，人与人、人与社会都有着特定的对应关系，这种关系要求人的属性必须与社会的发展相一致，任何一个都不可能超越对方而独自发展。就民居营造及其装饰而言，中国传统文化、鄂湘赣地缘差别、血缘关系、身份角色及所处的明清时期等社会差异，决定了房屋建造主人的不同属性和不同的结构类别，并直接影响民居建筑及其装饰图形的生成。下面根据调研和文献资料整理出的"鄂湘赣移民圈民居建筑调查表"（表 4-3）来具体分析明清时期鄂湘赣移民圈民居房屋主人的结构层次。

表 4-3　鄂湘赣移民圈民居建筑调查表

民居名称	地区	房屋主人	身份与社会地位	年代
王氏老屋	湖北省通山县洪港镇	王迪吉、王迪光兄弟	进士、大财主	清代
大夫第	湖北省通山县大路乡吴田村畈	王明璠	清咸丰年间举人，曾任江西武宁、上饶、南康、瑞昌、丰城和萍乡知县，为官30年	清代
行意堂	湖北省通山县闯王镇宝石村	舒宏绪	明史科之谏官——吏科给事中	明代
仁德堂	湖北省通山县闯王镇宝石村	舒习锥	清道光年间府试武贡生、乡村医生	清代
千总居	湖北省通山县闯王镇宝石村	舒世芳	守御所千总、六品武官衔	清代
三盛院	湖北省竹山县田家坝镇	王三盛	商人	清代
饶氏庄园	湖北省丹江口市浪河镇	饶崇义	经商、团总（辖郧县、谷城、房县）	清代
吴氏祠	湖北省红安县八里湾镇	吴氏家族	当地的望族，考取功名、经商并致富者众	清代
锦绶堂	湖南省浏阳市大围山镇	涂儒玫	财主、当地的望族	清代
刘家大屋	湖南省浏阳市南乡金刚镇	刘礼卿	朝议大夫	清代
当大门、王家塅、上新屋	湖南省岳阳县张谷英村	始祖张谷英公	财主、士人、望族等	明代
李氏宗祠	湖北省利川县柏杨乡大水井	李廷龙	湖南巴陵经商入川、土司管理钱粮官等	明代
武昌会馆	湖北省十堰市张湾区黄龙镇	据传为余氏家族（余良公）出资	武昌籍商人团体等	清代

表 4-3 表明，明清时期是民居建筑及其装饰快速发展的时期，清代民居在继承中国传统民居的基础上，得到突飞猛进的发展……官僚、富商对享受生活的追求，大批宅院的建造，刺激了民居建筑的发展。这些大型住宅建筑质量较高，布局严谨，装饰精美（史仲文，2006）。可见，鄂湘赣移民圈民居房屋主人是一个有着非常复杂结构的群体，既包含着传统的家庭血缘关系、土地所属关系等纽带，彼此之间存在相互影响、相互依赖的"聚落"生存状态，同时，在广袤的乡野，又具有规模大、分散、匿名和草根性等特点。无论是作为民居及其装饰图形艺术生产的主体，还是作为社会环境和特定媒介供应方式的产物（麦奎尔，2006）的受众，其结构关系必然带有他们所处的社会和环境的鲜明特征。因此，依据他们所处的时代、生产力发展水平、社会环境及地域文化等因素，可将明清时期鄂湘赣移民圈民居房屋主人分为以下三种类型。

1）地位尊贵型，即由大地主、官僚所组成的一类群体，他们大多是传统社会中的社会精英，拥有尊贵的社会地位，在政治、经济、文化等方面具有维系社会基层的稳定和组织功能，在民居构筑及其装饰上具有引领潮流的作用。从民居建筑与消费的传播来看，他们扮演着房屋建造主人和消费接受的双重角色，拥有对民居建筑装饰图形选择、采纳及对意义诠释的权利。例如，在对民居建筑及其装饰的题材选择和形式的处理问题上，对于以血缘关系为主的乡村聚落群体，由于社会犹如一个生物有机体，必须时刻监视周围的环境以保证其种族的生存需要（阿特休尔，1989），他们对题材的选取与采纳一定是有代表性的，那些"驱邪避凶""祈福纳祥"题材的选取不仅是他们自身意愿的选择，而且某种程度上代表了维系家族繁衍发达的集体愿望，并影响其群体的每一个成员；另外，作为社会群体的人，他们不可能超越历史的局限，生活在中国传统文化与鄂湘赣移民圈地域文化双重浸润的环境中，对题材及其象征意义的文化消费不可避免地存在审美接受的前理解①，这种前理解正是他们在成长过程中对历史与文化传统及审美潜移默化接受和同化过程的结果，凸显了传统文化对于房屋主人对题材选择行为的影响，并直接潜移默化到民居建筑及其装饰的建造中。

2）知性、中产小众型，即由宗族首领、乡绅、庶民地主、有钱读书人和商人等组成的文化精英和文化边缘人群体。这类群体较之于第一类群体人数众多。在传统社会分层体系中，存在着一部分地位、政治权力身份淡化，而知识和经济身份特点突出的诸如宗族首领、士绅和庶民地主及一定财富的占有者，他们的社会影响力要明显大于其他社会阶层或者群体，具有相当的道德评价权和解释权②。费孝通（2009）对此指出："绅士是没有退任的官僚或是官僚的亲亲戚戚。他们在野，可是朝内有人。他们没有政权，可是有势力……"明清时期，士绅尊贵身份地位的获得以科考获取功名为正途，但并非人人都可为之，相当大的一部分人弃儒、弃举，而选择入幕、教授、从医、卖文或经商等出路。因此，这类群体所处的地位仍超越于普通人的普通环境。在乡土中国的基层社会中他们享有崇高的社会声誉，他们不仅是社会基层治理的中坚力量，如编制乡约、和睦邻里、孝顺家人、调解纠纷、扶贫济困和赈灾济荒等，也是民居建筑及其装饰的重要建造者和建筑文化的消费者，对民居建筑及其装饰的营造和文化传播发挥着不可忽视的作用。

在民居建筑及其装饰图形的艺术生产和审美接受上，这一群体呈现以下几个方面的特点。

第一，由于具备"道德解释权和评价权"，在民居建筑及其装饰图形的艺术生产的历时建构中，这个群体能够按照自己的理解对民居建筑及其装饰提出个性化的要求，对装饰图形文本编码"解构"，并从中建构新的意义，以满足物质目的与精神需求。

第二，在审美消费接受中，这个群体对装饰图形题材内容所传递的道德伦理等的"教化"需求尤甚于其他题材内容，突出社会责任的选择取向；并由他们来规定或影响普通成员的使用装饰图形的艺术形式，或者理解装饰图形作为媒介的文本意义。

第三，与普通大众类型不同，这个群体从来就不是被动地接受，由于其经济状况、社会地位和受教育程度的不同，一定的社会地位及入世的观念、丰富的审美经验，他们的审美创造和审美接受更加积极、主动。

3）普通大众型，即乡村聚落环境中由普通民众组成的群体。这个群体拥有共同的特点和相对同质化、稳定的成员结构。他们以血缘、家庭和地缘关系为纽带，是规模巨大、分散、匿名和草根的民居建筑及其装饰的建造与消费大众。在传统民居建筑媒介空间环境中，他们是彼此相连、相互依赖的社会群体。在民居建筑及其装饰图形的建筑与接受中，表现

---

① 前理解是哲学解释学中重要理论与术语，是理解之必要前提和条件。作为理解主体的人的存在，在理解活动发生之前主体就已经具有的：对理解有着导向作用的历史、文化、经验、情感、思维方式、价值观念及对于对象的预期等因素的综合，或者说是对于对象在理解之前所具有的自我解释状态，具有先验性。但所体现出个人与历史文化的继承关系，是个人无法拒绝的东西。

② 费孝通（2008）在《乡土中国》中区分了四种不同的权力，即横暴权力、同意权力、教化权力和士绅权力。他认为皇权为横暴权力，而士绅权则主要是一种教化的权力。

出很大程度的盲从性、依赖性。一方面，这个群体成员缺乏良好的文化、知识素养，社会地位较为低下，审美上追求视觉感官刺激，呈现出强烈的物欲化特点，因而其民居建筑及其装饰营造的主动性不强，具有极强的依赖性；另一方面，建筑作为"生活的容器"，包含了人们生活的方方面面，有关民居建筑的形制、大小、规范和装饰等都是由处于更高特权阶层的人群所决定。对普通大众类型群体而言，在房屋建筑及其装饰问题上，很少能有自己的话语权和选择的可能，只能在规定好的"容器"之中，遵从礼制和民俗的约定，谦和地建造。

（2）建筑工匠。

明清时期，鄂湘赣移民圈民居建筑及其装饰衍化传承的核心是制作工艺、材料和地方传统式样等匠作体系所构成的营造技艺。一般来讲，传统居住建筑在建筑前期仅仅只有尺寸、功能和外观的控制，而精致的装饰还需仰仗工匠师徒或家族秘传的营造法则和独有的精湛技艺。例如，湖北省红安县八里湾镇陡山村的吴氏祠，建筑布局十分严谨、构筑考究，是集建筑与装饰于一体的被誉为"鄂东第一祠"的祠堂建筑，其建筑营造的班底就是当时颇负盛名的肖家石匠班子。这套班子专为红安南部几个大户"吴、江、程、谢"四家做房子；木工班子则由闻名于"两湖"的黄孝帮掌墨牵头。整座祠堂依精心修改绘制定稿的图纸建造，装饰极尽雕画镂刻之能事。吴氏祠是由在外经商的陡山吴氏兄弟带头发起重修，其建造的理由与豪华的程度如安徽《歙县志》所说："商人致富后，即回家修祠堂，建园第，重楼宏丽。"反映出明清时期鄂湘赣移民圈士绅建筑及其装饰消费的普遍现象，也显示了民居建筑及其装饰工匠在营造过程中所发挥的作用。

1）工匠的层次。明清时期，鄂湘赣移民圈民居建筑及其装饰的营造是要服从于房屋主人"广营宅第，显耀门庭"的意愿的，但归根结底是要取决于营造工匠的劳动智慧和才能。尽管传统社会居宅建筑形制是基本确定的，但不妨碍工匠在技艺和艺术趣味上的能动发挥。调研资料与文献研究表明，该时期该地域范围内民居建筑及其装饰营造技艺的传承，主要有家族式和师徒式这两种方式，例如负责吴氏祠营造的"肖家石匠班子"和"黄孝帮"。江西省乐平市2005年曾经对该地区范围内的传统建筑工匠进行了一次普查，据统计，包括木工在内的能工巧匠大致可以分为涌山帮、塔前帮、双田帮和临港帮。在《新安屋经》这本类似《营造法式》的专事徽派建筑营造装饰雕刻技艺的文献中，亦有关于湖北、江西的"荆楚帮"，浙江的"东阳帮"，广东、福建的"海派"等工匠群体的记载。可见，家族或师徒制传承的工匠群体是民居建筑及其装饰艺术生产的直接营造者。

民居建筑及其装饰中的工匠群体，无论家族式还是师徒制，群体的内部具体可分为两个层次。明代计成在《园冶》中写道："世之兴造，专主鸠匠，独不闻三分匠、七分主人之谚乎？非主人也，能主之人也。古公输巧，陆云精艺，其人岂执斧斤者哉？若匠惟雕镂是巧，排架是精，一架一柱，定不可移，俗以'无窍之人'呼之，其确也。"计成进一步强调："故凡造作，必先想地立基，然后定期间进，量其广狭，随曲合方，是在主者，能妙于得体合宜，未可拘牵。假如基地偏缺，邻嵌何必欲求其齐，其屋架何必拘三、五间，为进多少？半间一厂，自然雅称，斯所谓'主人之七分'也。"计成专门强调这里的主人是"非主人也，能主之人也"。也就是说，主人并非专门指房屋的主人。这一点可以从苏轼的《思治论》中得到印证，《思治论》记载："今夫富人之营宫室也，必先料其资材之丰约，以制宫室之大小，既内诀于心，然后择工之良者而用一人焉，必造之曰：'吾将为屋若干，度用材几何？

役夫几人？几日而成？土石竹苇，吾于何取之？'其工之良者必告之曰：'某所有木，某所有石，用财役夫若干某日而成。'主人率以听焉。及期而成。既成而不失当，则规矩之先定也。"其中，"工之良者"应与"能主之人"有同工之意。也就是说，在每一个行业中的大匠师应更受尊重，他们比一般工匠知道的更真切，也更聪明，他们知道自己一举手一投足的原因（我们认为一般工匠凭习惯而动作……）（亚里士多德，1959）。无论"工之良者"还是"能主之人"，都是"大匠师"。在民居建筑及其装饰中，他们与房屋主人共同商量房屋建筑中的诸多事宜，是工匠群体内部在建筑方案设计中具有决策能力的人。

另一个层次则是具体砌筑、雕刻和彩绘的"执斧斤者"，计成以"无窍之人"呼之。不独计成，《楚辞·九辩》亦云"圜凿而方枘兮，吾固知其鉏铻而难入"，这样的观点实则反映了普通工匠社会地位的低下与文化权力中的劣势，而非是他们匠心匠意的"低俗"和不入流。其原因是多方面的，限于研究的主题，这里不展开深入研究。但湖北省红安县陡山吴氏祠后庭东西两边厢房房门《西厢记》《梁祝》《苏小妹三难新郎》等人物题材故事的镂空雕花装饰图形，以及观乐楼中长达 9 m，号称"古武汉的活化石"的"武汉三镇"楼檐木雕等，都能充分证明那些"执斧斤者"的高超技艺与匠心，真可谓"世人一技一艺，皆有登峰造极之理"（张岱，1986）。

从红安陡山吴氏祠的建筑装饰图形（图 4-13）中发现，诸如龙嵴、木门雕刻中"龙"、戏楼四层如意斗拱撑起楼檐檐角下方饰有"凤"形的构件等装饰图形，在中国传统的"礼"制社会是被严格限制的。据《吴氏宗谱》记载吴氏祠始建于清朝乾隆二十八年（1763 年），后毁于火灾；同治十年（1871 年）重修后不幸再次失火。现存吴氏祠为光绪二十八年（1902年），吴氏兄弟带头捐银八千两，族人纷纷响应，获银万两以上，耗时两年建成。可见，在清末社会变革的交替时期，清王朝面临崩解而无暇顾及礼制统治，一些有关民居建筑的"禁

图 4-13　湖北省红安县陡山吴氏祠中装饰图形包括"龙""凤"在内的各种不同题材

令"得以宽松，不再严苛，客观上为民间建筑及其装饰的营造提供了政策的空窗，使得包括鄂湘赣移民圈在内的中国大地上，民居建筑及其装饰在规模和形式上都有更大、更自由的发挥空间。皇权礼制的世俗化在这个新旧政权的交替时期，助长了一大批有钱的士绅阶层奢靡生活的欲望，乃至于"所制床以沈檀诸香木为之，雕琢人物细缕如画"（张海鹏 等，1985）。清朝末年类似吴氏祠僭越礼制的装饰营造，究其深层社会因由，需对此展开专题的研究。

2）工匠的特点。从上述研究可知，民居建筑装饰中的工匠，作为明清时期鄂湘赣移民圈民居建筑装饰图形艺术生产主体的组成部分，在民居建筑及其装饰及其社会经济、文化等方面具有重要的作用。在中国传统社会，尽管匠技是被放在实用技术层面的，被置于知识体系的底层（青木史郎 等，2016）；但是中国古代知识活动中有着深刻的工匠因素，因而经验特征与技术特征特别突出（吾淳，2002）。因此，这些工匠都是参与民居建筑及其装饰艺术生产的劳动主体，他们不仅是传统建筑营造技艺的创造者、实践者和传承者，在建筑文化传承中起着不可忽视的历史作用；而且有明显的经济推动作用，推动了整个社会生产力，改变了我国社会经济结构，增加了商业的流通，改变城市和交通布局，促进区域之间的联系；同时对人们的政治、经济、文化观念的改变都有过重大影响（邹逸麟，2007）。正是通过包括民居建筑装饰中的工匠在内的营造者共同努力，才形成鄂湘赣移民圈民居建筑及其装饰鲜明的地域特色。

从工匠的结构层次和社会作用来看，明清时期鄂湘赣移民圈民居建筑及其装饰的工匠同中国传统社会工匠一样，具有以下几个特点。

第一，职业身份相对固定。一方面，在"匠籍"制度废除以前，特别是清初以前，尤其是元、明两代，凡被编入匠籍的工匠，无论是归官府的"官局人匠"、还是归军队的"军匠"，规定匠不离局，世代不得脱籍。也就是说相关匠作的职业不仅要世袭，还要求终其一生。尽管清代顺治二年废除了"匠籍"制度，但在传统的中国手工业社会，仍然存在职业世袭的传统。另一方面，工匠群体，无论家族式还是师徒制，都要受到自然、地理环境和政治、经济等因素的制约。尤其是在宗族社会里，即使是非家族式的工匠群体，师徒制亦与血缘关系有着千丝万缕的关联，更何况"师徒如父子"，二者本质上体现出的是对职业选择的世守与继承。

第二，社会地位低下，人身依附关系强。在中国传统社会，等级制度分为士、农、工、商四种。其中，"士"即士族阶层，包括士大夫、名士和为官之人等。在封建社会重农抑商的环境下，"商"的社会地位自然不可能高于其他等级，是为"末业"。"农"，为保障政权的稳定和抵御外族的入侵，发展农业至关重要，是故从事农业生产的"农"必须放在第二位；"工"，在古代文献中往往被称为"百工"，"工，百工也，考察也。以其精巧工于制器，故谓之工"。若"物勒工名，以考其诚。工有不当，必行其罪，以究其情"（《吕氏春秋·孟冬纪》）。说明百工"工匠"的地位不仅低下，而且必须依附于官府或富家大族等统治阶级才能生存，没有人身自由。特别是入明以后，严苛的"匠籍"制度的种种规定，使得工匠的地位又大大下降（刘绪义，2018）。清代废除"匠籍"制度后，工匠与普通劳动者平等的社会地位略有改善，但社会对工匠习惯的认知和经济状况及其世袭的职业传统等复杂原因，也不可能使他们在封建社会中的社会地位有显著的改善。

第三，文化传播中话语权利的群体劣势。在中国传统社会，管理工匠的职官和工匠制度很早就有，隋唐时期就设置了"工部"，工部作为政府对工匠进行组织管理的机构，对民间和地方的工匠进行全面的编制登记。例如，唐代的"番匠"均有册籍，"凡工匠，以州县为团，五人为火，五火置长一人"（《新唐书·百官志》）。工匠作为自组织的群体诸如"行""帮""会馆""公所"等兴起较晚，发展程度也不高，导致工匠在文化话语权利中的群体劣势。

究其文化话语权利群体劣势的因由，首先，应该将艺术与匠技分离。艺术与设计是伴随着人类的社会劳动实践而产生的特殊现象。作为一种生产活动，它们诞生伊始就具有物质和精神的双重属性；作为一种文化现象，它们能够满足人们主观与情感的需求，并成为人们改进日常生活和进行娱乐的方式（冷先平，2018b）。古希腊时期，造型美术和手工技术是不可分地结合在一起的，这一点可以从"特克奈"（西村清和 等，2008）中可以看出，希腊人所谓的特克奈指的是人们凭借专门的知识、经验和才能进行造物或其他创造性活动，涵盖了包括当时手工业、绘画、雕刻、农业、医药、诗歌、音乐乃至烹饪、骑射等技能。对此，朱光潜（2002）指出："我们须记起希腊人所了解的艺术和我们所了解的艺术不同。凡是可凭专门知识来学会的工作都称为'艺术'，音乐、雕刻、图画、诗歌之类是'艺术'，手工业，农业，医药，骑射，烹调之类也还是'艺术'，……在希腊，'艺术家'就是'手艺人'或'匠人'，地位是卑微的。笛尔斯在《古代技术》里说过：就连斐狄阿斯这样卓越的雕刻大师在当时也只被看作一个手艺人。"古罗马建筑师维特鲁威试图有一个区分，认为"艺术虽然有很多种，但其要素不外乎两样——匠艺和理论"。可以看出，受制于历史的局限，该艺术与匠技还是未能分离开来。先秦时期，人们亦是将"艺术"与人类的其他技艺混同一体，把艺术纳入实用的技能和技术之中。先秦时期的"六艺"包括礼、乐、书、御、数、射；"术"则包括卜、医、方、巫。可见，最初的"艺术"或"匠技"都是一种维系生活所需要的技能。

随着社会的发展，艺术与匠技开始分离，"艺术"开始远离物质基础而偏向人们的精神需求，像音乐、舞蹈、绘画、雕刻、诗歌等逐渐发展成为表达人们内心精神世界的手段。18世纪法国的夏尔·巴托开始使用"美的艺术"（fine art）并明确音乐、舞蹈、诗歌、绘画、雕刻为其5种主要形式，以区别于服务实用目的的"机械艺术"。这种艺术与匠技的分离，其实就是一种"神化"的过程。在这个过程中，前者的社会地位基于受教育的程度、占有的资源、文化传播中书写的能力（著书立说）等逐步提高，确立在知识的场域中占据决定性的地位，通过有意识或无意识反复灌输的过程，把建立的等级看作是自然而然的（布尔迪厄，2011）。从而使"艺术"获得文化传播过程中的话语权力，而从事匠技的"百工"地位并没有多大的改善，其文化话语权力依然人轻势微。

其次，是工匠群体的内部，一方面，绝大多数只能从事一种手工或技术性劳动的工匠，例如"偃拱木于林衡，授全模于梓匠"（西晋·左思《魏都赋》），他们的受教育程度不高，社会身份低下，不具备书写"技艺"的理论水平和传播能力。另一方面，源于保护维系生活所需要技能的需要，事关工匠的一些核心技术与思考的营造经验都属于核心机密，只能口传心授，即便是一些成绩突出的、有一定社会地位的"哲匠"也不能例外，即"技巧工匠咸精其能，夫咸精其能，是于细事不敢欺也，而不谓之治成乎"。（《尚书讲义·卷二》）

这种"口传心授"的方式以近乎沉默的姿态存在于中国传统社会的工匠群体之中，有的甚至连姓名都难能存于其劳动的成果。其技艺理论知识传播的局限客观上直接导致工匠群体在文化传播中群体的失语，很难彰显其话语的权利。

3. 艺术生产的营造技艺

明清时期鄂湘赣移民圈民居建筑及其装饰历经长期的营造实践，逐渐形成地域特色鲜明的建筑与装饰风格，其建筑及其装饰的营造是一个集多种匠艺于一体的协同工作。具体来讲，工匠工种主要可以分为6类：石匠、砖匠、木匠、雕匠与绘师（砖雕、石雕、木雕和彩绘，或称饰匠）、铁匠和漆匠，各类匠人按照房屋主人与"能主之人"的要求各有分工又相互合作，共同完成民居建筑及其装饰的营造。第三章探讨了明清时期鄂湘赣移民圈民居建筑装饰部位、工艺和通用的方法，本小节立足艺术生产主体的视角，探讨不同匠作体系中工匠群体所使用的工具及其技艺理性。

（1）砖、瓦、石作。

中国传统建筑中砖瓦石材料的出现历史悠久，到汉代时随着砖石建筑和拱券结构的进一步完善，至明清时期，砖、瓦、石材料得到更广泛的使用。特别是明代，随着砌筑技术的提高和石灰灰浆的出现，以及礼制等级的松动，青砖和瓦在民居建筑中得以普及。特别是明代中期及以后的发展时期，民间工匠群体将砖瓦石雕艺术与民间丰富的民俗生活紧密结合起来，创造了大量寓意深刻、题材广泛、精雕细琢的雕刻精品。受江西移民输出地徽派民居建筑的影响，在湖湘地区很多建筑都开始采用空斗墙砌法，而家境殷实的大户人家还会在地面铺装中使用质地坚硬的金砖。这些技术的进步和生产消费的需求，推进了明清时期鄂湘赣移民圈民居建筑及其装饰砖、瓦、石作工具及其技艺的发展。

石作技艺起源可以追溯到石器时代。如果把人类打造的第一件石器作为劳动产品的话，那砸向这块石器的石头就具有劳动工具的属性（图4-14）。在我国，奴隶制时期就出现有专门使用锤子和錾子的石工。至南北朝时期随着冶炼技术的提高，石作工具及其技艺都得到很好的发展，并形成了石作工艺及其技艺在中国发展的基本框架。秦汉时期，特别是汉代石作加工工艺更加精细，用于装饰雕刻的题材内容十分广泛，从众多精美的汉代画像石遗存来看，石作工艺及其雕刻装饰技艺日臻成熟。宋元时期石作在前朝的基础上有所发展，尤其是技术与理论方面。明清时期石作加工工艺比宋元更为精细，操作的工序也呈现出地域特色。

图4-14 广东省郁南县河口镇磨刀山旧石器时代早期遗址出土的石斧

根据文献资料和调研来看，明清时期鄂湘赣移民圈民居建筑及其装饰石作的基本工具分为凿錾、锤斧和磨石三类。其中，錾为石作的主要工具之一，亦称为凿或者镌，所谓凿錾就是用铁锤和铁凿对石料表面进行密布凿痕的加工工艺，一般来讲，金属杆凿短工具，端头"淬刀剑刃使坚也"，可用锤子击打实现对石材的刻、凿、旋或者其他削割处理。通常可见普通蛮凿、圆凿、斜凿和方头蛮凿等。锤斧是锤子和斧头的统称，锤子是用来打凿或者钎的击打工具，也称为铁榔头；斧头是用来截断石料或者处理表面的工具，这里的斧头与木匠用的斧头有所差别，可以分为剁斧、錾斧和哈子等。明清时期石作用于加工量划的工具，基本与木作的量划工具类似：有直尺、折尺、曲尺、墨斗、线坠和竹笔等。

清代麟庆纂辑的《河工器具图说》中的石作工具（图4-15）基本反映了明清时期石作工具及其相关技术。以采石来讲有大錾、钢钎、钢楔、晃锤等工具；而用于石料分割和雕刻加工的工具则包含手錾、手锤、铁楔、铁锤等，与开采石料的工具大同小异。这些工具用于开采石料时都有相应的使用手法和加工工序的要求。李诫在《营造法式》卷三中就曾记载过石作营造的六道加工次序："一曰打剥；二曰粗搏；三曰细漉；四曰褊棱；五曰斫砟；六曰磨礲。"其中，打剥是"用錾揭剥高处"；粗搏是"稀布錾凿，令深浅齐匀"；细漉是"密布錾凿，渐令就平"；褊棱是"用褊錾镌棱角令四边周正"；斫砟是"用斧刃斫砟，令面平正"；磨礲即是石面磨光"用砂石水磨去其斫文"。

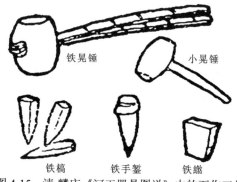

图4-15　清·麟庆《河工器具图说》中的石作工具

在石作后期的加工工艺方面，即雕镌制度方面，《营造法式》卷三也归有四等："一曰剔地起突；二曰压地隐起华；三曰减地平钑；四曰素平。"用于石作后期加工的工具较开采石料的工具，有学者针对移民迁出地"徽派"建筑中的石雕技艺进行研究，所划分的石雕工具（图4-16）更为多样，包括錾子、镌子、扁子、刀子（小平凿）、各式锤子、磨石、剁斧、竹笔、竹签和墨斗等。

石雕的装饰技艺与加工工序与开采石料的大石作有所不同，属于花石作，与《营造法式》造作功中的雕镌功相似。常见的有平雕、浮雕、透雕和圆雕四种主要技法。

第一，平雕，是一种雕刻的装饰图形的造型纹样与石材平面保持一定的高度和深度的技艺。平雕又称平活，分为阴刻和阳刻两种：雕刻过程中在石材的平面上挖去装饰图形纹样部分，使之低于石材表面的技艺称为阴刻，又称阴活；反之，采用减地雕的方法，保留装饰图形纹样部分，使之相对凸起的方法称为阳刻，又称阳活。平雕的具体做法是将装饰图形纹样摹画于石材的表面，如果是相对复杂的纹样可使用"谱子"。然后使用錾子沿图形

图 4-16 部分"徽派"建筑石雕工具

纹样的稿线浅浅地凿出小沟，即石工师所称的"穿"，相当于绘画起稿时所定的描绘对象的轮廓线。如果是阴刻，可以使用錾子沿着穿出的轮廓将装饰图形纹样雕刻清楚；如果是阳刻，则需要把所凿出来轮廓线条以外的部分，采用"减地雕"的刻法，使用扁子将"地儿"扁光，最后使用剁斧等磨制工具将所雕刻的石制构件修边、打磨完整。

第二，浮雕，是装饰图形的造型纹样浮凸于石料表面，介于圆雕和绘画之间的一种雕刻技艺。《营造法式》卷三中"压地隐起华""剔地起突"都是浮雕的不同形式。故浮雕又叫"凿活"。压地隐起华就是在"磨砻"平整的石材平面上将装饰图形造型纹样的"地"或"底"凿去，然后在留出的石平面上，利用绘画透视原理来表现装饰图形的三维空间，采用压缩的办法来处理对象，只提供造型形象的一面或两面观看，并进行相应的加工雕刻。这种技艺由于雕刻过程中起位较低，属于"浅浮雕"；同理，石材雕刻中那些起位较高，装饰图形造型纹样压缩比较小的雕刻技艺就属于"深浮雕"。这种雕刻技艺是利用装饰图形造型纹样形体的多层次三维空间的起伏或夸张处理，通过各种操作技巧及精湛的技艺，形成艺术形象浓缩的空间纵深感和视觉冲击的立体效果，可以赋予所装饰图形石雕作品一种特别的艺术表现力。例如一些明清时期鄂湘赣移民圈民居建筑中的影壁和门楼部分的装饰大多采用这种装饰。由于这种雕刻的形式和特征更接近圆雕，故又称"高浮雕"。此外还有一种叫"掀阳"的凿活，即减"地"并非真正落实，而是沿着装饰图形造型纹样的边缘微微掀下，使其具有凸起的立体效果。一般来讲，凿活是要利用"谱子"来起稿的，也叫"起谱子"。"起谱子"又称模版，即在事先准备好的质地柔软性较好的纸上，例如现在的牛皮纸，按装饰图形造型纹样的实际尺寸画出稿子；然后把谱子修整精确后再用大针沿谱子线均匀地扎出针空，称为"扎谱子"；并把谱子贴到所要雕刻的石材上，再用粉包，即装有色粉的布包，沿着扎好谱子上的线拍打，使色粉透过针孔把装饰图形的纹样复制到石材上，这一过程又称"打谱子"或者"拍谱子"。所拍打出来谱子的花纹要清晰、准确，连贯而不走样，在此基础上再使用錾子"穿"一遍。如果浮雕表面起伏较大，可先摹画出高处并将高处之外的部分凿去、扁光；低处同样按此方法加工处理。经由摹画、打糙、见细的交替往复过程，实现对石材的雕凿。

值得强调的是，起谱子、扎谱子、拍谱子起稿定型的方法不独在石作工艺中使用，在民居建筑装饰的众多彩绘中也有广泛的应用。

第三，透雕，是在浮雕或者圆雕的基础上镂空其底板使装饰图形造型纹样空灵突出出来，是介于浮雕和圆雕之间的一种雕刻技艺。在浮雕基础上的镂空可分为单面镂空雕刻和双面镂空雕刻两种；在圆雕基础上的镂空不止一个层次，可以有多个层次。这里"透"就是"穿"透，故又称"透活"。透雕比凿活视觉效果更加真实，操作技艺与之相似，但由于层次较多、装饰图形纹样起伏较大，摹画、穿和凿刻等工序要注意分层次进行，反复操作，石作工匠雕凿的功力、形体与线、面关系的处理及各种不同造型手段的变化，务必服从于石材材质的稳定性，不能急于求成。

第四，圆雕，是指通过多方位、多角度和非压缩的雕凿手法塑造装饰图形艺术形象的雕刻技艺，又称混作。由于观看的角度比较全面，石作工匠在雕凿的时候必须注意前后左右与上中下不同部位的凿刻，又称园身或立体雕。圆雕的雕刻工艺和程序一般是先打出"坯子"，打坯是圆雕的第一道重要程序和环节，其目的是确保石雕作品各个部位能符合严格的比例和要求。然后，再按照各部分的大小比例关系，选择从前方位雕凿出大体的轮廓；再进一步打糙雕刻对象大致的形体，并掏挖空挡，再用较小的平凿与圆凿镂雕细坯，运用虚实、曲直、聚散、动静、湿干、挂垂等表现技法，依次刻画出装饰图形形体结构、细部特征和诸种空间虚实关系；最后使用剁斧、磨石或扁子把与造型无关的地方剔挖干净、修光处理，以增强石雕的艺术性。

一般来讲，石作在民居建筑中施工工序主要包括：挖脚、采石、砌石基、制安细料等。石雕在民居建筑中多用于柱础磉盘、须弥座台基、影壁座、门头、漏窗、通风口、泄水口及门口的抱鼓石、石狮等。相关的营造方法前文已有详尽分析，不重复赘述。

砖、瓦作较石作技艺起源晚，是在日用陶瓷生产的基础上发展起来的。例如陕西周公庙遗址发掘出来的空心砖、简瓦和板瓦，与陕西招陈村遗址中发掘的简瓦、板瓦、半瓦当、瓦钉和瓦环等都是西周时期的遗存。秦汉时期，砖瓦烧制技术日趋成熟，特别是汉代，基本上奠定了我国砖瓦规范生产的基础。在砖、瓦的细部装饰工艺上，开始出现砖刻、画像砖和瓦当的适形纹样。至明清时期，制砖、制瓦技术已非常普及，烧制的青砖、青瓦成为这一时期民居建筑广泛使用的材料。砌筑技术上采用石灰灰浆砌墙，标志着砌筑技术的极大提高，南方一些民居建筑开始使用空斗墙砌法。受移民迁出地民居建筑及其装饰的影响，鄂湘赣移民地区和砖、瓦装饰及其技艺与迁入地的建筑文化相互碰撞，沿着继承、交融与创新的衍化路径得以空前发展。

砖瓦制作大多是以制砖、制瓦的黏土为原材料通过制作模具制作成型，干燥后进砖瓦窑烧制而成。砖瓦主要用于民居建筑墙体、屋面和地面的砌筑、铺砌和装饰。就砖而言，按照其形式可以分为实心砖、空心条形砖、楔形砖、企口条砖和企口楔形砖；按照用途则可以分为砌墙砖（包括上身砖和下碱砖两种）、贴面砖、铺地砖、栏杆砖和望板砖等。在制砖的过程中，官府和制砖者通常会在所制砖坯上印出铭文或其他文字，例如，始建于明代洪武四年（1371 年）武昌城武胜门城墙的墙砖上就刻印有"江夏县知县邱之芬承造窑户刘兴周"；而在武汉洪山区杨泗矶江堤的砖石驳遗存中也发现有同期的来自不同窑户所制的大青砖，如"江夏县知县邱之芬承造、窑户李东恒"。除去文字外，用于民居建筑的青砖还会装饰象征吉祥的图形纹样。各类砖的规格及用途见表 4-4（姚承祖，1986）。

表 4-4　各种传统砖料的尺寸、重量及用途表

砖名	长度	宽度	厚度	重量	用途
大砖	1.8~1.02 尺	5.1~9 寸	1~1.8 寸	—	砌墙
城砖	1~6.8 尺	3.4~5 寸	1 寸~6.5 分	—	砌墙
单城砖	7.6 尺	3.8 寸	—	1.5 斤	砌墙
行单城砖	7.2 尺	3.6 寸	7 分	1 斤	砌墙
橘瓣砖	—	—	—	5、6、7、8 两	砌发券
五斤砖	1 尺	5 寸	1 寸	3.5 斤	砌墙
行五斤砖	9.5 尺	4.3 寸	—	2.5 斤	砌墙
	9 尺			2.5 斤	
二斤砖	8.5 尺	—	—	2 斤	—
十两砖	7 尺	3.5 寸	7 分	—	砌墙
六两砖	1.55 尺	7.8 寸	1.8 寸	7 两	筑脊，大殿铺地
正京砖	2.2 尺	—	3.5 寸	—	—
	2 尺	正方形	3 寸	—	—
	1.8 尺		2.5 寸	—	—
	2.42 尺	1.25 尺	3.1 寸	—	铺地
半京砖	2.2 尺	—	—	—	—
二尺方砖	1.8 尺	1.8 尺	2.2 寸	56 斤（10 块）	厅堂铺地
一尺八寸方砖	1.6 尺	1.6 尺	—	38 斤（10 块）	厅堂铺地（行货重 28 斤）
尺六方砖	—	—	加厚	28 斤（10 块）	同上
尺五方砖	—	—	—	—	厅堂铺地
尺三方砖	—	—	1.5 寸	—	厅堂铺地
南农窑大方砖	1.3 尺	半方形	加厚	22 斤（10 块）	厅堂铺地（昔规定北窑产方砖）
来大方砖	—	—	—	16 斤（10 块）	厅堂铺地
山东望砖	8.1 寸	5.3 寸	8 分	—	铺椽上
方望砖	8.5 寸	8.5 寸	9 分	—	铺椽上（殿庭用），南北窑产
八六望砖	7.5 寸	4.6 或 4.7 寸	5 分	—	铺椽上（厅堂用）
小望砖	7.2 寸	4.2 寸	—	—	铺椽上（平房用）南窑产
黄道砖	6.2 寸	2.7 寸	1.5 寸	—	铺地、天井、砌单壁，北窑产
	6.1 寸	2.9 寸	1.4 寸	—	铺地、天井、砌单壁，南窑产
	5.8 寸	2.6 寸	—	—	—
	5.8 寸	2.5 寸	1 寸	—	铺地、天井、砌单壁，常熟产
并方黄道砖	—	—	—	—	铺地、天井、砌单壁，南窑产
台砖	3.5 尺	1.75 寸	3 寸	—	铺台面
琴砖	3.2 尺	—	—	—	铺台面
半黄	1.9 尺	9.9 寸	2.1 寸	—	砌墙门
小半黄	1.9 尺	9.4 寸	2 寸	—	砌墙门

注：1 尺 = 10 寸 = 100 分 ≈ 19.9 cm。

瓦的类型主要有琉璃瓦和陶瓦，明清时期鄂湘赣移民圈民居建筑中多用陶瓦，陶瓦包括筒瓦、合瓦两种。用于覆盖和蔽护建筑檐头前端的片瓦，即瓦当，是装饰和美化的重点。各种瓦料尺寸见表4-5（姚承祖，1986）。

表4-5　各种传统砖料的尺寸、重量及用途表

名称	尺寸			重量	用途
	长	厚	弓面宽		
小青瓦	6寸	—	6.6寸	0.8斤	
反水斜沟瓦	1.15尺	7分	1.35尺	4斤	—
	1.03尺	7分	1.3尺	3.5斤	
斜沟瓦	9寸	6分	1.05尺	2.4斤	长九寸以下尺寸，系作底瓦之用
	1尺	6.5分	1.1尺	2.6斤	
	9寸	6分	1尺	2.2斤	
	8.5寸	5.5分	9.7寸	2斤	
	8.3寸	5.5分	9.3寸	1.9斤	
	8寸	5.5分	9寸	1.8斤	
	7.5寸	5分	9寸	1.6斤	
	7.5寸	4.5分	8.8寸	1.3斤	
	7.2寸	4分	8.3寸	1.1斤	

砖雕、瓦作营造的工具是整个雕刻工具体系的一个细化分支，石雕、砖雕和木雕在雕刻对象和材料方面存在很大的不同，这些不同造就了砖雕雕刻工具（图4-17）与石雕和木雕之间的差别。具体来讲，砖雕、瓦作营造的工具有以下一些种类。

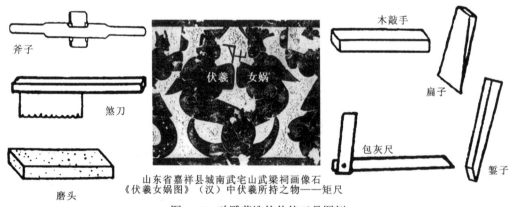

斧子　　　　　　　　　　　　　　　　　　　　木敲手

　　　　　　　　　　伏羲　女娲　　　　　　　　　扁子

煞刀　　　　　　　　　　　　　　　　　　　　包灰尺　　錾子

磨头　　　　山东省嘉祥县城南武宅山武梁祠画像石《伏羲女娲图》（汉）中伏羲所持之物——矩尺

图4-17　砖雕营造的传统工具图例

斧子：是进行砖雕加工的主要工具，由斧棍和刃子组成，斧棍中间留有"关口"，以契刃子。刃子呈长方形，两头为铁夹钢锻造而成的刀锋，十分锐利；两边需用铁卡子卡住后方能放到关口内，同时，还需要垫加诸如布鞋底一类韧性较好的垫料紧固刃子才能使用。通常用于砖表面的平整和砍削砖体侧面多余的部分。

扁子：由宽且短的扁铁做成，故名扁子。扁子前端淬火并磨出锋刃，使用时需要用木敲手击打扁子，实现对砖材的雕刻。

木敲手：是便于手把握且具有锤子功能的短枋木，多用硬杂木如枣木等做成。木敲手比锤子轻便，击打的力量轻柔，用以敲击扁子，剔凿砖料。

錾子：是用薄型扁铁制成的砖雕雕刻工具。

煞刀：是用铁皮做成的，其一侧常常被剪出一排小口，就像锯齿一样。主要用来切割砖料。

磨头：是砌干摆墙时用到的一种磨砖。砂轮、糙砖或油石等质地粗糙且较为坚硬，通常都可以用来作为磨头。

包灰尺：是砍砖时用来度量砖的包灰口是否符合要求的量尺。形同方尺，角度略小于90°，通常也是用较硬的木材制作。

矩尺：是砖加工时用来画线的工具。矩尺除可画出所需砖雕的圆弧外，由于它是把两根前段被磨平的铁条铰接成剪刀般地交叉安装，可利用两根铁条平行移动形状相同的原理而把任意的、需要过稿的装饰图形纹样复制到砖材上。

砖作在多数情况下都需要对砖体进行砍磨，以充分提高包灰对砖与砖之间的黏度，并使外露的砖缝之间留下很小的缝隙；此外，在砖墙的边角等特殊部位也必须使用砍磨技术来保证墙体的结构和美观。砍砖需要使用的工具包括：斧子、煞刀、木敲手、扁子、弯尺、包灰尺、矩尺和桌子等。

砖雕是在砖体上进行雕刻的一种技艺，至今为止砖雕的工艺技法基本继承了明清时期的技法。主要包括砖块烧制的"烧活""嗑烧"和雕刻的"凿活""堆活"等四道程序与技法。下面着重对后者分析研究。

凿活与石雕非常接近，石雕中的平雕、浮雕、透雕和圆雕等技法均可以在砖雕中应用，故砖雕也被称为"硬花活"。与之相对的是"软花活"，即堆活，是用抹灰的方法对砖瓦的外形进行装饰塑造的营造工艺。其制作的方法分为"堆活"与"镂活"两种，前者是用麻刀灰先堆出装饰图形纹样的粗糙轮廓，然后使用纸筋灰按照要求堆塑即可。明清时期鄂湘赣移民圈很多地方的民居建筑的脊饰都使用这种技艺进行装饰；后者则是先用麻刀灰打底，然后薄薄地涂一层青白灰并刷上烟子浆，等到灰干的时候，用錾子和竹片按照装饰图形纹样进行镂刻。

明清两朝是砖雕装饰艺术的鼎盛时期，砖雕虽然在鄂湘赣移民圈的民居建筑及其装饰中被广泛应用，但选材还是十分严格。通常制作砖雕的原料是硬度适中的水磨青砖，太硬的砖雕刻时容易破碎，粗糙不堪，不利于雕凿出生动的形象。太软的砖雕刻时不容易成型，不利于装饰图形纹样的精雕细刻。而普通砌筑墙体的黏土砖是不能用来作砖雕的。一般来讲，雕凿一块砖雕需要很多道工序，主要包括画—耕—钉窟窿—镪—齐口—捅道—磨—上"药"—"打点"—贴金等。

画：指在砖上用笔画出所要雕刻的装饰图形纹样，通常是先画图形纹样的轮廓，镪出大致的纹样或者形象再画细部。如果有的地方不能够画出来，则可以在雕刻的过程中边雕边画，直至完成。

耕：用较小的錾子沿着画笔起稿的轮廓浅细致地凿一遍，类似于石雕中的"穿"，目的是防止所画的笔迹在雕刻中被工匠不小心抹掉，保证雕刻造型的准确性。

钉窟窿：又称凿，是用小錾子将图形纹样以外的部分剔空到所需的深度，然后将底部凿、剖平，突出装饰图形纹样大体的形状，以方便下一步工序的进行。

镰：将装饰图形纹样以外多余的部分镰去，是对装饰图形纹样深层次、遮挡关系进行的大关系处理，以突出装饰图形纹样的立体轮廓。

齐口：是对细部加工处理，即用錾子沿装饰图形纹样的侧面进行的细致的剔凿。

捅道：也是对细部加工处理，即用錾子将装饰图形纹样中的细微处（如人物衣纹的走向、植物花草叶子的脉络等）都雕刻清楚。

磨：是对细部进行的进一步加工，对砖雕中粗糙不光洁的地方，使用磨石或者其他磨制工具磨平、磨细、磨光。

上"药"：对砖雕表面中遗留的沙眼或者残缺，还需要用砖灰调和适量猪血进行填补。

"打点"：即用砖面水将装饰图形纹样擦揉干净。

贴金：必要的时候还可以用特制的"澄浆砖"雕成所需要的纹样贴金。

（2）大、小木作技艺。

大木作是中国传统建筑木构架的主要结构部分，分别由梁、柱、枋、檩等组成。是传统建筑比例尺度及外观的重要决定因素，也是承重部分。《营造法式》中将材、拱、飞昂、爵头、斗、平座、梁、柱、栋、搏风、椽、檐、举折等诸多门类都列入大木作制度。至清代，用于普通民居建筑的大木作通常被称为大木小式，而用于宫殿、官署和庙宇等殿式建筑则称为大木大式。小木作是传统建筑中非承重木构件的制作。在《营造法式》中归入小木作的构件包括诸如门、窗、隔断、栏杆、天花（顶棚）、地板、楼梯、龛橱、篱墙及外檐装饰和防护构件等。大木作决定民居建筑的形体和外观式样，小木作则体现室内装饰及其所营造的美的生活空间。可见，大、小木作事关房屋的建造及其装饰。本书第三章系统地介绍了大、小木作装饰部位、工艺与方法，下面仅就与艺术生产主体相关的营造工具及其操作进行分析。

关于木材加工，文献记载有巢氏"构木为巢室"、燧人氏"钻燧取火"（《韩非子·五蠹》）和神农氏"斫木为耜，揉木为耒"（《周易·系辞下》）、黄帝轩辕拔山开通道、作宫室等的传说，说明上古时期中国已存在木材加工工艺。

1973年，浙江省余姚县河姆渡村北考古发现古代建筑遗迹中遗存有柱、梁、枋板等构件，证明河姆渡时期就已经存在很发达的木作工艺。尤其是有的构件还有多处榫卯及图案花纹，如果没有合适的工具，上述工作是没有办法完成的。处在原始社会末期的尧舜禹时期，百工兴盛，木工业也不例外。《史记·五帝本纪》载："禹、皋陶、契、后稷、伯夷、夔、龙、倕、益、彭祖自尧时而皆举用，未有分职。"专门的分工是在舜帝时代，《史记·五帝本纪》记载："舜曰'谁能驯予工？'皆曰垂可。于是以垂为共工。"也就是说，在尧帝时代未曾分工的二十二位大臣到舜帝时代都有明确的分工，其中，倕——共工，掌管百工。百工之中的"匠"应该就是专指"木工"了。这一点从诸多文献的记载可以得到佐证。"匠，木工也。从匚从斤。斤，所以作器也"（《说文解字·匚部》）。清代段玉裁在《说文解字注》注解中指出："百工皆称工，称匠。独举木工者，其字从斤也。以木工之称引申为凡工之称也"。此外，《孟子·尽心上》还记载："大匠不为拙工改废绳墨。"说明木工的工具除运"斤"之外还需要使用"绳墨"作为划线、定规矩的工具。《周礼·冬官考工记·匠人》亦载："匠人为沟洫，耜广五寸，二耜为耦。"古代对治木之人专门的称谓可见"梓人"或者"梓匠"。

这些文献都可以证明百工之中的"匠"最初指的就是木工，其中也涉及木工所使用的工具。

百工之中木工工种的记载最早可见《礼记·曲礼》："天子之六工，曰土工、金工、石工、木工、兽工、草工，典制六材。"春秋时期，《周礼·冬官考工记》对手工业工匠具体为：木工、金工、皮革工、设色工、刮磨工、陶工共6个工种。从排序来看，木工为首，可见木工甚为重要。而且对木工工种进行了细分，《周礼·冬官考工记》载："攻木之工：轮、舆、弓、庐、匠、车、梓。"根据前文记载，所谓梓者，木名也。故唐代陆德明对"若作梓材，既勤朴斫"（《尚书·梓材》）解释为"治木器曰梓"。梓作为名木，在建筑和相关的手工业制品中地位非常高，《诗·小雅·小弁》曰："维桑与梓，必恭敬止。""梓匠"应不同于其他工种的木匠。《孟子·书心下》曰："梓、匠、轮、舆，能与人规矩，不能使人巧。"说明"梓匠"可能应当包括大木匠与小木匠，与制轮、舆的木工有所差别。汉代桓宽所著《盐铁论·通有》："若则饰宫室，增台榭，梓匠斫巨为小……则材木不足用也。"这里"梓匠"对大木匠与小木匠的指向更为明晰。这一时期木匠所使用的工具受制于社会生产力和技术水平；至于雕刻，《管子·立政》曰："工事竞于刻镂，女事繁于文章，国之贫也。"管子是从管理者的角度认为一个社会里，如果工匠们追逐镂金刻木、女红亦广求采花文饰，那么国家就会贫穷，其实是旁证了春秋时期包括木雕雕刻在内的装饰的兴起。再从考古发掘的遗存证据来看，春秋战国之交铁器工具大量出现，实现了原始社会到这一时期由石器工具—青铜器工具—铁器工具的转变。例如鲁班之大量的"工之良者"出现，促进了木工匠作工具的改革。

至此，历史发展到春秋战国时期与木工匠作相关的手工工具，如刨子、锯子、钻子、铲子、曲尺、墨斗乃至碾、磨和锁等劳动人民集体的智慧和发明都集于鲁班一身，可以说明这个时期木工匠作手工工具体系已基本形成。汉及以后的一段时间，随着钢铁冶炼技术的提高，带来了工具材料革命性的变化，促进了钢刃木工器具的普遍适用。唐宋时期伐木工具初解木锯普及，极大地提高了木材初加工的效率，也是中国伐木史上重要的工具变革，并进一步加快了我国木工大、小木作、雕作等工种的细化。

北宋时期"锯佣"的分工，可从北宋僧人释惠洪所著《冷斋夜话》卷十中得到印证，即"景灵宫锯镛解木，木既分，有虫镂纹数十字，如梵书字旁行之状，因进之"，解木锯的革命性变化也影响与之配套的工具上，例如平木工具"刨"的发展和改进。《营造法式》关于锯解："抨绳墨之制，凡大材植，须令大面在下，然后垂绳取正。"就有"大面"平木的记载。宋末元初，我国后世所见的传统木作手工工具已基本成熟、完备。木工工具的配套使用情况也发生了一系列的变化。伐木的工具，有锯和斧；制材的工具主要是框锯；而平木的工具，由唐以前的斤、撕、砻等粗细配套工具，转化为以刨为主，辅以斤（锛）、斧（主要指单刃斧）及其他平木工具的格局。只有雕刻工具，自青铜时代成熟以来，变化相对较小（李浈，2002）。至明代，木作工具及其配套组合已经成熟并定型，形成与建筑相关的一整套大、小木作的工具体系，即度量、划线工具，包括曲尺、规尺等各种尺类及墨斗等；伐木工锯：以锯和斧的工具系列；解木工具的框锯系列；平木工具的锛、单刀、斧和平推刨系列；雕凿、榫卯工具的凿子、分离凿、圆凿、木雕刀及镂锯等。清代及近现代木工及雕凿、刻工具变化基本沿袭这一体系缓慢发展。

木雕刻工具在石作雕刻工具的体系及其操作的基础上有所发展，主要的雕刻工具包括各种凿、雕刻刀和斧子、锯、木挫、敲锤等辅助工具（图4-18）。

图4-18　《垂直百工图》中记载的木工工具

　　凿子类：凿子类似于石作中的錾子，都是一种钢制工具，但又不完全相同。木雕雕刻使用的凿子较石作的錾子小，末端刃口制作工艺要求更高，以利于对木材的雕凿。需要与辅助工具敲锤等配合使用。使用凿子之前需要调试和打磨凿子，要保障其刃口后面2～3 cm是平直的，弯曲凿子另论。操作时通常都是左手握住凿把，右手持锤击打，击打的同时需要左右两边摇晃，以避免未雕凿成型的木材夹住凿身，同时还需要及时地把雕凿出来的木屑从凿孔中剔除出来。一般来讲半榫眼选择正面开凿，透眼则先从雕件的背面雕凿至一半后再从正面凿透以保证凿孔的形状符合要求。根据凿子的形状可以分为直凿和弯曲凿等。凿子依据在木雕雕刻中的作用及其刃口的特点又可以分为：圆凿、平凿、斜凿、菱凿等几种常见类型。其中，圆凿是指一种刃口做成曲形的凿子，用于木材雕刻的时候会在雕刻的截面处留下刃口的形状，又被称为U形凿。平凿的刃口是平的，有点类似石作工具中的扁子，刃口与凿身呈倒三角形，平凿宽、窄不一，较宽的平凿可用于切削、剔槽，较窄的平凿则主要用于一些方形孔的修葺。菱凿又称分离凿，因刃口呈V形而得名，主要功能在于雕凿。

　　雕刻刀类：用于木雕雕刻的刻刀主要分为平刀、圆刀、斜刀、中钢刀等。

　　平刀：刃口呈平直状，其刃口与凿身呈倒三角形。用于平整木料使其平滑光洁。平刀有很多型号，大型号的雕刀适合木雕伊始的整体形状和结构的把握，形象塑造的体块、层次分明，容易产生如绘画刚劲洒脱的笔触效果。平刀的锐角亦能刻画出富有表现力的线条，刀刀递进相互的交替使用不仅能剔除刀角痕迹，还能刻印、塑造纹样，具有很强的表现力。

　　圆刀：刃口一般都呈半圆弧形，根据其用途可以分为很多类型，一般刃口的大小在0.5～5 cm，多用于装饰图形圆形或者凹痕处的雕凿刻画。由于圆刀的结构关系，使用时横向运刀比较省力，无论大、小起伏变化都能很好地把握。圆刀雕琢的刀法不是很确定，尤其是在刻线方面，故雕凿装饰图形纹样的轮廓造型较为含糊，不如平刀清晰，但产生的凹凸感比较好，适合于浮雕"麻底子"的处理，以烘托装饰图形主体形象。圆刀在雕刻人物类题材时，刀口的两角通常要磨掉，方便人物的细节刻画；而作浮雕时，为了雕刻浮雕的地子角落处，则要保留刀口两侧的刀角。此外，圆刀还有正与反的差别，一般刀口的斜面在槽内而刀背呈挺直的圆刀称为正口圆刀，这种容易吃力，刻木较深，适合出坯、掘坯和圆雕时使用；刃口槽内是挺直的为反口圆刀，能够平缓地走刀或者剔地，适合浮雕的雕刻。

斜刀：刃口呈 45° 左右的斜角，主要分为正手斜刀与反手斜刀两种，以适合不同方向木雕细节的刻画。

中钢刀：又称"印刀"，刃口平直且两面都有斜度，中钢刀锋点集中在锋口正中，锋面分左右两侧，操作时三角刀尖在木版推进时可以保持锋正笔直而周围需要保留的部分不受影响，常用于雕刻人物衣纹和花卉图形纹样。

三角刀：是类似分离凿的雕刻刀。刀锋的锋面在左右两侧，刃口呈三角形，在三角形的尖端是锋利点。雕刻时三角刀倾斜的角度大，则刻画出来的线就粗，反之则细。雕刻时木屑可从三角槽内吐出，用于雕刻人物毛发和各种装饰线纹。

辅助工具类：用于木雕雕刻的辅助工具主要包括斧子、锯子、刨子、锤子、木锉等。

斧子：大、小作工具中斧的种类很多，木雕雕刻因活儿细，又需要配合出坯而大量砍削木料，因而砍削时所使用的斧一般为单刃斧。砍削时要以墨线为准，最好顺因木纹的方向，以避免木料开裂，一般采用平砍或立砍两种方法，落斧要准确，不应砍削在墨线之内。

锯子：用于木雕雕刻的框锯类型也很多。作为解木的工具，木雕雕刻不必使用大木作工具如大锯、横锯、粗锯等，而是使用与小木作相关的小锯、线锯等，也有使用专门打槽用的刀锯。《河工器具图说》卷四中就曾记载过这种刀锯，"手锯系用铁叶一片凿成龃龉，约长尺五，受以木柄，长三寸，为解析竹头木片之用"。这种锯适用于锯解木雕的雕刻材料。

刨子：如图 4-19 所示，刨子在木作加工工具体系里出现较晚，最早可见《广大益会玉篇》（南朝·顾野王）："刨，薄矛切，削也……"。"刨，薄矛切，平木器。又，防孝切"。其形状结构《河工器具图说》卷四中有明确记载："刨，正木器，大小不一，其式用坚木一块，面宽底窄，匡面以铁针横嵌中央，针后竖铁刃，露底口半分，商家木片插紧不令移动。木匡两旁有小柄，手握前推则木皮从匡口出，用捷于铲。"从文献记载来看，明清时期用于民居建筑雕刻的辅助平木的应该就是这种平推刨。

锤子：又称敲锤或榔头。一般来讲木工使用的锤子主要有平头锤和羊角锤两种。用于木雕雕刻所用的敲锤与之类似，兼顾木雕雕刻的特点，敲锤的形状应该以平、宽、扁为好，以便敲击时着力点准确、均匀；材质方面敲锤一般采用诸如黄杨、榉木、檀木等木质比较硬的木材，也有铁制敲锤。

木锉：是在木雕雕刻中用来锉削刀痕凿迹或者平整修光的工具。木锉有时可替代圆刀或者斜刀，用作木雕雕刻的镂空处理。按照其不同的形状，木锉分为圆锉、平锉和扁锉三种，使用时一般都会装上木柄，锉削时要顺因木头的纹理方向，否则不可平整修光，反而适得其反，越锉越毛。

（3）彩绘。

1）装饰彩绘的历史演变及其类别。

古建筑中的彩绘是建筑装饰重要的组成部分。作为一种传统的技艺，它经历了由简单到复杂，由低级到高级的发展过程。

图 4-19 《鲁班经》（明万历版）中木匠使用的刨

　　从距今有 6000～6700 年历史的新石器时代仰韶文化聚落遗址，即半坡遗址中的住房建筑来看，已经发现的 46 座建筑平面布局既有圆形也有方形或者长方形；其结构形式也不同，主要有半地穴式建筑和地面建筑两种。在室内的门道与居室之间都筑有泥土堆砌的门坎，房屋中心有圆形或瓢形灶坑，在其周围分布有 1～6 个不等的柱洞。建筑的墙壁都用草拌泥涂抹进行装饰，并经火烤以使之防潮、坚固。装饰的色彩多显露为草木和泥土等的本色，较为原始、质朴。较晚时期，装饰材料有所改进，红土、白土和蚌壳等都被用于建筑的装饰和防护。可见，装饰原是为建筑结构防腐、防潮、防蛀，色彩呈现的是装饰材料的本色，是在后来才突出其装饰性。随着时代的发展，传统建筑装饰色彩越来越绚丽多姿，并有鲜明的伦理化倾向。《礼》有载：楹，天子丹，诸侯黝，大夫苍，士黄。周代规定以红、黄、青、白、黑为正色，宫殿、柱墙和台基大多涂绘以红色，而且以红色为高贵的这种传统一直延续至今。至秦汉，尤其是汉代，宫殿、官署建筑通常会大量使用红色，故有"丹墀""丹楹""朱阙"之称；在梁架、斗拱和天花等处施以彩绘，装饰图形纹样多用龙纹和云纹，锦纹也在这一时期被逐渐采用了。南北朝时期，受佛教艺术的影响衍化产生了一些新的建筑装饰图形纹样，例如忍冬草题材彩绘的中国化。宋代的彩画受绘画艺术影响，多用叠晕画法，颜色变化柔和，呈现出淡雅的风格。元代出现新的彩绘形式，即旋子彩画。明清时期，是传统建筑彩画发展的鼎盛时期，其表现的礼制规矩、题材、形式、营造技艺等都有长足的发展。这一发展也直接影响同一时期鄂湘赣移民圈民居建筑装饰的彩绘营造。从类型上来看，鄂湘赣移民圈民居建筑装饰彩绘主要有：绘画彩画、梁枋彩画、天花彩画、斗拱彩画和椽头彩画等。

　　绘画彩画：绘画彩画是借助绘画的表现手法，直接在建筑需要装饰的墙壁上涂绘完成的装饰形式。它所依托的绘画基底包括石壁、泥壁、木板、金属板和编织物等材料。一般采用干、湿壁画或者油画等形式（此处的油画不同于西方的油画艺术。在中国的传统工艺中，壁画制作常常使用木漆和桐油作为媒介，调和一些矿物或者植物颜料进行艺术创作）。

例如：干壁画，就是在干燥的墙壁上直接进行绘画的。如图 4-20～图 4-22 所示，制作程序要求简单，可先用粗泥抹底，然后涂细泥抹平，最后在做成的绘画基底上刷一层石灰浆，等它干燥后便可作画。此种方法简单易做，成本不高，故在鄂湘赣移民圈民居建筑装饰中受到普遍的欢迎。

图 4-20　湖北省武汉市黄陂区大余湾民居建筑中的绘画彩画

图 4-21　湖南省浏阳市大围山镇锦绶堂檐部绘画彩画　　图 4-22　湖北省通山县焦氏宗祠檐下绘画彩画

梁枋彩画：梁枋彩画是绘于建筑的梁、枋和桁等处的彩画。梁枋彩画的装饰目的正如林徽因在《中国建筑彩画图案》序中所说："最初是为了实用，为了适应木结构上防腐防蠹的实际需要，普遍地用矿物原料的丹或朱，以及黑漆桐油等涂料敷饰在木结构上；后来逐渐和美术上的要求统一起来，变得复杂丰富，成为中国建筑艺术特有的一种方法。"梁枋彩画具体可分为三大类：和玺彩画、苏式彩画、旋子彩画。梁枋彩画建筑装饰美化作用非常重要，因而其使用也有严格的等级规定。特别是明清时期，明代《明史·舆服志》所载规定：明初，禁官民房屋不许雕刻古帝后、圣贤人物及日月、龙凤、狻猊、麒麟、犀象之形；洪武二十六年，令稍变通之，木器不许用朱红及抹金、描金、雕琢龙凤文；洪武二十六年定制庶民庐舍不许用门拱，饰彩色；洪武三十五年申明禁制，六品至九品厅堂梁栋只用粉青饰之。清代的《钦定大清会典》亦有载：公侯以下官民房屋梁栋许画五彩杂花，柱用素油，门用黑饰，官员住屋，中梁贴金，余不得擅用。在装饰规定上清代较前朝有所松动。文献资料的查阅和调研的结果也都能够佐证这一制度给明清时期鄂湘赣移民圈民居建筑装饰所带来的影响。前文提及的红安吴氏祠僭越礼制的装饰营造，应该也是社会发展的必然结果。

天花彩画：天花彩画是绘于建筑屋内顶棚部位的彩画（图4-23、图4-24）。根据顶棚制作的方法，天花可以分为海墁天花和井口天花。海墁天花是在天花板上自由地描绘图案进行装饰，比较自由洒脱，因而多为普通民居建筑装饰所采用。井口天花则需要依据建筑顶部的结构来设置由装饰线组成的"井"字形状，所选取的题材内容依据建筑的等级有着严格的限制。对于民居建筑而言，二者均是为了遮蔽室内梁枋之上的顶部结构而采取的措施。在传统民居建筑的重要厅堂中，一般会设置天花，装饰或简洁或繁复。简洁的多用万字符、回字符、寿字符等浅木雕装饰；繁复的则会在更加具象化、精细化的木雕装饰之上，还加以彩画添色。除此之外，藻井也是一种更高级的天花表现形式。所谓藻井，《风俗通》曰："井者，东井之像也；藻，水中之物，皆取以压火灾也。"因此民居建筑中藻井彩绘的题材多为鱼、菱角、荷花和莲叶等。

图4-23　锦绶堂天花彩画

图4-24　湖北省阳新县浮屠镇玉埚村李氏宗祠中的八卦太极纹样天花彩画

在湘东北地区的传统民居建筑中，多采用"过亭"这一特色结构，其异于四周的高度和中心场所，故过亭部分的天花和藻井的装饰更加受到重视，突出代表是湖南省浏阳市的锦绶堂，在其室内的天花部分，绘制了大量的且具有一定艺术水准的彩画装饰（图4-23），且题材涵盖十分丰富。

斗拱彩画：斗拱彩画是绘于斗拱与垫拱板两个构件处的彩画（图4-25），根据大木彩画基本规则来决定。斗拱的刷色是以柱头科、角科、青升斗和绿翘昂为准，以此向里逐渐推为青翘昂、绿升斗，或青绿调换；遇到双数时，中间两攒是可以刷同一种颜色的，压斗

图 4-25　湖北省洪湖市瞿家湾老街斗拱彩画

枋底面则一律要求刷绿色。垫拱板又叫灶火门，其装饰类似斗拱，也分为线、地、花三部分，彩绘的区别在于垫拱板边缘上画的是线，地的色彩与斗拱色彩相互映衬，以达到两者和谐统一的装饰效果。

椽头彩画：椽头彩画是绘于椽子、椽头和望板上的彩画。文献研究和实地调研发现的椽头彩画图形纹样优美，做法灵活多样。清代椽头彩画分为老檐椽头彩画与飞檐椽头彩画两种。老檐椽头彩画的做法与清代各种大木彩画做法基本相同，主要特征以青、绿色为主色调。而飞檐椽头彩画底色一般设绿色。如果按照防雨功能的要求则又可分两种：其一是以"色油"代色作，即底色刷绿色油，椽头彩画其他所需之色均由该色油完成；其二色作，按照老檐椽头与飞檐椽头传统手法设色，即老檐椽头饰蓝色或青绿相间色，飞檐椽头饰绿色油。飞头的彩画题材上多选择万字、十字别、栀花、福寿双全和六字真言等，圆椽头、方椽头均选择相关适形的寿字、虎眼、柿子花、桅花等题材，以寄寓人们对美好生活的祈愿。至于椽头彩画做法的繁简，取决于它所配合的大木彩画等级，调研中发现明清时期鄂湘赣移民圈民居建筑中的椽头彩画的做法均较为简单，不像宫殿、寺院建筑那么华丽烦琐（图 4-26）。

图 4-26　湖北大冶水南湾大门楼檐头彩画

2）装饰彩绘实施的材料、工艺与方法。

明清时期鄂湘赣移民圈民居建筑装饰彩绘是为满足和保护所涂绘建筑构件的目的而存在的。一方面，通过桐油、木漆与颜料粉等材料的相互结合，使被涂绘的部位更加牢靠稳固。明清时期可用于建筑装饰的颜料有矿物质颜料和植物质颜料两大类，矿物质颜料有铅粉、银朱、赫石、土黄、石绿、朱膘、洋绿、樟丹、铜绿、石黄、雄黄、雌黄、黑白脂等；植物质颜料有藤黄、胭脂、墨等。另一方面，色彩对建筑所装饰的构件而言具有较强的附丽作用，毋庸置疑，色彩以其独到的方式让被知觉的对象生动起来（布莱特，2006）。也就是说，民居建筑中那些被装饰的部位和构件由于装饰图形及其丰富色彩的存在而显得光华夺目。装饰彩绘实施的主要流程包括：基底处理、绘图放样、设色着色、修饰调整等，每一个环节都有相关的工艺与方法要求，下面进行具体分析。

基底处理：又叫批灰打底，目的是为下一步的彩绘打下良好的基础。首先应将彩绘的依托材料——基底表面清理干净，然后刷一遍稀释了的生桐油，使其溶入渗透的依托材料的里层起到加固基层的作用，等干燥后再打磨平整基面；再用较细的油灰腻子均匀密实满满地批一遍，干后再磨平；最后使用更细腻的油灰调制成油膏满批一遍。根据装饰彩绘的需要，批灰打底的厚度可控制在 2 mm 左右，保障基底磨平后不显接头，并满刷没有加过稀料的原生桐油，以稳固基底。一般来讲，好的基底处理不仅可以获得防止基层渗透后来涂刷的颜料，而且可以保持装饰彩绘色彩鲜艳亮丽的效果。

绘图放样：是构图、做谱子和打谱子的统称。一般在基底处理完成以后，按照装饰图形画面的大小进行分中，即寻找整个装饰部位的中线。因为传统装饰图形纹样都是对称的，找到中线便于构图起稿。然后配以优质牛皮纸，将纸上下对折，再按照事先构图测得装饰部位的大小尺寸，描绘出装饰图形的纹样，并沿装饰图形纹样的轮廓扎针做谱子，即做模版，扎谱时针孔间距以 2～3 mm 为宜；为便于针扎可在牛皮纸下面垫上垫毡，如果是一些如藻头、枋心和盒子等不对称的纹样，可将谱纸展开画。在放样前，如果觉得有必要，可将生油地再满磨一遍并擦拭干净。接下来按照中线将纸定位摊平用粉袋逐孔拍打，这就是打谱子，又叫拍谱子。通过拍打使色粉渗过针孔复制到需要装饰的部位或者构件上，要求拍出的谱子花纹连贯、清晰、准确，方便下一步设色着色。

设色着色：包括沥大小粉、铺底色、做晕色、画白活等一套程序。沥大小粉是在装饰彩绘需要描金的部位通过沥粉使图形纹样的线条从基底突起，强调彩绘的主次，使描金后图形纹样具有立体的视觉效果。铺底色是在打好的谱子上，按照装饰彩绘的要求涂上如大青、大绿等需要涂刷画的颜料，要求色彩涂刷均匀、饱满，不掉色、不漏色，整体效果要好。做晕色是涂刷过渡色，通过涂刷过渡色使色阶达到由深至白的过渡效果。画白活，即带有一定情节故事的绘画彩绘，多在枋心、包袱、池子、聚锦、廊心等处。内容题材有人物、山水、花鸟、风景等。设色着色作为一套程式化的技艺是有一定规律的，通常是以明间作为基点，按照上青下绿、青绿相间的原则设色。在水平方向上，设色按明间上青下绿、次间上绿下青、再次间上青下绿，以此交替类推进行。

修饰调整：是装饰彩绘的最后一道工序，通过检查在涂刷着色过程中的错漏并经过调整，从而使所装饰的图形纹样更加完美。

值得一提的是，民居建筑装饰中工匠的技艺在传承中存在传播的局限性。一般来讲，工匠的技艺是一种复杂的行为程式，需要经过长时间的训练和实践操作方能实现。这种技艺，在中国传统社会主要是靠师父带徒弟或者世袭家传的口传、心授、身教的方式获得。作为知识的传播者，师父的言传身教既有"显性知识"的专业传授，也有"隐性知识"的"无意识"影响。他们的技艺经验是由其日常劳动实践行为构成的，种种行为经验都包含着师父匠心的深刻思考，是基于劳动实践经验积累所形成的判断能力和思考能力，体现在劳动中就是一种处理问题的综合实践能力，是"隐性知识"，具有直接性和"即时性"。这类知识与技艺并存的文化资本是师父身体和精神的一部分，不能通过买卖，也不能通过交换和馈赠获取（布尔迪厄，1997），需要受传者亲历。假如传播者的师父无意或不能够传授，则"隐性知识"便无法获悉。因此，明清时期鄂湘赣移民圈民居建筑及其装饰营造技艺中的那些"隐性知识"的传播是有局限性的。

三、图像传播

在中国传统社会，工匠都是依靠其"技艺"来挣钱养家糊口的，这一点《孟子·腾文公下》就曾记载"梓匠轮舆，其志将以求食也"，是故工匠群体的核心要素就是他们的"技艺"。这里的"技艺"不局限于简单的"技术"层面，还包括更深层次的概念内涵。其一，指行业、工种的专业分工。正所谓"审曲面势，以饬五材，以辨民器，谓之百工。"（《周礼·冬官考工记》）。其二，指相关行业、工种的专门技术或技能，"工，巧饰也"（《说文解字》），"工，巧也"（《广韵》），说明工匠作为技术的主体应具备专门技巧。其三，指艺术或工艺水平。宋代李格非在《洛阳名园记·富郑公园》中指出："亭台花木，皆出其目营心匠。"强调工匠的营造应具有相应的匠心和审美水平。因此，从其"技艺"深层次的内涵来看，明清时期鄂湘赣移民圈民居建筑装饰图形图像的生成，是工匠群体与房屋主人合作的产物，其图像的传播也应受到作为其艺术生产主体——房屋主人、工匠群体的思想和行为的影响。

（一）图像传播的前提基础

明清时期鄂湘赣移民圈民居建筑装饰图形的艺术性离不开主体的艺术生产，是与艺术生产紧密相连的。按照亚里士多德的看法，技术被称为"创制科学"。因为是一种具有普遍性的理论知识，能够揭示事物的内在规律，故而高于一般意义上的经验和知识。在《形而上学》（第九卷）中，亚里士多德（1959）用"潜能说"论述了技术的生成本质。因为技术是"人工产物"实体的"本原"，尤其是建筑术。他认为"潜能"是运动和变化的本原存在于他物之中或在自身中作为他物。这里，建筑术可以看作建筑物的本原，建筑物则是运用建筑术的"人工产物"，可以说没有建筑术，就不会有建筑物。

明清时期鄂湘赣移民圈民居建筑及其装饰中的种种营造技术，并不存在于所建造房屋之中，而是在房屋建造的主体成员——工匠之中。对民居建筑及其装饰而言，营造技术在他物，即工匠之中；对工匠来说，营造技术则存在于其自身之中，但可作为他物，即营造技术能够生成他物——房屋。那些不能生成他物的东西，就不能视为他物变化和运动的本原，不能称其为潜能。在这里，工匠依据大脑中的智慧——营造技术，并借助一定的物质条件和艺术生产实践，最终生成现实的物质成果，即民居建筑及其装饰的营造。可见，一切技术都与生成有关。而创制就是去思辨某种可能生成的东西怎样生成。它可能存在，也可能不存在。这些事物的开始之点是在创制者中，而不在被创制物中（亚里士多德，1999）。

所以，从本质上看，明清时期鄂湘赣移民圈民居建筑及其装饰图形物质实体的生成，离不开其艺术生产主体的筹划和劳动实践。

（1）明清时期鄂湘赣移民圈民居建筑及其装饰图形图像符号的形式与意义，是艺术生产主体审美经验和艺术思维物化的结果。在手工业时代，传统工匠始终是生产过程中的主体，机器的使用不过是加快了生产的进行（而这一点又具有收入增加的好处），并未取代他们所具有且自豪的技术，换句话说，在传统作坊中，机器正如同手工工具一般，是劳动者的身体的延伸（侯念祖，2004）。民居建筑及其装饰图形艺术生产力的构成主要包括劳动资料、劳动工具，劳动技巧、审美能力，以及与明清时期鄂湘赣移民圈民居建筑及其装饰劳动对象所结合的生产活动这几个部分。这种结构构成表明，民居建筑及其装饰图形图像的生成，实质上就是生产力对艺术生产主体思想意识、艺术思维、生活经验和美学积累等的物化。通过艺术生产不仅可以使装饰图形符号在民居建筑中的物化，使装饰图形符号以其特有的视觉形式呈现出来，而且还能够营造技艺的传承与衍进，促进装饰图形的图像传播。

（2）在明清时期鄂湘赣移民圈民居建筑及其装饰中普遍存在对视觉愉悦的追求。民居建筑及其装饰营造的是一种空间艺术，具有形式美及艺术美的装饰图形图像的视觉形象是在一个可视觉感受的空间中展开的。阿恩海姆（1998a）认为："视觉形象永远不是对感性材料的机械复制，而是对现实的一种创造性把握。它把握到的形象是含有丰富想象性、创造性、敏锐性的美的形象。"装饰图形图像传播的目的，不仅产生单纯的视觉冲击效果，而且试图通过图像的传播引起的视觉思维，给予视觉消费者以领悟性和愉悦感，充分体现出民居建筑及其装饰图形在传播过程中，传受双方普遍对视觉愉悦的追求。

对艺术生产主体而言，无论是房屋主人还是工匠群体，他们主导营造的宏观语境离不开中国传统文化观念的制约。其劳动的产物，无论是观念形态的民居建筑文化、营造的技术与技艺的知识体系，还是作为物质形态的民居建筑及其装饰图像的实体，必然都会折射出明清时代政治、经济和文化诸多因素的影响印迹。可见，视觉思维愉悦的追求是包括明清时期社会意识形态的儒家礼教和民俗观念等的综合反映，是富有创造性的。

在审美活动中，人的视觉器官通常是积极、主动的。为利于发挥民居建筑及其装饰营造中的审美想象力，艺术生产主体具有运用视觉思维操作的灵活性。不管民居建筑及其装饰的营造会受到何种因素的影响，在艺术生产中，离不开人发挥其创造的主动性。

民居建筑及其装饰与视觉心理有着千丝万缕的联系，视觉思维如同无形的"手指"，总是能够帮助人们迅速分辨出民居建筑及其装饰的与众不同，具有引导直觉、顿悟产生的诱导性，即唤醒主体"无意识心理"的现实性[①]。在视觉愉悦追求的过程中，作为主体与客体的沟通桥梁，"无意识心理"的现实性不仅让艺术生产主体内心沉默的"无意识体验"能够转化为可被自觉意识利用的现实和有效知识，即主体在民居建筑及其装饰图形符号建构中所获得的图像精神、审美意趣等的启发和想象，还会成为一种链接与视觉审美消费受众的纽带，引发受众的视觉心理反应，实现传受双方视觉审美的同步，其关系如图4-27所示。

[①] 所谓唤醒主体的"无意识心理"，是指它有利于打通主体的自觉意识与无意识心理之间的屏障，从而使无语的或沉默的"无意识体验"，能够迅速转化为可以由自觉意识加以利用的现实和有效的知识。也就是说，将创造主体潜在的生活经验、思想意识、美学积累和艺术思维等在艺术生产中激发出来而发挥作用（冷先平，2018a）。

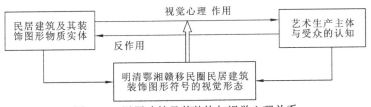

图 4-27　民居建筑及其装饰与视觉心理关系

　　建筑空间是人与视觉对象物之间的联合，对民居建筑的视觉空间进行装饰的视觉思维是实现视觉愉悦的本质手段。艺术生产主体直接感知的探索性，造就了在传统民居建筑及其装饰营造礼制制度下，装饰图形图像符号样式、艺术特点的风格化和多样化，奠定了追求视觉愉悦的物质基础。同时，在民居装饰图形的图像传播过程中，基于直接感知的主体与客体视觉思维活动的积极参与，保证了装饰图形符号信息编码的实现。

　　（3）艺术生产主体的视觉思维活动优化了明清时期鄂湘赣移民圈民居建筑装饰图形符号的视觉表征，创造了可供传播的丰富多彩的视觉样式。

　　阿恩海姆（1998b）认为："所谓的视知觉，也就是视觉思维。"由于视觉不是对元素的机械复制，而是对有意义的整体结构式样的把握。其最大的优点不仅在于它是一种高度清晰的媒介，而且还在于这一媒介会提供关于外部世界各种物体和时间的无穷无尽的丰富信息。由此看来，视觉乃是思维的一种最基本的工具（或媒介）（阿恩海姆，1998b）。因此，视觉与一般思维一样具有认识能力。对建筑而言，勒·柯布西耶在《走向新建筑》中明确指出了视知觉的作用，他指出："运用那些能够影响我们的感官（球体的、立方体的、圆柱状的、水平的、竖直的、倾斜的等）、能够满足我们眼睛欲望的因素……这些形式，无论是基础的还是微妙的，温驯的还是野蛮的，都从生理上作用于我们的感官，能够激发起它们……某种关系因此应运而生，作用于我们的知觉，使我们获得满足感。"在视觉思维中立方体、圆锥体、球体或是棱锥体都是重要的基本要素，光线显示出它们突出的优点……当今的工程师利用这些基本要素，并根据规则来协调它们，在我们心中激发起建筑情感，从而使人类作品与宇宙秩序和谐一致，产生共鸣（布莱特，2006）。借此理论的范式可以分析（图 4-28），艺术生产主体的视觉思维在民居建筑及其装饰的营造和传播活动中的作用和影响。

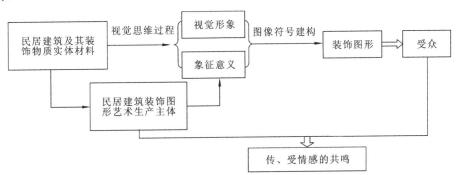

图 4-28　民居建筑及其装饰艺术生产主体与受众关联

　　首先，艺术生产主体通过装饰图形符号建构过程中的视觉思维活动，发现民居建筑及其装饰图形在历时传播的过程中存在的问题，并积极有效地修正和改进以保证其传播的活力。例如前文中提及的湖北省红安县陡山吴氏祠建筑的装饰题材选取和艺术样式。可见，在明清时期鄂湘赣移民圈民居建筑及其装饰图形的传播过程中,通常都是精华与糟粕并存。在民居建筑及其装饰图形的艺术生产中,对存在的诸如机械复制和过度的夸张营造,艺术生产主体的视觉思维会对此做出理性的选择。

其次,在民居建筑及其装饰图形符号的程式化发展过程中,自觉创造新的装饰图形视觉样式。明清时期鄂湘赣移民圈民居建筑装饰图形艺术生产的基本性质就是加工。马克思在《政治经济学批判》导言中,曾以希腊艺术问题来揭示"艺术加工"的内在规律。他指出:"希腊艺术的前提是希腊神话,也就是已经通过人民的幻想用一种不自觉的艺术方式加工过的自然和社会形式本身。这是希腊艺术的素材,不是随便一种神话。就是说,不是对自然(这里指一切对象,包括社会在内)随便一种不自觉的艺术加工。"同这一理论相吻合的是民居建筑及其装饰图形生产实践。湖北省丹江口市浪河镇黄龙村饶氏庄园的建筑装饰与造型,将移民迁出地的"马头墙"与南方流行的"镂耳墙"融合衍化为新的独有形式,以象征发达富贵、独占鳌头;檐口采用卷棚式,显示富有,檐口板上的椽子用清代铜钱作垫片进行构筑。无独湖北,在湖南一些传统民居建筑装饰题材的选取和式样上,也没有拘泥于"吉祥"题材的选取,而是用以充满乡土气息的现实生活题材和富于浪漫的写意风格来进行装饰。例如在建筑室外檐下的彩绘,画面构图一般都采用分格处理,并分别饰以山水、婴戏、庄园和捕鱼等题材,其中,"婴戏荷图"采用墨线单勾描绘几个裸身童子在藕花深处玩耍嬉戏,画面上几个孩子艺术形象特征鲜明,写意、抒情、富于生活情趣,是一曲乡村的田野牧歌(郭建国,2009)。这些案例都表明,在民居建筑及其装饰图形符号建构中,艺术生产主体的视觉思维必定是在保留和吸收前代艺术成果的基础上进行的,因为只有这样,他们才能自觉营造出新的装饰图形,才能促进对传统的民居建筑及其装饰营造技艺和艺术样式的传承和发展。

最后,优化传统民居装饰图形的视觉样式,促进民居建筑及其装饰图形的艺术生产和衍化传承。明清时代,民居建筑及其装饰图形艺术生产的主体,尽管其社会地位低下,但并不影响他们作为独立的个体在艺术生产中视觉思维的自我思考。还是以饶氏庄园为例,其建筑形式是传统的抬梁式木结构。清代末年的建筑主要分为殿式建筑、大式建筑和小式建筑三大类,依照儒家礼制由帝王、官员到平民百姓,分为很多等级。至清末,清王朝政权的动荡和社会所谓的"礼崩乐坏",一些富商、官员和乡绅不遵守这些规定,饶氏庄园也不例外,这反而为工匠在建筑上提供了更大的营造空间。该庄园为清代传统的"十一檩大木小式,抬梁式构架"结构。最大开间可达一丈三尺,约 3.9 m。在当时的营造技术条件下,工匠克服结构样式及其技术的落后,创造性地发挥以间为单位的构架体系长处,扩展整个建筑的平面形式,为饶氏家族营造出多种可供使用的房屋。

由此可见,在艺术生产主体的视觉思维中,建筑及其装饰的多样表达,既不能只注重生理层面的事物照相式的重现,也不能完全采用抽象的理性图说,而应当是一种视觉思维的意象勾连装饰图形和意义,赋予其图像的文化内涵。要做到这一点,在艺术生产中,主体对传统民居建筑及其装饰图形优化的能动自觉性非常关键。

(二)符号化图像的语言

明清时期鄂湘赣移民圈民居建筑装饰图形视觉符号是图像表达的一个基本组成部分。装饰图形图像的生成,不仅取决于装饰图形物质形式与意义共生的符号基础,还取决于它的组织形态和结构。其典型的视觉语言特征在于多种符号组合所建构起的话语模式，见图 3-19。这种传播模式决定了人们对装饰图形图像的理解不能仅仅局限于孤立的符号认知，还需要在明清时期的中国传统社会语境里，在鄂湘赣移民圈地域文化与风俗习惯等社会约定的共识规则下，才能感知装饰图形符号化图像的内涵和意义。下面将根据图像生成对其传播的影响，来分析装饰图形符号语言形成的形式介质、质料介质和工具介质三者之间的结构关系。

首先，民居建筑装饰图形图像的价值是在中国传统社会语境里所呈现的视觉感受和意义传播，即通过其特定的图像文本而生成传播的意义。这种图像文本的生成是一种"特殊形态，并接受生产的普遍规律的支配（马克思，1979）。其艺术生产不仅包含民居建筑及其装饰的物质方面，而且还包含人们的精神方面，具有艺术生产的双重特点。因此，装饰图形图像作为传播的文本，其生成不能忽视形式与质料、形式与工具之间的内在联系。

其次，从民居建筑装饰图形图像生成的角度来看，艺术生产理论表明，明清时期鄂湘赣移民圈民居建筑装饰图形图像文本的建构，是在其形式介质和质料介质相互联系的基础上，通过特定的诸如斧、锯、刨子、砌刀和凿子等劳动工具介质才能获得或制造完成。

关于"人工产物"的实体性，亚里士多德（2003）认为必须具有质料因、形式因、动力因和目的因。"目的因"作为民居建筑及其装饰图形营造与传播的主体意图将在后文分析。对于前三者，亚里士多德（2003）指出：一切具体事物都由"形式"和"质料"构成，即任何事物都包含"形式"和"质料"这两个基本因素，其中，"形式"是事物的第一本体，它是事物的本质而且也是事物的目的和动力，因而在"人工产物"中成为具有决定性的、积极的和能动的因素。正是由于"形式"的作用，"质料"才能得以成为某种具体的、确定的事物。可见，质料是被动的、消极的和被决定的因素。对于"形式"和"质料"的关系，他认为是相对的，对于低一级事物是形式的东西，对高一级事物来讲则是质料，就像明清时期鄂湘赣移民圈民居建筑及其装饰中的泥土对砖瓦而言是质料，砖瓦就是泥土的形式；砖瓦对民居建筑而言则成为质料，民居建筑才是砖瓦的形式。由于形式和质料都不是简单的排列，而是多层次的，也就是说，事物存在一个从质料到形式、又从形式到质料的交替上升的统一序列，是一个由低级到高级逐步上升的等级阶梯式的体系。因而"形式"开始蕴藏于自然物体之内，是潜伏着的，一旦事物有了发展，"形式因"也就显露出来了。当"人工产物"达到完成的最后阶段，其制成品，例如装饰图形图像，就被用来实现原来设计的目的，为"目的因"服务。他坚持认为，在许许多多的具体事物中，从来就没有无质料的形式，也不存在无形式的质料；"质料"与"形式"的结合过程，就是潜能转化为现实的过程。明清时期鄂湘赣移民圈民居建筑装饰图形在传播过程中图像文本的生成也遵从这种潜能的转化，即，质料和形式是艺术作品之本质的原生规定性，并且只有从此出发才反过来被转嫁到物上（海德格尔，2004）。由此分析可知，就明清时期鄂湘赣移民圈民居建筑装饰图形图像传播的媒介性而言，它所蕴含的意义是在艺术生产过程中，受制于"目的因"的制约，在工具介质的作用下，在形式介质和质料介质的有机结合中产生的。

明清时期鄂湘赣移民圈民居建筑及其装饰图形艺术生产，按照房屋主人要求分为准备、设计和物化三个基本阶段。房屋主人和工匠共同磋商以实现民居建筑及其装饰的总体构想和要求，即"目的因"的愿景、目标和要求。这个目标通过工匠群体对住屋的风水、选址、形制、样式、材料、装饰等很多方面的具体物化过程得以实现。

就民居建筑中雕刻装饰图形的图像化、物质化过程而言，其所选取的题材是广泛的，艺术形式和风格是丰富多样的。通过对这些题材内容运用象征修辞的手法，比如谐音比拟、隐喻寓意和重复使用等手法，高度概括出题材内容在卑微与崇高、安详与欢悦、贫贱与富贵、恬静与活泼乃至人生的哲理等抽象观念上，实现民居建筑及其装饰"趋吉避凶"的营造旨趣。

在艺术表现手法方面，民居建筑中雕刻装饰的图形构思精巧，营造雕刻技艺纯熟、细腻（图4-29、图4-30）。像雀替、柱头等小块面积的雕刻装饰具有局部点缀和美化的作用，而如隔扇门窗等大面积的装饰则精心布局、整体和谐，营造出传统民居建筑审美生活化的艺术空间，赋予作为传播媒介的建筑象征意义，具有较高的欣赏价值和使用价值。具体到不同的雕刻类型，由于所使用的材料不同，诸如砖、木、石等，以及所使用的制造工具、技艺和艺术形式都不尽相同。一般来讲，民居建筑中装饰的雕刻主要分为砖雕、木雕、石雕三种类型。其中，木雕多采用圆雕、浮雕、镂雕等营造手法，装饰于门户、梁枋、垂柱、雀替、窗棂、屏风、隔扇、挂落、勾栏和匾额等建筑构件上。由于木材较之于石材和砖材等易于雕刻和加工，木雕在民居建筑中使用的范围最为广泛。在木雕制作的过程中，作为工具介质的雕刻刀及其相关的辅助工具非常重要，民间流传的"三分手艺七分家什"，强调的就是工具在木雕艺术生产中发挥的作用。好的工具不仅有利于提高工匠的工作效率，还有利于工匠在营造过程中发挥自己的技巧和能力，雕凿出清晰流畅、洗炼洒脱的装饰图形作品。石雕在民居建筑及其装饰中是非常普遍的。石雕可追溯到久远的旧、新石器时代，在我国历史悠久。明清时期民居建筑中的石雕在艺术手法上兼习木雕和砖雕等艺术样式之长，捏、镂、剔、雕等雕刻技艺，营造出民居建筑装饰中圆雕、浮雕、透雕、影雕、沉雕和镂雕等众多的艺术形式。这些造型饱满、庄重的艺术形象，主要装饰在挑檐、泄水口、础石、门砧石、拴马石、上马石，以及用于住屋辟邪、镇宅的石鼓、石狮等建筑构件上。砖雕是以建筑所用的青砖作为雕刻对象的一种雕饰，多采用圆雕、透雕、高浮雕和剔凸雕等雕刻手法。砖雕是模仿石雕的结果，比石雕省工且经济，在民居建筑中有较多的应用。砖雕主要用于装饰大门门楼、屋檐、屋脊、山墙墀头、影壁和神龛等建筑构件。从欣赏的角度来看，明清时期鄂湘赣移民圈民居建筑装饰中的砖雕既有石雕的雄浑与刚毅的质感，又有木雕的精致与平滑，充分显示出清秀质朴、刚柔并济的艺术风格。

图4-29　江西浮梁县瑶里镇传统民居建筑审美日常化的室内空间

湖北省红安县吴氏祠　湖北省丹江口市浪河镇饶氏清末庄园

湖北省通山县宝石村古民居群

湖北省通山县大夫第

湖北省大冶市大箕铺镇水南湾

湖北省大冶市大箕铺镇水南湾　　湖北省大冶市大箕铺镇水南湾　　湖北省通山县周家大屋

图4-30　明清时期鄂湘赣移民圈民居建筑中部分石雕、木雕、砖雕雕刻作品

从部分明清时期鄂湘赣移民圈民居建筑中雕刻装饰的图像案例可以看出，这些雕刻所使用的材料及其视觉符号的语言是丰富的，这就使得艺术生产主体的视觉思维，要根据民居建筑及其装饰的功能、部位、作用等来选择雕刻的如砖石、木材等质料介质，并通过劳动生产赋予这些质料介质以形象生动的装饰图形形式。工具介质则作为这个艺术生产过程中的"骨骼系统"和"肌肉系统"将艺术生产主体的设计思想、设计意象经由质料介质与形式介质的有机结合而物态化（宋建林，2003）。正是工具介质的这种生产性属性，才使得它与不同质料介质与不同形式介质之间的多种组合成为可能。上述多种雕刻艺术样式表明，基于工具介质所形成的透雕、圆雕、减地雕刻等装饰技法，经由民居建筑及其装饰图形的艺术生产主体的艺术生产和审美加工，从而实现工具介质与质料介质和形式介质之间的多种组合。如同马克思"艺术锤子"理论所指出的那样：希腊人创造的雕像是"用黑伏多士的艺术锤子把自然打碎"。这里"艺术锤子"作为艺术生产的劳动工具，除了负载艺术家的审美心理，还负载着艺术生产的技能技巧（宋建林，2003）。可见，在明清时期鄂湘赣移民圈民居建筑装饰雕刻的艺术生产中，构筑其图像文本的形式介质、质料介质和工具介质之间是相互依赖、相辅相成的生产关系。

此外，明清时期鄂湘赣移民圈民居建筑装饰图形符号化图像的语言建构关系，从其艺术创作与图像消费的角度看，图像再现的艺术形式与抽象的艺术形式之间存在着差别。图像再现的艺术形式中艺术造型多为具象形象，比如装饰图形中的狮子、仙鹤、凤凰、蝙蝠、牡丹、莲花等具象的动植物形象，艺术生产主体与图像消费者之间比较容易建立形式与意义关系的共同语境和规则，也就是说文化传统与民俗习惯共同的约定有利于图像的编码与解码；而那些脱离具象形态的艺术造型，即抽象的艺术形式，比如装饰图形中抽象的日月星辰和几何图形纹样，编码与解码则存在脱节的问题，抽象图像的创造活动所关注的更多的是艺术形式与审美化的层面，缺少图像符号共通规则编解码转换的规则和语境，图像的概念意义则变得晦涩与令人费解，受众不容易理解，从而导致装饰图形图像视觉样式与其象征意义编码与解码的疏离、错位，从而影响装饰图形图像的传播。

（三）图像传播可操作的意图

在民居建筑及其装饰图形艺术生产过程中，其图像内容的筛选、构建、营造与传播必定受到各种因素的影响和控制。民居建筑及其装饰图形图像传播的信息受制于其建构之初的艺术生产方式，即物质条件下的符号化媒介特性。民居建筑作为生活的容器，装饰图形符号附丽于建筑装饰所在的相应部位，其图像视觉语言在对具体题材或者象征意义的表达时，具有特定的空间性和高度的概括性。无论是艺术生产主体还是消费的受众，他们视觉思维中的认知概念通过符号语言而被显现，就像明清时期装饰图形符号常常使用一只鸭子配以芦苇或蟹钳，来寓意科考中举的美好意愿。这里不仅有民俗文化对即将远行的亲人或者朋友寄予前程远大的厚望，还有明清科考一甲前三名称状元、榜眼和探花的认知概念。以"一甲一名"，即状元，"鸭"与"甲"谐音，而以"鸭"寓意科举之甲就是典型化的认知判断。因此，装饰图形符号艺术生产主体对题材认知、理解与象征意义表达的意图，消费个人乃至社会群体的意义约定，都会影响装饰图形题材的选取、符号的建构及其审美价值，甚至左右图像信息、图像意义的生成。

一般来讲，民居建筑及其装饰图形图像意图的操纵与控制至少涉及信息内容的房屋主人、工匠和消费受众等众多关系。房屋主人是指传播意图的控制者、也是最终的消费者，他们根据营造的目的和要求决定装饰图形题材内容，提出具体的营造要求，有的可能会参与到整个营造过程之中；工匠是具体的实践者，即营造者，一般他们不具备意图表达的权利，具有艺术生产的能力，是装饰图形视觉审美物质化的劳动者。不过，工匠中的"能主之人"和"工之良者"，对装饰图形图像意图的操纵与控制也具有较大的影响。因此，就艺术生产主体整体概念而言，工匠在传播过程中担当装饰图形图像传播守门人的角色，是装饰图形图像信息控制与意图实现的重要影响因素。下面从几个方面来具体分析。

（1）民居及其建筑装饰图形艺术生产主体作为一种特殊的生产力，从一开始就决定了装饰图形艺术生产的物质和精神的双重属性。在艺术生产领域，个体的喜好及其价值观念，政治关系中所依附的社会地位及其思想意识，经济关系中房屋主人、工匠与消费群体及社会生活中时尚潮流影响等，决定了装饰图形图像信息生产和传播行为的复杂性。运用马克思艺术生产的理论可以清楚地看到，装饰图形图像信息生产、艺术价值的生成及其传播的实现，必须经由主体的劳动、装饰图形图像的生产和艺术消费这三个部分或环节。其艺术生产的过程就是其图像信息控制与意图实现的过程，这些都是主体和客观现实生活相互作用的必然产物。因而民居及其建筑装饰图形，不仅可以作为艺术生产特殊成果或产品，满足消费者对物质和精神审美的需要；还是获得图像传播的物质基础和前提。但应该注意，由于艺术生产主体营造动机、目的及其个体身份、修养等的不同，装饰图形图像所体现出来的信息与意图及艺术形式都不尽相同，存在着一定的偏差。例如"暗八仙"题材内容的装饰图形，在湖北省黄石市阳新县玉垅村李氏宗祠和湖南锦绶堂脊檩部位彩绘中均有应用，虽然是同一题材，但装饰图形的图像形式、信息内容因艺术生产主体之间的差别而存在很大的不同，需要根据人们对住屋功能的需求和图形象征意义的表达来设计、营造装饰图形图像实体。

（2）民居建筑及其装饰图形的艺术生产不是主体对生活的简单复制，而是主体从生活到艺术体验过程中发挥主观能动性而创造出来的。一般来讲，装饰图形图像信息传播的内容有三种基本生成形态：第一种是在装饰图形中直接以表现自然或者生活中具体的对象，比如牡丹、梅兰竹菊等的真实形貌作为表现的形式，尽可能客观描述和再现这些对象物；第二种是选择性地将上述题材内容的自然形貌做相关部分的夸张、变形，以突出装饰图形传播的主体和主题；第三种是在上述题材自然形貌的基础上抽象概括出新的形式。前两种是明清时期民居建筑及其装饰图形图像生成及传播的主流，是具象的形象；后者则是一种抽象的艺术形式存在。这三种基本生成形态，受装饰图形图像价值或制图操控意图因素的影响，无论是自然实体还是由之抽象而来的抽象形象，都需要建立一种关联性寓意架构和情感逻辑的联系，来引导受众产生特定语境对装饰图形意图的联想和判断。对于这一点，马克思等（1972b）在论述生产过程时曾经说过："这里要强调的主要之点是：无论我们把生产和消费看作一个主体的活动或者许多个人的活动，它们总是表现为一个过程的两个要素。在这个过程中，生产是实际的起点，因为它是起支配作用的因素。消费、作为必须、作为需要，本身就是生产活动的一个内在要素。"这里艺术生产主体对装饰图形图像信息及意图的影响、控制是非常清晰的；不仅如此，消费受众作为一个内在因素也会受到主体的影响。具体来说就是主体为消费受众提供的不仅仅是消费的对象和材料，而且还给予消费受众以消费的性质和诸多规定性，并不断促进它们的完善。通过艺术生产主体的这些手段，才能够保证消费受众对民居建筑装饰图形在艺术生产阶段所存在的许多不确定性、空白点的"框架结构"进行补充、加工和能动的再创造，从而提高受众对装饰图形视觉图像的解读能力。可见，艺术生产主体对消费受众的视觉素养、读图能力等是有促进作用的。

（3）民居装饰图形艺术生产主体对装饰图形的发展和传播具有历史继承性。装饰图形作为一种视觉图像，其视觉的样貌并非自然景观，体现的是基于文化概念的物质媒介与信息载体，需要通过人类的认知经验模式获得视觉阐释。装饰图形艺术生产与历时传播，正如马克思和恩格斯（1972a）所认为："历史的每一个阶段都遇到有一定的物质结果、一定数量的生产力总和，人和自然以及人与人之间在历史上形成的关系，都遇到前一代传给后一代的大量的生产力、资金和环境，尽管一方面这些生产力、资金和环境为新的一代所改变，但另一方面，它们预先规定新一代的生活条件，使它得到一定的发展和具有特殊的性质。"在其连续性的发展过程中，装饰图形的艺术生产存在着一种被"当作现成的东西承受下来的生产力"，即凝聚着装饰图形图像发展与进步的历史成就及其丰富的经验，是世代相传的艺术生产力。对于艺术创造主体劳动的创新性，马克思和恩格斯（1972a）指出："人们自己创造自己的历史，但是他们并不是随心所欲地创造，并不是在他们自己选定的条件下创造，而是在直接碰到的、既定的、从过去承继下来的条件下创造。"可见，艺术生产主体的劳动是在民居建筑及其装饰图形的丰富经验和历史成就的基础上，依靠其对明清时期鄂湘赣移民圈传统社会生活和文化生活所做出的判断和评价，从社会现实生活中选择素材，寻求创作的灵感，从主观层面上折射出上述诸种因素对装饰图形艺术生产的影响，本质上体现出艺术生产主体对民居装饰图形营造技艺和文化传统的继承。

第二节 图形编码的文化基因及设计

一、图形编码的文化基因

明清时期鄂湘赣移民圈民居建筑装饰图形，是附着于建筑之上的装饰工艺营造的结果，不仅具有图像学意义上的属性，而且还具有实用与审美、建造与装饰等多重特性。作为以民居建筑为载体的，集雕刻、绘画等诸多艺术形式为一体的综合艺术，装饰图形编码与设计的艺术语言是有特定规律的，并能直接影响其超越物态视觉形式的范畴，解码其图像的复杂含义。因此，装饰图形作品的综合研究不能止于其表面视觉元素的集合，还更应注重于它所映照的那个时代和普通民众的"艺术意志"，或者说"文化基因"，以深化对明清时期鄂湘赣移民圈民居建筑及其装饰图形的认识，促进其保护与现代设计的应用。

明清时期鄂湘赣移民圈民居建筑装饰图形的营造，不仅受制于特定的地域环境、经济和政治等因素，还取决于特有的历史文化传统。民居建筑装饰图形的传承与发展，必须根植于中华优秀传统文化的沃土。在其编码设计的图谱上，文化基因具有关键性的作用。

关于文化基因，即 "谜米"（meme），《牛津高阶英汉双解词典》解释为 "文化的基本单位，通过非遗传的方式，特别是模仿而得到传递"。该词是英国生物学家和行为生态学家道金斯（1981）在《自私的基因》一书中创造的，他认为，一个观念或一种行为在人的头脑之间被模仿，从而传播流行的过程，与基因复制自己并遗传下去的过程十分相似。因此，依据基因（gene）一词仿造了 meme，来描述"文化的复制基因"，又译为"觅母"。"文化基因"的假设最先由美国人类学家克罗伯和克拉克洪根据生物遗传学理论提出。

关于"谜米"的研究，国外一直围绕文化复制、传播机制等方面来进行，学科的边界始终"小心"地"限制"在文化交流和传输路径之上，探索文化之社会传递过程的"基因学"，发掘人们在传递和复制文化的过程中如何选择和"改善"自己的文化。在中国，文化基因研究有着比较广泛的展开，既有文化结构意义上的，也有传播学意义上的。1981 年道金斯《自私的基因》一书刚被翻译成中文后，"谜米"很快就变成了中国人所理解的"文化基因"一词的代名词，且被广泛传播和应用。之后，国内有三类学术群体在进行文化基因的研究：一是哲学学者和理论学者，如刘长林等，以文化基因论来宣扬社会文化进化论；二是文化史学者，如刘植惠等，梳理传统文化的谱系，从文化传承的角度来论说文化基因的意义；三是民族学者、文化人类学者，如徐杰舜等，认为人类文化结构中存在本性因素，并且可以影响文化的基本存在（吴秋林，2013）。鉴于文化基因对人类文化最为深层次的普遍性把握，本章采用这一概念来分析明清时期鄂湘赣移民圈民居建筑装饰图形的历时发展和传播的基本问题。

（一）文化基因分析

一般来讲，文化的发展、传播和多样化的模式具有与生物进化相似的特征。另一个令人信服的事实是，基因谱系和语言进化谱系之间有着很大的关系（施舟人，2002）。文化基因理论对明清时期鄂湘赣移民圈民居建筑装饰图形艺术风格的文化传承、发展和演变具有重要的启示意义。

李格尔在对装饰艺术的研究中建构出自己的风格理论，并将"艺术意志"的概念从工艺美术推演到绘画、雕塑和建筑等领域。在他看来，艺术风格发展的主要推动力就是"艺术意志"，而且，风格发展的原动力来自艺术内部。"艺术意志"作为制约艺术现象的最根本的内在要素，它是人的潜在内心要求，来自人日常应世观物所形成的世界态度，即来自人面对世界所形成的心理态度——世界感（朱立元，2014）。从文化哲学意义上来看"艺术意志"，自由意志、反思和批判精神都可以被确立、确证为文化的原生性和内生性的"原动力"。一个时代和地域范围内，只有具有自由意志、反思和批判精神，社会才能获得长久的、可持续的发展动力。其中，自由表现为积极自由与消极自由两种不同的形态。积极自由是一种完全主动、自律的自由，而消极自由则是一种被动、他律的自由。故此，便可以构建一个以批判和反思、积极自由和消极自由为两个对立维度的文化原动力模型。文化原动力亦可以看成是真正的文化基因（吴福平，2019）。因此，明清时期鄂湘赣移民圈民居建筑及其装饰的文化基因是其所属文化系统发生和演进的基因，表现为民族的传统思维方式和心理底层结构（刘长林，1990）。主要表现在人们的理想信念、生活习惯、价值观和构造营造的技术和方法等方面。

通过表 4-6，结合民居装饰图形作为图像的内在的意义或内容的综合研究，展开对明清时期鄂湘赣移民圈民居建筑装饰图形文化基因的具体分析。

（二）装饰图形文化基因形成的基本特质

文化基因是明清时期鄂湘赣移民圈民居建筑装饰文化系统的遗传密码，探索其营造技艺的传承、衍变和传播，首先要知道如何认知、识别遗传密码，了解文化基因所包含的信息和这些遗传信息是如何配对组合等。因此，分析表 4-6 可知，装饰图形文化基因生成的具有普遍性和可识别性谱系的基本特质包括以下几个方面。

首先，明清时期鄂湘赣移民圈乡村聚落环境，是由生活在此地域范围内的人们有意识开发、改造和利用自然的结果。因而，聚落嵌入这一地域环境地貌中的构成方式均反映了自然条件和文化传播的双重作用。一方面，《汉书·沟洫志》记载："或久无害，稍筑室宅，遂成聚落。"可见民居建筑是构成聚落形态肌理的基本单元；另一方面，聚落结构形态在形成过程中又有其各自不同的构成规则，也就是说，鄂湘赣移民圈乡村聚落的构成"句法"或"语境"会因地域不同而产生差异，所形成的有关营造建构的构成规则，无论是物质层面还是非物质层面的，都会促成其营造方面形成有关营造理念、风水知识、符号语言、文化传统、风俗和内在精神追求的习惯，并成为文化基因，直接影响这个时期这个地区的民居建筑及其装饰。

其次，就民居建筑而言，选址方面，明清时期鄂湘赣移民圈民居的选址深受中国传统文化基因的影响，按照风水的基本原则，以负阴抱阳背山面水为最佳选择。例如，江西地区发端于唐朝末年的杨筠松的风水理论，就十分强调因地制宜、因龙择穴。在处理房屋与房屋的关系上也特别注意"过白"①，这种"过白"不仅有利于后进房屋建筑的通风采光，还有利于"聚气"和"望气"，反映了房屋建造主人文化心理的自我暗示和精神追求，从实际空间的审美营造来看，经由"过白"所获得的关于前座建筑的完整画面，无疑是工匠审美经验匠心运作的结果。

---

① 过白是中国传统建筑营造中建筑间距处理的一种手法，要求后栋建筑与前栋建筑的距离要足够大，使坐在后进建筑中的人通过门楹可以看到前一进的屋脊，即在阴影中的屋脊与门楹之间要看得见一条发白的天光。

表 4-6 明清时期鄂湘赣移民圈民居分类、分布地区、建筑装饰和基本特征（部分）调查表格

序号	名称	分布地区	平面空间特征	造型特征及其装饰	材料、结构	地理特征	精神中心或交往中心	年代
1	大余湾传统民居群	湖北省武汉市黄陂区	三合院形制、三间正房、两厢和天井	双坡、硬山、翘檐、檐额彩绘、木雕隔屏	干垒和糯浆石构、木架结构、白墙青瓦	坐北朝南、街坊胡同式按轴线组合	堂屋正中设神龛祭供奉祖	明清时期
2	洪湖瞿家湾老街	湖北省洪湖市	一进九重门、多层楼院、平面方整、封闭、常见一进天井形式	多双坡硬山、屋脊起翘大、封火山墙、彩绘艳丽、多漆色	住宅砖木结构、白墙玄瓦、高跷翘脊	老街一字排列、前店后墅结尾处为宗祠、书院、牌坊	厅堂主灵供奉、聚落有祠堂等	明代
3	水南湾传统民居	湖北省大冶市大箕铺	中轴线对称、一进九重门、供见36天井、72栏窗、传统民居建筑群连为一体	徽派建筑特征、屋上立珠、防风防盗防火、砖雕、木雕、石雕风格独特	木构架为主、以砖、木、石为原料、墙体基本使用小青砖砌至马头墙	背依东山而建、左右有青龙白虎岁持、村前向水而面高	院内有祖祠（九如堂）	明末清初
4	冯氏民居	湖北省南漳县板桥镇	中轴对称布局、背山面水、三路两进九院落	单檐硬山灰瓦顶、两层楼房、装修窗棂、门阃精致、檐下抹灰涂彩绘	砖木结构、墙体构造为砖砌外墙、外包草泥灰、干打垒的建造方式	坐北朝南、依山就势而建、自南向北渐高	单体正房祭奉祖、院内有石砌逻圈	明代
5	王氏老屋（迪德堂）	湖北省通山县洪港镇	中轴对称布局、东西并联的正屋与横屋组成、面阔共8间、深四进	硬山顶一字式山墙、墙呈八字式、小青瓦盖顶、装饰精美	穿斗与抬梁木构架、砖木混构	屋后古树参天、青松翠竹、屋前田间旷野、禾苗茁壮	聚落有祠堂	清代晚期
6	红安吴氏祠	湖北省红安县八里湾镇	三进院落、面阔五间、四合院式布局	正面为重檐歇山式高大牌坊门楼、各厅堂间有庭院相间、廊庑相连、各装饰精美华	砖木结构、共三瞳、祠堂建构的砖石材料均为订购	位于陡山院的西南方、门前有小溪寻潺流过	吴氏家族祭祀奉祖及精神活动交往中心	清代
7	泉山画屋	湖北省阴新县龙岗镇	中轴对称布局、一正厅、左右两横屋、三进大连五格局、有花园、后院	悬山顶、带大坡檐、双坡、装饰从门窗至墙柱到墙、均饰精美图案、极尽奢华	砖木结构、青砖瓦房、内石料铺地、底下以银锭找平	坐落于泉山山陇、朝南	单体正房祭祀奉祖	清代
8	清末庄园	湖北省丹江口市浪河镇	中轴对称、分南北两院、有三合院、登堂入室的方式布局	硬山顶、炮楼为四角攒顶瓦、建筑错落有致、上整座建筑雕梁画栋	中厅（厅堂）为小式大木构架、余处为抬梁式小木构架、砖瓦卷棚式山墙	坐西北朝东南、后山前造、建筑布局按轴线组合	单体正房祭祀奉祖	清代晚期

序号	名称	分布地区	平面和空间特征	造型特征及其装饰	材料、结构	地理特征	精神中心或交往中心	年代
9	刘家大院	湖北省咸丰县丁寨	吊脚楼群，平面方整但多挑层，加楼空间分隔极灵活	带大坡檐，歇山顶，平面呈"几"和"一"字形等，土家族风格装饰	木穿斗架，木或竹编泥墙，土或瓦或树皮顶	依山而建，屋脊平行上坡等高线，分层筑合，合基上建屋	堂内设神龛以奉香火	清代晚期
10	大水井传统民居建筑群	湖北省利川市柏杨坝镇	中轴对称，从前至后低就高排列着三大殿，高排列着三大殿，六梁、九梁建筑格局	主殿为硬山式，装饰雕梁画栋，土汉结合，中西合璧，棚栩栩如生，巧夺天工	抬梁式结构，青石铺地，砖墙和竹编墙，外抹灰泥，小姐楼、绣楼等因地制宜，巧智兼优	沿山坡聚集，依山就势而建，石墙坚珠，错落有致	聚落有祠堂，室内供奉神龛	清代
11	戴氏院落夏氏院	湖南省怀化市沅陵县荔溪溪乡	比较典型的徽派建筑，中轴对称分布	马头封火墙，穿斗式梁架上雕刻装饰及龙图腾崇拜刻纹	砖木结构，墙体构造为砖砌外墙，外包草泥灰，干打垒的建造方式	坐北朝南，依山就势而建，自南向北渐高	单体正厅祭供奉祖，院内有砌逻辑图	明清时期
12	赵家祠堂归阳古镇	湖南省祁东县	三进院落，面阔五间，四合院式布局	极具民族特色的氏族祠堂建筑群	砖木结构，合梁式与穿斗式相结合的古建筑结构	位于祁东县东南部湘江之滨	赵家祠堂为主要精神场所，在周边还有苗家祠堂和申家祠堂	明清时期
13	周家大院千岩头村	湖南省永州市零陵区富家桥镇	中横对称布局，大院平面呈北斗形状分布，由六个院落组成	明清古建院落，建筑装饰的雕绘	砖木结构，院内有雕木雕，雕刻精细	大院三面环山，前景开阔	周家祠堂供奉祖先神位	明清时期
14	叶氏家庙（敦本堂）	湖南省郴州市汝城县	由朝门及家庙组成，朝门建筑面积70㎡；家庙建筑面积378㎡，面阔三间，进深三进，两天井	装饰精美，额枋透雕极其精美，鸿门梁三层镂雕双龙戏珠，云水纹环绕，层层相扣，形象逼真	砖木结构	朝门坐西朝东北，家庙坐南朝北	后厅祖先堂	清代
15	九福堂	湖南省郴州市乾州古城	三间轿门，上下二楼，回字形，中间有天井	木质戏台，翘角飞檐，雕龙画凤，藻井盘龙华风，雀替，合柱精细隊	砖木结构，马头墙的四合院	乾州古城西朝东北，石板街中段万溶江边	正殿厅与祠堂，现为苗族文化博物馆	清代
16	锦绶堂	湖南省浏阳市大围山镇楚东村漾水湾	为清末庄园式建筑，庄园占地4000㎡，三进五开间（虚七开间）	风格古朴，装饰精美，端庄秀丽，大量彩绘	砖木结构两层楼房100余间	选址讲究，规划严谨，依山面水	单体正房祭供奉神龛，室内供奉神龛	清代
17	刘家大屋	湖南省浏阳市金刚镇桃树湾	呈横列布局，房屋四进，前后占地约20000㎡	选址讲究，造工精致，过厅内顶饰六角藻井，山墙高耸，堆塑精美	砖木结构	屋场前有蜿蜒清江水，后依松柏青翠的筲家山	祠堂与学堂	清代

宅院形制上，受地理环境、社会经济水平、礼仪制度和明清移民运动等因素的影响，鄂湘赣移民圈"宅院形制"呈现出与人伦秩序相关联的多种合院营造规则及样式。宅院主要采用"天井院"布局，多以房屋或者墙体进行围合，可以有一合到四合的差别，一般像湖北大冶水南湾曹氏承志堂那样的乡绅大户或家境殷实人家的宅院以三合至四合居多。功能空间布置围绕着天井展开，从而形成内向的居住空间，既有移民输出地"徽派"建筑的简洁典雅，又具有多进式的院落及灵活的空间格局。一般来讲，根据天井与房间之间的空间关系，可以把"天井"这种内向型居住空间划分为几种不同的基因类型，如图4-31所示。1为天井下的空间，2为一侧临天井的半开放空间，3为两侧临天井的半开放空间，4为一侧临天井的房间，5为两侧临天井的房间，6为个临天井的房间（张乾，2012）。

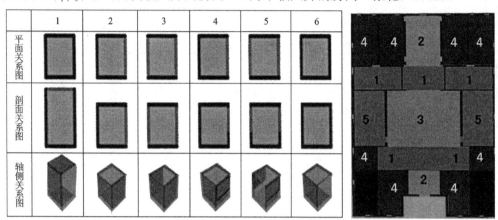

图4-31　"天井"式内向型居住空间的6种基本空间类型及其平面关系

根据空间围合的状况，装饰图形的图像配置主要位于墙、屋所围的"天井"四周和堂屋（厅堂）的空间范围之内。

除"天井院"布局外，在鄂西南和湘西一些地区还有吊脚楼形式的住宅营造规则和样式，主要包括"一"字形、"L"形、"凹"字形、"回"字形、复合形5种形式。此外，还有一些鲜有装饰，如只有居住功能的"石板屋"和一些砖石与木构混合的普通民居建筑。

结构类型方面，鄂湘赣移民圈地域范围内可辨识的木结构特点就是"墙倒屋不塌"，这与其承重体系和围护体系的结构有关。就承重的结构体系来讲，作为建筑文化基因承载的结构样式有抬梁式、穿斗式、插梁式和混合式。装饰图形的图像布局通常围绕着梁架结构大、小木作进行。

最后，民居建筑装饰技艺，反映了鄂湘赣移民圈民居建筑装饰图形谱系的工艺传承及其相互影响。对于装饰艺术本质特征，沃林格（1987）在《抽象与移情》中指出："一个民族的艺术意志在装饰艺术中得到了最纯真的表现。装饰艺术仿佛是个图表，在这个图表中，人们可以清楚地看出绝对艺术意志独特的和固有的东西。因此，人们充分强调了装饰艺术对艺术发展的重要性。"明清时期，随着移民运动的不断推进，鄂湘赣移民圈民居建筑装饰图形不断探索演变，形成写实的、生动的、多样化的自然景象，以及人物、动植物形象和抽象的符号的几何纹样等众多的"美"的形式。从艺术生产的角度来看，上述情形应是文化基因植入装饰图形历时营造并不断修正的结果。而这一时期工匠群体随着移民运动的迁移，雕刻工具与技艺的不断改进及迁入地大量民居建筑的需求等原因，也为其极具地域特色发展提供了必要的契机和物质前提。

（三）装饰图形文化基因的特征及其空间配置序列

1. 装饰图形文化基因的特点

张晓明（2017）认为："文化基因是在特定地域和民族文化环境中形成的、具有稳定性和继承性的基本信息要素，具有可量化、可计算、可分析的特点。"由此可以进一步推知，明清时期鄂湘赣移民圈民居建筑装饰图形的文化基因像生物基因一样，具有遗传性、相对稳定性、变异性和独特性等特点。

（1）遗传性。文化遗传是指文化或文化产物在一个共同体（如民族、国家等）的社会成员中继承和传递的过程。这个过程受文化背景和生存环境的影响，使得文化遗传具有选择性，并逐步形成文化传承的基本机制。对建筑而言，建筑学上真正意义的文脉传承，应首先把建筑看作习俗的范畴，而传统习俗的精华，又能够被融入现行习俗之中（帕托盖西，1989）。鄂湘赣移民圈民居建筑装饰图形的营造也不例外，文化基因在一些建筑及其装饰中能够流传下来，与之相关的营造、装饰观念及其意蕴在发展过程中被吸收或程式化发展，就是其文化基因被成功地继承了。

（2）相对稳定性。明清时期鄂湘赣移民圈民居建筑装饰图形文化基因在发展过程中还具有相对稳定性，反映了一定时期，民居建筑装饰图形文化作为人们日常生活结构的一部分，是与他们的社会生产及其生活紧密关联的，如果一定地域范围内人们的生产力水平与社会结构保持基本的稳定，那么民居建筑装饰图形的艺术生产也就会保持稳定和平稳的发展。这种稳定性是相对的，一方面，民居建筑装饰图形营造的历史环境和地理环境总是不断变化，装饰图形所体现出来的建筑文化会不断地自我调整以适应这种变化；另一方面，民居建筑装饰图形书写、编码的主体不同，也会直接导致其文化基因在传承过程中的不稳定性。

（3）变异性。一般来讲，文化有机体不同于生物基因复制（即自身的复制，复制的整个过程都非常精确），而是表现为一个历史进化的过程。它在传承过程中的复制往往不是很完整，因受其他文化等因素的影响会发生比较明显的变异。这种变异体现为一种文化因其内容的量的增减变化而引起其文化结构、模式和风格的变异。事实上，在建筑及其装饰文化的发展过程中，绝对的传承是不存在的，而变化反而是一种必然。这一点正如英国建筑理论家阿兰·柯尔孔所言："在传统作为知识和经验的体系，其艺术风格作为情感认同的对象均已生疏于世的今天，只是再现已逝过去的形式，已难以唤起普遍的文化认同，因而只有通过不断的批判和转化，方能将传统具现代价值的部分内化于建筑的创意和审美的更新，而不是以历史形式的集仿或折中，将已逝传统的内涵浅表化，再造没有实质意义的昔日虚像。"（常青，2016）此种变异性的案例在明清时期鄂湘赣移民圈民居建筑装饰图形的营造中比比皆是，前文"地域文化'语境'影响下装饰图形符号建构差异性"中分析的"蝙蝠"题材的营造就是这样。

（4）独特性。一般来讲地域风土建筑的传承可以分为两大方面：一方面，从历史身份和文化遗存保存来看，为了延续风土建筑中蕴含着的文化基因，需要为承载"乡愁"的民间建筑体系留下尽可能多样的聚落和建筑类标本；另一方面，从城乡演进和未来生活需要看，大量风土建筑作为传统的人居环境也需要适应性进化（常青，2016）。由此说明文化基因在延续风土建筑中具独特性。地域风土建筑中最能直观反映建筑文化传统的就是装饰。从文化的主导性来看，明清时期鄂湘赣移民圈民居建筑及其装饰文化历经数百年不衰，其交融会通的强大生命力所展示的是立于主导地位的文化基因在与时代发展中相适应的文化特质。在对移民输入地湖湘地区的调研中发现，"正德厚生""经世济用"文化传统的影响，铸就了该地区的人们勤奋朴素、内向务实的特质，这种精神特质体现到民居建筑及其装饰上就是非常讲究实用性。也就是说，对建筑构件的装饰首先是要满足它的实用功能，确保其结构及部位的布局，在此基础上匠师才会对这些建筑的构件进行装饰和美化，赋予所装饰的构件和细部结构以美学的趣味，寄予人们美好的精神情感。由此形成了这一地区民居建筑装饰色彩清新明快、造型质朴简洁的独特艺术风格。

2. 装饰图形的空间配置序列

装饰图形在民居建筑中的图像配置，是在前期形制、布局和结构等基础设计工作完成以后进行的，需要有一个整体的考虑。具体说需要房屋营造主体，即房屋主人和"工之良者"共同协商。因为一栋民居建筑装饰中合理图像配置的空间系列，不仅关乎建筑与图像、视觉与图像、图像与图像之间的关系；而且还关乎建筑作为生活容器所体现出来的整体艺术风貌。如果以现代设计思维来考量民居建筑装饰图像生成的逻辑起点，恐怕房屋营造主体首先要解决的就是：在什么位置作装饰、选用什么题材、采用什么样的艺术形式和为什么装饰等一系列问题。其中，在什么位置作装饰是为首要。关于图像与空间位置配置关系的思考，暗合了中国传统绘画所讲究的"经营位置"（南朝谢赫《画品》）的文化自觉。不独如此，唐代的张彦远也十分注重绘画题材内容初始位置安排的整体布局，认为"至于经营位置，则画之总要"（唐代张彦远《历代名画记》），绘画中对位置关注的传统也影响建筑装饰图形这个姊妹艺术的营造，从而使装饰图形在民居建筑空间序列中的图像配置得到应有的重视。下面仍然以湖北省丹江口市青木饶氏庄园（图4-32）为例，进一步分析其建筑空间序列中装饰图形的图像配置图。

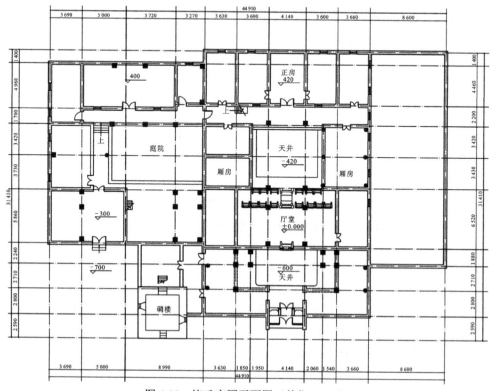

图4-32　饶氏庄园平面图（单位：mm）

由饶氏庄园平面图可知，该建筑的组成包括南侧的三合院、中间的四合院和北侧的院落三个主要组成部分。北侧院落因遭烧毁，现今仅有村外墙。目前饶氏庄园分南北两院，共有房屋四十余间，呈偏正布局。其中共有三个天井，即北院大门与正门之间的前天井院、北院的后天井院和南院的三合院式天井院。建筑装饰围绕着天井所组成的空间序列进行图像的配置。门楼立面的图像配置以能够象征主人身份的"四灵"题材为主，再配以象征"福窝"及牡丹、花草等题材图像，以体现房屋主人的武官身份。在前天井院，天井四周的图像多以宝剑、书香为题材，并配以松、鹤、鹿、竹等内容，可以看出前厅图像配置的题材内容主要是以反映房屋主人饶崇义的个人人生理想和追求为中心的。后天井院的图像配置是以房屋主人日常家庭生活、情感生活和养育后人为中心的一些题材内容，如图 4-33 所示。

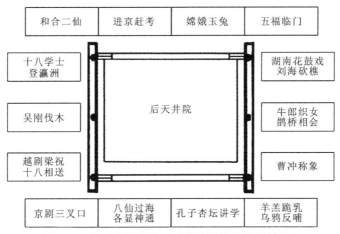

图 4-33　饶氏庄园北院后天井院檐枋木雕题材分布

由此可见，前后图像的这种配置，均贯穿着"官运亨通""福寿绵延"和"家族兴旺"的主题，并由此形成装饰图形在饶氏庄园中图像配置的整体格局。

3. 装饰图形文化基因分析路径及其谱系

文化基因是装饰图形文化信息最小的携带单元，也是装饰图形文化结构谱系中最为活跃的可传播单位。同基因 DNA 是生物体的遗传密码，通过碱基配对实现代际繁衍一样（波拉克，2000），文化基也是文化传承"繁衍"的密码。装饰图形文化基因是一条载有与其营造有关的、系统的文化遗传信息 DNA 链，只有通过链上这些文化遗传信息基因的重组、交换及突变等方式，才能完成文化基因的传播和传承。

因此，探索文化基因密码在装饰图形文化系统中所发生作用的路径，首先要清晰地认知它们，了解它们的结构组合关系等。通过对民居建筑及其装饰的风水文化、制度文化、居住文化、信仰文化、民俗文化等不同层面的层层解读，以便解决文化基因在传承中是如何重组、交换及突变等问题，同时构建明清时期鄂湘赣移民圈地区民居建筑装饰图形文化基因的内容、特性及其相互之间的关系。其次，在上述基础之上，还需要对文化基因进行分类。根据关注对象不同文化基因有多种分类方法，物质文化基因与非物质文化基因、有形文化基因与无形文化基因、历史文化基因与自然文化基因（毕明岩，2011）。对文化基因进行划分的原则主要有以下几条：第一，是否主导文化属性；第二，对地域文化有无识别能力；第三，是否具有良性变异价值（刘沛林，2011）。下面，根据明清时期鄂湘赣移民圈民居建筑装饰图形存在的方式来进行具体分析。

（1）从装饰图形文化基因表现的形式来看，文化基因可以分为隐性和显性两种基因（图4-34）。其中，显性基因是以物质形态为表现形式的，是能够被视觉感知的砖、木、石等雕刻和各种彩绘的建筑部位及其细节等，在装饰图形符号建构上具体表现为点、线、面、色彩及其各种组合关系；隐性基因是基于装饰图形文化体系中与民居建筑及其装饰相关的个人观念、儒家文化、道家思想、风水理论、民俗文化和传统的手工艺技能、有关建筑装饰的知识与实践等。隐性基因和显性基因互为关联，显性基因是隐性基因的物质载体，隐性基因只有通过显性基因形式与形象的符号建构，以可视觉感知艺术形象的外显才能得以实现；而隐性基因则是显性基因的内在本质，是显性基因编码、组合的动力源泉。二者之间这种有机的联系深刻地揭示了文化基因在装饰图形符号建构中所发生的重要作用。

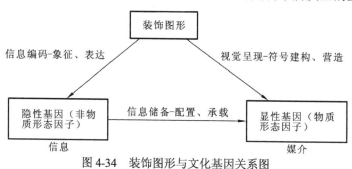

图4-34 装饰图形与文化基因关系图

（2）从装饰图形文化基因的属性及其类型来看，文化基因可分四种主要类型：主体基因、附着基因、混合基因、变异基因。其中，主体基因是能够主导文化属性的基因。例如在装饰图形营造中有关中国传统文化的"天人合一""师法自然""中庸理性"的思想观念，对"礼制"制度的遵从，对"执中"的偏爱和"仁和"的意蕴表达等。在文化继承与传播的路径上，主体基因发挥着重要的作用。

附着基因是依附于一定载体而存在的基因。在民居建筑及其装饰图形的种种文化基因中，可等同于显性的物质形态基因，例如门当户对、马头墙、雀替等，都是能够充分体现地域文化的基因符号。当然，附着基因也包含非物质文化基因中的有关地域环境、生产力水平及其经济状况影响下的营造地域传统、民俗习惯等类型的基因；同主体基因一样，二者都具有可识别的地域文化的功能，并且文化传播过程中对主体基因还有促进作用。混合基因是在明清移民过程中多元文化融合所形成的基因，这些基因并非为某一局部地区所特有，但却能够记录、反映该地区在特定历史时期的建筑及其装饰信息。变异基因则是在历史发展过程中引起装饰图形文化结构及其风格模式变异的基因。后两种基因对民居建筑及其装饰图形符号建构的影响，可以从红安陡山吴氏祠中装饰图形包括"龙""凤"在内的各种不同题材中一见端倪。

上述对装饰图形编码中文化基因的研究表明，无论是哪一种类型的文化基因，它们都是维系明清时期鄂湘赣移民圈民居建筑文化系统生态平衡的关键，也是明清时期鄂湘赣移民圈民居建筑装饰图形文化基因库中重要的组成部分；它们在装饰图形符号建构的重组、交换及变异中所体现出来的功能价值、题材内容的选择、建筑媒介空间序列的图像配置及其艺术风格等，都有助于对装饰图形编码设计及其视觉形式的分析。

二、图形编码与设计

传播学理论认为，文本的形成、传播和接收过程就是编码—解码的过程。编码是将信息转换成可供传播的符号或代码，而解码则是从传播的符号中提取信息。就构件装饰图形符号而言，它的符号形式既是编码的产物也是编码的中介，其符号语义是由艺术生产主体编码设计所形成的，具有话语性质的视觉信息，再经由物质媒介组构成面向受众的视觉文本，并在民居建筑所营造的空间中有多样的解读。

（一）图形编码文化语境

明清时期鄂湘赣移民圈民居建筑装饰图形作编码为一种特定的视觉"语言"和信息传播活动，离不开被规定的语境范畴。需要在一定的语境之中才能保障其编码设计的顺利进行，实现其图像的传播。

1. 语境

"语境"是由英国学者马林诺夫斯基1923年提出的。他从人类学的视角出发，认为文化的重要组成部分就包括语言，其话语的意义并非来自构成话语词的意义，而是与话语所处的语言环境有着很大的关联。他认为"语境是决定语义的唯一因素，语义一旦脱离了语境就不复存在了"，指出"语言和环境相互紧密地联系在一起，语言的环境对理解语言来说是必不可少的"，并将语境划分为"情景语境"和"文化语境"两类。对于语言的理解，他强调"一个单词的意义，不能从这个单词的消极的冥思苦想中得出来，而总是应当参照特定的文化，对该单词的功能进行分析后才能推测出来"（冯志伟，1987）。日本学者西直正光也认为语境就是语言环境，语境作为语言的一种客观属性，根据语境的功能将其划分为绝对功能、生成功能、设计功能、制约功能、解释功能、滤补功能、转化功能、习得功能八大类，更深入地推进了语境研究的层次。

我国学者陈望道（2006）在《修辞学发凡》中提出"语境"这一概念，指出"修辞以适应题旨情景为第一要义"。王希杰（1996）在《修辞学通论》中则更具体地阐述了语境的重要作用："语言环境是修辞的生命。没有语言环境，就没有修辞。一切修辞现象只能发生在特定的语言环境之中。"可见语境就是语言语境，通常可以分为语言环境和非语言环境。

下面立足的要点是明清时期鄂湘赣移民圈民居建筑装饰图形编码的文化语境。在装饰图形审美活动中，文化语境是指传、受之间以实现文本沟通的社会符号性情境。由于文化是指人类的符号表意系统，文化语境主要是指影响审美沟通的种种符号表意系统（王一川，2004）。

2. 装饰图形编码设计的文化语境

装饰图形作为一种视觉语言，在符号的应用方面，语言主要表现为文字传递信息而成为沟通的表达方式；装饰图形符号则侧重视觉感知的图像表达。二者既有差别又具共同性，即都是一种文化现象，是人们进行交流的媒介；都具有"人类经验性的普通语言性"（利科尔，1987）。前文关于民居建筑装饰图形的符号分析表明，装饰图形的符号在视觉表达方面不仅具有"语言"表达的词语构成和符号结构，而且，在中国传统文化的体系中还具有相对稳定、独立的、表述意义的符号体系。由此可见,作为一个具有完整、独立的视觉语言表达体系,装饰图形的编码设计离不开它所依存的整体文化背景,必定要与社会生活的方方面面发生联系。因此,这些因素都会构成装饰图形编码设计、阐释意义的语言背景。下面就此文化语境来进行具体分析。

首先,从装饰图形编码设计文化语境的本质来看,装饰是一种人类普遍共同的行为,也是一种文化现象。它不仅是文化的产物,也是文化存在的一种方式。这是因为装饰作为人类行为方式和造物方式所具备的文化性和文化意义,又作为饰品类而存在所具备的文化意义(李砚祖,1999)。由此可见,装饰图形可以被视为文化的衍生物,也可被认作文化的物化形态,它因其自身的结构形式和在媒介建筑中的象征话语表达功能而成为文化的符号。再从文化的体系来看,任何一种文化都是一个复杂的整体。我国学者庞朴(1986)将文化结构划分为三层次,即物质层、制度层、精神层;并区分两种属性,即民族性和时代性。关于三个层次之间的关系,庞朴(1986)指出:"文化的物质层面,是最表层的;而审美趣味、价值观念、道德规范、宗教信仰、思维方式等,属于最深层;介于二者之间的是种种制度和理论体系。"装饰图形物化的诸如民居建筑中的细部构件、彩绘等艺术形式都属于文化的表层,尽管其编码设计的结构和话语表达自成体系,但它们仍然属于明清时期鄂湘赣移民圈乃至于整个中华传统文化体系中物质形态的组成部分,因而其编码设计不能不受制于文化语境的影响和制约。

其次,从装饰图形编码设计文化语境的导向性来看,装饰图形编码设计的艺术风格形成是由特定时期物质环境、经济水平和文化形态决定的。文化结构三个层次之间的相互联系和相互融通所形成的文化语境对装饰图形编码设计的导向产生潜移默化的影响。例如传统文化体系中的每一要素——大至宗法体系中的君、臣、父、子,思想体系中的儒、道、释,理学体系中的宇宙观、人格观、审美观,思维方式,城市建筑中的外城、内城、皇城、宫城,小至庭院间一斋半亭的体量、风格,一座石桥偏转的角度,一段回廊萦回的缓急,甚至一件家具中每一个细小构件的比例、曲线等——毫无例外地被越来越彻底地融入整个体系之中(王毅,1990)。可见,有关建筑风水的堪舆、平面的布局,装饰的礼制规定、个人理想的追求和民俗习俗等在民居建筑及其装饰中的反映,充分体现出装饰图形符号建构文化背景下的内在规定性。

根据装饰图形符号建构的多重维度,明清时期民居建筑的装饰可以理解为:以秩序化、规律化、程式化、理想化为要求,改变和美化事物,形成合乎人类需要、与人类审美理想相统一相和谐的美的形态(李砚祖,1999),参与到鄂湘赣移民圈民居建筑营造中。而作为一种匠技的形式和手段,不管雕刻还是涂绘,装饰有可能被认为是一种制作技巧,一种工艺方式,一种成型手段,是一个动态的装饰过程(李砚祖,1999)。从其图形编码的图式来看,装饰又是一种纹样,一个标志,一个美的符号,它有显见的固定规范和尺度(李砚祖,1999)。实地调研和文献资料的研究证明,民居建筑装饰所形成的装饰图形作品的营造方法及其艺术风格,均能整体地、客观地反映明清时期特有文化语境下所具有的特征,装饰图形编码设计走向亦是按照自身的运行轨迹而变化的。

最后,从装饰图形编码设计文化语境的结构来看,文化作用的机制实质上就是一个结构问题。人们对整个文化问题的重视得益于近代资本主义的兴起和人类地理大发现,在大量人类学材料的基础上,学者们从科学上悟到了文化作为一种实体式结构的存在(庄锡

昌 等，1987）。庞朴关于文化结构物质层、制度层和精神层三层次划分的立论，及其对中国近代历史演进与革新所作出的深入研究，应该说就是一种结构认识的典范。结构主义的划分明示出了在器物/心理层面上，文化的物质层面与制度及潜藏其背后的理念之间的互为作用关系。借此理论的范式可知，传统文化体系构成装饰图形编码设计的文化语境结构包含物质媒介的表层结构、艺术生产的中层结构和思想观念的深层结构三个基本层次。

（1）物质媒介的表层结构：是由民居建筑及其装饰实在而具体的物质质料构成的。如石材、砖材、木料和色彩颜料等都是构成文化语境表层结构的物质前提条件，它们的存在能够使得精美绝伦的装饰图形的内容和艺术形式有所依附，并通过艺术生产成为民居建筑中具体而生动的各种雕刻、彩绘等物质实体。

（2）艺术生产的中层结构：民居建筑装饰图形的艺术生产是一种有目的的、客观的、理性的、对象化的实践。其文化语境结构包含了装饰图形艺术生产的各种等级制度、地理环境、经济状况、生产方式和匠作技艺及其水平等内容，这些直接影响建筑及建筑构件的艺术加工处理，影响装饰图形的艺术创造。

（3）思想观念的深层结构：民居建筑装饰图形的艺术生产一方面是基于民居建筑物理性能和各种使用功能的营造；另一方面也是一种精神生产，需要将有关地域、民族、宗教、伦理、习俗及其审美意象等文化内容融于其中。这些都离不开其文化语境中诸如"成教化、助人伦"的思维方式、哲学理念、价值取向、宗教信仰、风水观念等各种思想的浸润与熏陶。

上述对装饰图形编码设计文化语境结构层次的划分，并非是简单的一种庞大体系要素的区分、分析，而是结合其文化基因表现的形式，和装饰图形符号建构的各种文化成果（物质的和精神的）所进行类别上的划分与析解。尤其是在思想观念的深层结构上，突出了对明清时期鄂湘赣移民圈传统文化中所秉承的"以文教化"文化传统的认识，文中列举的装饰图形编码设计典例也充分地演示出这种文化的特性。

因此，文化语境对装饰图形的编码设计的影响是多方面的，它不仅给予装饰图形符号建构的理性依据和寓意表达的基点，明确装饰图形编码设计符号语言的历史情景，建构内部自身的结构关系；而且对装饰图形地域性差异形成、解码释义语境的理解也有重要的作用和意义。

（二）图形编码的设计方法

1. 装饰图形编码语言形成路径

明清时期鄂湘赣移民圈民居建筑装饰文化基因研究表明，装饰图形编码语言形成的路径至少有两条重要的线索。

第一，从历时发展的线索来看，明清时期鄂湘赣移民圈民居建筑装饰图形是中国传统吉祥纹样的重要组成部分，作为一种独特的、流传久远的文化现象，它的题材内容广泛、内涵深刻、形式多样，具有在民居建筑装饰中的不可替代性。就其表达的视觉艺术语言而言，同其他姊妹艺术一样，均经历了由模仿到再现进而表现的历程，视觉语言编码组合的艺术形象主要呈现为具象、夸张变形和抽象三种形式。

一般来讲，在装饰图形编码语言中，具象语言是指那些与表现对象物相似或者相近的造型语言；夸张变形则是介于具象与抽象之间的、通过对表现对象物的形象、特征、作用等方面着意夸大或缩小的修辞语言；抽象语言是夸张变形的终极，其视觉语言形态已经大幅度地偏离或者完全脱离表现对象物的自然形态或者形象，抽象语言是注重对客观对象物的视觉感知，并抽离出具象形态中的内在精神，从而实现对事物本质及其内在真实的认识和表现。

明清时期，装饰图形视觉语言编码设计的这三种形式，秉承由其发展而形成的传统，始终保持着相对稳定的继承性和恒常性。在漫长的封建社会时期，这些装饰图形符号的观念及其象征物，与儒学的三纲五常、出仕为官，与佛教的善恶因果报应、轮回转世，与道教的成仙得道、清静无为，携手服务于封建社会统治，对中国人的信仰生活和现实生活产生了空前的影响。并且这些吉祥图纹的直观形象经历一个长久的历史时期，开始牢固地建立在中国人的思想观念之中（陈辉 等，1992）。

第二，从编码的信息内容来看，装饰图形编码语言的形成与同处于共同文化语境中的其他诸如绘画、文学、戏曲等艺术形式有关。这些艺术形式具有十分典型的形象性和观赏性，具有主题表达的教育、认识和审美功能。例如，中国传统绘画创作过程中的语言编码，需要通过客观自然对象物与具有表达功能的视觉语言符号之间的对应关系才能够实现，编码语言围绕的核心问题是如何确定表达主题，画面视觉语言编码组合的技巧及其形象的塑造和形式风格。而解码则是通过对编码的主题线索及其对应的视觉语言符号，通过画面构图、视觉语言编码组合的技巧及其形象的塑造，以及内容与形式风格中所体现出的精神内涵和审美情感进行阐释。众多调研的资料表明，中国传统绘画编码语言无疑给予装饰图形营造以典型的范式。

以清代画家沈铨的《松鹤图》与焦氏宗祠建筑装饰中的《松鹤图》（图 4-35）为例进行比对分析。

图 4-35　湖北通山焦氏宗祠建筑装饰中的《松鹤图》

松、鹤不仅是中国绘画常见的题材，也是明清时期鄂湘赣移民圈民居建筑装饰图形中常用到的题材内容。

沈铨《松鹤图》，写溪畔两只丹顶鹤，苍松、梅竹互掩，清流湍急：图上双鹤一对，左鹤双腿挺立，引颈高歌；右鹤一腿直立，一腿弯曲一腿离地，俯喙饮溪。双鹤造型准确、形态生动、敷色艳丽、鹤顶如丹，一片洁白羽毛，勾勒精细，衬托出白鹤的高洁。喙的质感，足和趾的动感，无呆滞之弊，体现了画家有着精湛的写生功力。其背景松石、梅枝等的笔墨，相对趋于粗放，连勾带皴，连皴带染，设色艳而不俗（蒋文光，2004）。此图是画家78岁高龄所作，从编码主题和题材来看，《松鹤图》表达的主题是长寿吉祥，所选择的是中华文化中松、鹤经典题材，编码所塑造的艺术形象和风格充分体现出画面各构成语素之间在构图、形象、色彩之间合理关系的建构，编码技艺上，虽有吕纪的笔意，但作品勾染皴擦的精工描绘也显示了画家饱满的创作热情和深厚的功夫，更有沈铨自己的特色。在编码过程中，如此注重编码与解码在符号上的共通性和语义关系上的对应性方法，在湖北通山闯王镇焦氏宗祠建筑装饰《松鹤图》中亦可见端倪。

由此可见，上述姊妹艺术语言虽然不具备装饰的实用功能，但其立足艺术语言形式的编码，编码语言围绕表达主题，进行视觉语言编码组合的技巧及其形象的塑造和形式风格处理的方法等，是能够为装饰图形编码语言的表达提供借鉴的。同时也促进明清时期装饰图形编码语言有效的编码通用规则和体系的形成，使装饰图形符号的艺术形式与内容保持高度的一致。

2. 装饰图形文化语境中的意义编码

一般来讲，语言是表达概念的符号系统，意义是从符号的相互影响中产生的。装饰图形作为一种特殊的视觉语言，与概念、言语和文字一样直接映射并影响着人类大脑的观察和认知思维活动。从大众文化研究的路径来看，在装饰图形编码——意义的生产阶段，艺术生产主体对建构材料的选择和加工，虽然与其自身的知识结构、生产关系和技术条件等主客观因素有直接关系，即意义生产——编码过程是在相对稳定的范围内进行的，但并不意味着意义会就此构成一个封闭系统，意义的生产并非就此完结，在传播交流的解码过程中它还会被重构。

在文化语境中，不同民族的文化作为一种独特的社会现象，它反映着一定社会、民族的经济、政治、宗教等文化形态，蕴含着民族的哲学、艺术、宗教、风俗及整个价值体系的起源。千百年来，它以一种鲜活的形式承载着人类文化的传播，从而构成了文化的动态化符号（吴越民，2009）。可见意义是装饰图形符号话语包括营造的思想、观念、价值、风俗等思想观念深层结构的体现。意义是装饰图形符号营造的逻辑起点，同时又会受到受众的影响而不断调整完善，在传播中呈现出一种动态发展的形成过程。

研究发现，装饰图形符号在运用不同元素进行组合编码时，工匠除了考虑不同视觉元素之间外在形式相互联结时的营造技巧，他们还善于把握文化语境内在的逻辑联系，并运用丰富的视觉修辞手法创造出明清时期鄂湘赣移民圈民居建筑装饰图形独特的、具有深刻意蕴内涵的符号。意义编码的这种方法，从语法生成转换规则来说，表层结构蕴藏着深层结构的丰富内涵，必须通过深层结构基本规则把握控制才可以有效转换（温宾利，2002）。说明符号编码设计的组合，只有达成其内、外在的和谐统一，在特定的社会文化语境中，符合人的文化认知状态及其审美经验，才能使人们更深刻、更准确地领会其意义。装饰图形文化语境中意义编码的事实也正是如此。有关装饰图形符号的象征意义后文专门分析，这里不再赘述。

3. 装饰图形视觉语言的编码组合及其规律

在明清时期鄂湘赣移民圈民居建筑装饰图形符号建构的种种关系中（图 4-36），符号意义是通过诸如砖雕、木雕、石雕和彩绘等装饰图形视觉语言，在一定社会制度、社会模式下，与人们的思想观念相结合而发生、传播的。对装饰图形视觉语言的编码组合及其规律的探索，就是要寻找适应意义变化的各种可能性及其外理形式构成因素的方法。本书构建了一个装饰图形符号编码设计的内容与过程模型，来帮助分析装饰图形视觉语言的编码组合及其规律。

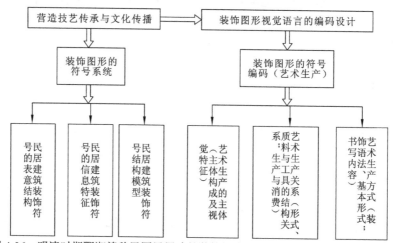

图 4-36　明清时期鄂湘赣移民圈民居建筑装饰图形符号编码设计的内容与过程模型

（1）装饰图形视觉语言的形态要素。

装饰图形视觉语言的形态要素是构成装饰图形话语表达的基础，其视觉语言编码组合符号化的思维和符号化的行为是人类生活中最富于代表性的特征（卡西尔，1985）。有关符号编码的语义，从符号本身来讲，每个中国装饰图像，都蕴含着一个理想。这个理想是给予我们透视中国五千年的历史文化的基础。借此才可以对中华民族的希望、恐惧、热望和信仰有所了解。再从传播层面上来看，符号又是意义的各种系统，人们——个体的或群体的人们——用信号（姿态、广告、语言本身、食物、物体、服装、音乐，以及其他许多够格的东西）来交流或试图交流的手段（斯特里纳蒂，2001）。根据上述观点，结合前文对明清时期鄂湘赣移民圈民居建筑装饰图形视觉符号的研究，从装饰图形符号编码设计的内容与过程模型中，可以分析出装饰图形视觉语言的形态要素主要包括三种类型。

第一是质料语义，是指民居建筑及其装饰图形符号的物质载体——砖、石、木等质料介质所传递出来的语义。亚里士多德将质料定义为：每一个事物不是由于偶性从它生成，并继续存留在其中的那个载体（苗力田，1991）。由此可知，每一个事物都不是由于"偶性"从它生成，而是"必然性"从它生成的；质料虽然不能自主运动，但确实是运动的"最初载体"，这种最初载体就可以看为本体（王俊博，2012）。故此，实际上质料就是抽去了具体规定性的最一般的物质，这是欧洲哲学史上第一次提出的比较明确的物质概念（全增嘏，

1983)。对装饰图形符号建构的质料而言，装饰图形符号形式所依托的质料，不同的材料所产生的肌理质感给予人的心理感知不同。装饰图形正是通过材料肌理的表现特征获得其话语表达的权利，以此给人触摸和视知觉感知的心理联想和象征意义。

第二是形式语义，是指装饰图形符号及其物质载体整体所呈现出来的外部轮廓、比例及其视觉语言编码组合的结构、组合方式等所给予人的感知。形式与质料是亚里士多德（2003）《形而上学》中提出的一对概念，他指出："一个特定事物的实体是来自于形式和质料两者的结合。"其中，质料是构成事物的材料；形式是每一个事物的个别特征，是本质或范本。就一件东西而言，他认为，其形式和质料是不能割裂的。就形式本身而言，形式包括事物外在的形状和内在的结构、组合方式两部分。要研究包括装饰艺术在内的造型艺术的风格特征及其话语表达（意义），离不开对形式与内容的分析。就形式而言，即便是装饰图形或者造型艺术中一条线的形式，好的形式不仅能够勾勒出表现物体的轮廓和边界，还具有清晰、坚实、给人以安全感的话语表达能力，引导人们用视觉去欣赏。因此，从语言性质和艺术风格来看，装饰图形符号作为视觉语言，其形式语义既有具象又有抽象的形式，同时还具装饰图形造型形式视觉审美方面的话语表达，呈现出内容与形式的统一。

第三是色彩语义，装饰图形符号色彩语义从属于其形式语义的范畴，但因色彩在民居建筑及其装饰中所表现出来的多重语义极具特殊性，故而单列分析。色彩作为人们视觉审美的核心，可以给予人们视觉感知和情绪状态的诸多表达。在民居建筑及其装饰方面，传统的礼制及其营造的禁忌对色彩使用都有严格的限定。从前文对"明清时期鄂湘赣移民圈民居建筑装饰彩绘技艺"的研究，可以总结出，明清时期鄂湘赣移民圈民居建筑装饰图形如雕刻彩绘、檐口彩绘、藻井天花彩绘、壁画等众多案例的使用，说明色彩在装饰图形符号语言体系中具有多重的表达。

（2）装饰图形视觉语言编码组合与序列化。

装饰图形符号编码的实质是一种信息的构成过程。即艺术生产主体将信息依据一定的编码组合规则，通过所建构的装饰图形符号表达出来。卡西尔（1985）认为："艺术确实是符号体系，但艺术的符号体系必须以内在的而不是超验的意义来理解……我们应当从感性经验本身的某些基本的结构要素中去寻找，在线条、布局，在建筑的、音乐的形式中去寻找。"巴特（1987）同样也认识到："无论是细究还是泛论，艺术总是由符号组成，其结构和组织形式与语言本身的结构和组织形式是一样的"。这两位符号学巨擘对以图像为基本形态的视觉艺术符号体系的思考，尤其是艺术符号编码语言特性组合式的视觉表达方面，突破了传统再现艺术依靠物理空间建构画面的逻辑观念，借助语言学的模式探索其建立不同于语言结构的意指系统之功能作用（赵毅衡，2004），从而使图像形态的视觉艺术符号之间的语义逻辑关系的语言编码得以实现。

因此，科学地分析装饰图形视觉语言的编码组合及其规律，需要从传播符号学的理论体系中去寻找理论基础。以下从三个方面进行分析。

首先，在装饰图形视觉语言结构方面，装饰图形作为一种视觉语言，是否具有语言性结构和表达能力问题有待于借助传播符号学理论进行分析。

装饰图形的图像学维度解决了它所具有情感的、镜像的及象征等符号特性。关于语言性，罗兰·巴尔特在索绪尔的基础上，通过大量符号学考察研究认为，艺术符号同语言符号一样具有语言性结构和表达能力，民居建筑装饰图形符号也不例外。在前文的研究中，曾基于索绪尔符号二元结构模式探讨过明清时期鄂湘赣移民圈民居建筑装饰图形视觉形式的符号结构，将其符号能指结构（图3-7）区分为"底层结构"与"上层结构"两个部分。这种区分说明了装饰图形符号编码组合关系下的视觉元素可以被解构、提取，并形成点、线、面、色彩等不同特性的视觉语言要素；其编码组合的上层结构，即艺术形象，在文化语境中可以获得表达性的所指而成为视觉的词汇、语句乃至于文本。"花鸟迎富贵"（饶氏庄园）符号结构正是如此。说明装饰图形视觉语言在结构方面具有自己的词性与语义规则，并形成作品中本体与喻体之间、主体与语境、外在形态与内在意义等丰富的语义变化和语法修辞关系（朱永明 等，2008）。在语言能力上能够运用更多的语义修辞手法，从本体与喻体的类比手法运用上，实现更丰富的情感、观念和思想表达（朱永明，2004）。

其次，在装饰图形视觉语言编码组合与序列化方面，即装饰图形符号编码的有机组合，如何在文化语境下实现其符号要素之间的有效互动。

索绪尔（1980）认为：在语言状态中，一切都是以关系为基础。他在语言学理论中建立的四组概念对结构主义具有深刻的影响。从巴尔特（1999）《符号学原理》的结构上看，其符号学术语系统主要围绕着"语言/言语""能指/所指""组合段/系统""外延/内涵"这四对概念展开，而这些概念也正是索绪尔语言学系统的核心要素（肖伟胜，2016）。除此之外，索绪尔（1980）还提出了"横组合与纵组合"这样一对概念，横组合指一个系统的各因素在"水平方向"上所形成的组合。横组合关系体现为，在语言系统中，各个语言单位（如字、词、句）在线性基础上所建立的横向关系，即它们处在同一系列中所具有的毗邻关系。纵聚合是在横组合段上的每一个成分后面所隐藏着、未得到显露的，可以在这个位置上替代它的一切成分，它们构成了一连串的"纵聚合系"（鲁明军，2007）。巴尔特在索绪尔的基础之上[①]，借助横组合关系与纵组合关系相结合的语言模式，分析一切符号学事实和意指现象（屠友祥，2005），并逐步创建文化符号学和"文化主义范式"。这里，他将这种语言学模式拓展到符号学领域分析的方法称为文化意指分析，具体来说包括"横向组合"与"纵向组合"两个轴向维度。

装饰图形视觉语言编码组合与序列化所展现的是"横向组合"维度上的符号互动。其符号结构在由底层结构向上层结构的编码过程中，要确保符号与一定文化语境在叙事结构上的一致性。与语言相比较，视觉语言符号的图画就是一种编了码的现实，犹如基因中包含人的编码生物类别一样。所以，图画总是比话语或想法更概括、更复杂。图画以一种在时间和空间上都浓缩了的方式传输现实状况。要避免视觉语言释义的偏差，因而在视觉语言编码的横向组合上，注重语境"序化"符号的过程。语境对符号的"序化"就是对符号"运行"所进行的规约，规约的根据是"在场"的符号之间相互作用时所应遵循的逻辑规则，如果符号意义不符合语境的逻辑规律，即被认为是违背了"序"，这就要求语言和文化符号按照"此在"语境的受众理解重新编码（孔梓 等，2014）。

装饰图形视觉语言编码组合与序列化具体体现的是在符号建构中有意味的形式创造。从底层结构的点、线、面、色彩基本语素的编码组合到上层结构艺术形象塑造的过程，所体现的是在题材选择、形式架构、色彩搭配、空间关系等序列编排方面呈现独具的匠心和

[①] 索绪尔认为语言性是符号学的一部分，与之不同，在巴尔特看来，由于我们对种种非语言性的符号系统及各种不同意义的"行为式样"和"文化现象"的读解，都需要通过语言这个不可或缺的"中转站"才能实现，因此他倒转了索绪尔的符号学观点，强调符号学是语言学的一部分而不是相反，这无疑给予了语言学在人文科学中足够高的基础性地位（肖伟胜，2016）。

丰富的营造技巧。这种创意的构想和形式编码，在语义表达上必然能够展现出装饰图形符号吉祥的情感愿景、独特的形式和鲜明的地域风格。像前文分析过的地域文化"语境"影响下装饰图形符号建构差异性等众多案例，表明"序化"的目的就是使符号的预期意义能够在语境中呈现。

由此可见，装饰图形视觉语言"横向组合"所体现的是在既定序列中受规则制约的符号组合关系，其在不同语境下的因横向组合方式不同，所产生的意义也会有所不同。

最后，装饰图形视觉语言编码在"纵向组合"维度上的符号互动，具体表现为其符号象征结构的"类比化"修辞表达。

纵聚合关系是由符号形式在人们的意识层面所唤起的印象，与其语义之间形成一种联想对照的关系。这种关系并不像视觉语言的编码组合和序列化那样有具体的视觉呈现，而是属于隐蔽的、潜在的视觉要素或者词语的聚集，只存在于潜意识的心理联想里面。其表达的关键在于符号形象象征结构的"类比化"呈现。对此罗兰·巴尔特等（2005）在《形象的修辞：广告与当代社会理论》中也提出过一种设想："类比性的再现（复制）生产的是真正的符号系统而不仅仅是象征的聚集吗？我们可以构想一种类比性的'语码'吗？"

例如，装饰图形符号中对"爱"的表达，在此主题的符号系列中，会因其作用与功能的不同而形成纵向的聚合关系在符号建构上，一方面按照横向组合上的"序化"营造，遵从视觉语言编码组合的视觉生理与心理审美形式法则；另一方面，在语义法则上，这一主题是可以通过"囍""鸳鸯戏水""和合二仙""喜鹊登梅""凤戏牡丹"等题材内容，在中国传统文化的语境中通过对这些题材内容的视觉修辞以获得情感的、隐喻的、概念化的"类比化"表达。

可见，纵聚合关系反映了人类认知机制对事物及事物本身生活经验的归类和概括。因此，表示某一事物或者某一部分生活经验的词的类聚便构成一个语义场（陈玫，2005）。在这个语义场中，装饰图形视觉语言"纵向组合"所体现的是有着某些共同点的符号在人们记忆中的组合，是一种联想、类比关系，同"横向组合"关系一样，在不同语境下因纵向组合方式不同，所产生的意义也不同。

（三）图形编码与解码

明清时期鄂湘赣移民圈民居建筑装饰图形编码与解码是不可分割的一个整体（图4-37）。

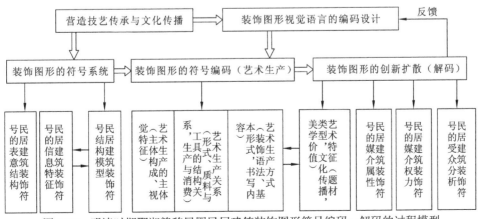

图4-37　明清时期鄂湘赣移民圈民居建筑装饰图形符号编码—解码的过程模型

斯图亚特·霍尔在《编码与解码》中对信息生产和传播做了理论性的研究，他认为传播包括：生产、流通、使用和再生产四个阶段。而且每一个阶段都会相对独立于其他阶段，如此信息在流通中就会受到限制。他认为在社会现实生活中，由于在每一个阶段信息都会被打上权力关系的烙印，所以信息具有复杂的统治结构，不仅如此，只有当一个信息能够被识别和评价的时候它才能够被接收，生产阶段的权力关系将大体符合消费阶段的权力关系，从这个意义上来说传播流通同样也是再生产权力关系的一种结构。这种分析使霍尔为社会结构引入一些符号学的范例，从而为文本主义者和民族主义者的研究扫清了道路。

编码和解码之间必须有着相应的契合关系，也就是说有着一种相互之间达成的协议，虽然两者并没有一种必然的联系，但是这种相应的协议是必须的，否则读者就会发现自己可以任意地进行解码。这两者的协议是建构的，而不是天生具有的。为了说明编码和解码之间的一些联系现象，霍尔通过三个假设来进行说明。

第一个假设是关于主要的霸权思想。当一个观众直接从电视节目中获取暗指的信息，并且根据所要求的方式进行解码，观众就是在霸权的编码之中进行解码的。电视节目制作时需要许多专业人员的编码，而这些编码同样是处于与意识形态密切联系的状态之下。观众在对信息进行解码的时候同样也依据主流和霸权的意义进行解码，这种解码过程被看作一种"理想的"解码。

第二个假设是关于达成协商的编码和姿态。在这种协商式的情况下，解码者在承认主流意义和宏观的思想下对信息编码进行"歪曲地"解码。于此，这种解码就会形成冲突性和差异性。

霍尔所认为的第三个假设是一种完全对抗性的解码，观众将信息进行完全的曲解，拒绝文本的主导性和霸权意义（夏晓鸣，2011）。

根据霍尔理论，结合明清时期鄂湘赣移民圈民居建筑装饰图形符号编码—解码的过程模型进行分析（图 4-37），发现装饰图形符号文本的意义在传播交流过程中存在多元的理解和诠释，其中有两点最为显著。考虑到研究内容的近似性，下面以《中国传统民居装饰图形及其传播》（冷先平，2018a）中有关中国传统民居装饰图形文本为例来进行具体分析。

1. 中国传统民居装饰图形文本编码与释义的不对称性

作为传播的文本，中国传统民居装饰图形的符号性，使其具备符号性格"能指"与"所指"的二元对立结构。在这个结构中，能指所指涉的点、线、面、形象、空间、肌理、色彩等都是它的物质表象构成，所指则是所要表达的思想或者意义。其中，意义是整个符号系统内的概念价值，也是传播信息的内容组成部分和传播意义的所在。

在符号的能指与所指关系中，它们是各自的独立，联系具有任意性。而任意性并非绝对的任意选择，在能指和所指默认已经约定俗成一致的前提下——即具有社会契约性的条件下，能指可以结合任意的所指，也就是说可以给能指赋予任意的所指。所以，从根本上讲，符号是人类社会传达意义的工具，必须是约定俗成的（郭鸿，2008）。中国传统民居装饰图形符号，就是在约定俗成基础上被工具介质所加工形成的具有传递功能的符号系统，这种符号系统在对传统民居建筑的装饰中，表现了形式与功能之间的联系，也体现了形式反映功能的约定。因此，中国传统民居装饰图形文本媒介是具有表达意义的符号媒介，在艺术传播活动中，有着自身特色的艺术传播行为，即艺术编码与艺术解码。

中国传统民居装饰图形的艺术生产，是一种艺术信息的编码活动。在艺术编码方式上，它有自己独特审美话语的表征路径、艺术符号链接规则和运作模式。

艺术编码的本质是意义的生产。艺术信息编码的内容和意义，是在具有社会契约性的条件下，在中国传统民居装饰图形符号"能指＋所指＝符号"的二元结构中，第二个层次表意系统中产生的。在这里，艺术家、营造者们总是会自觉或不自觉地选择改造世界和社会意识形态中的审美感知和传统的艺术表达方式，运用规范的视觉艺术符号语言，对传统民居装饰图形符号进行意义的编码，保证了其艺术语言在符号表意系统中发挥作用，使传播的内容信息得以交流实现。

艺术编码包括艺术低编码和艺术超编码两种模式。意大利著名的符号学家乌蒙勃托·艾柯（1990）认为：超编码就从现存代码推进到更有分析力的次代码，与此同时，低编码则从非代码推进到潜在代码。也就是说，超编码是人们借助现存的符码创造出次代码，而低编码则是在相关符码不存在的情形下，人们创造出来新的代码（陈鸣，2009）。

具体到传统民居装饰图形的艺术生产、艺术创作过程中，艺术超编码是从装饰图形艺术符号的两个层面上进行审美话语表征的。第一，规范的传统民居装饰图形艺术符号是中国传统社会意识形态中审美话语感性表达的范式，是其表意第一层次中可以被直接感知到的、具有合理性和丰富性的文本内容，是属于传统的、历史的和文化的，因而，能够成为一定时代人们所共享和遵从的艺术编码与艺术解码法则。其次，传统民居装饰图形艺术符号是隐含意义的象征表达。在符号表意的第二层次中，"隐含之义"层面的意义才是罗兰·巴尔特认为"神话"的意指，即"内在意蕴"。因而，在艺术编码过程中通过修改意识形态中规范的表达方式，通过形象、修辞或意象表达与艺术符号的链接，在已有的表达结构中注入新的意义，进而编织新的审美话语，即次艺术符码的再生产。

艺术低编码则是在现存的、规范的艺术符码缺失的语境下，由艺术家、营造师所完成的原创性艺术创造。低编码方式的基础是建立在人们感知模式上的创造性编码活动。它是编码者利用现有的符号感知模式，并将其投射、链接到符号的表达体系之中。在传统民居装饰图形的艺术传播史上，经过艺术低编码方式创造出来的新的装饰图形符号，最终也会成为新的规范和法则，影响以后的装饰图形样式的建构和发展。

另外，艺术编码后的传统民居装饰图形，作为文本媒介，具有了传达和表意功能。它们表现为将信息转化为符号和将符号转化为信息两个转化过程。这两个过程说明了艺术编码的信息不是单向传播，而是编码者和使用、欣赏、接受者之间的双向交流，前者把"意义"经过装饰图形艺术符号传递给后者，后者对这些艺术符号的理解是建立在社会约定俗成的基础上，限制并影响了前者对装饰图形艺术符号的使用。而且，在信息与符号的转化过程中存在语义的偏差。例如，在信息转化为符号的过程中，艺术编码者不可能将其思想、审美观念完全转化为受众能够译读的装饰图形艺术符号；反之，装饰图形艺术符号也并不能完全表达艺术编码者的设计意图。而在符号还原为信息的过程中，使用者、欣赏者审美接受的主体，其认识上的偏向和生理上的特点会引起审美感觉上的差异；同样，由于其审美经验、习惯及知识背景的不同也会引起认识上的差异，从而影响符号还原为信息的转换。

综上所述，中国传统民居装饰图形艺术编码与解码之间，艺术的编码与释义是不对称的。

一般来说，传统民居装饰图形的艺术编码通常是由艺术家、营造者预先选定的，在编码过程中存在建构性的规则和意义输入范围界限的作用和限制。作为意义的生产阶段，编码过程是在相对独立的环境中完成的，意义的指向依赖于进行编码的艺术家对装饰图形原材料有选择地加工，值得一提的是在编码过程中，意义的生产不是就此固定下来，它还要在传播交流中被解码，被接受并被重视。因而，广义的意义生产也应该包括解码过程中的意义重构。

在编码、释义过程中，传统民居装饰图形艺术编码与释义不完全对等，还与解码、释义有关。一方面，作为传播者的艺术家与接受者之间关系地位的结构位差直接影响传播交流中传播者与接受者双方对等性的产生；另一方面，解码和释义不仅仅是鉴别、解码某些符号的能力，而且还在于接受者的主观能力，要有自己存在的条件，能将传统民居装饰图形艺术符号放入其创造性的关系中，厘清编码时刻与解码时刻之间的相互关系，而非简单地将装饰图形艺术符号解码为自己所意愿接受的信息内容，而应该是在约定俗成的基础上进行解码。所以说，在中国传统民居装饰图形的艺术编码与艺术解码过程中、编码与释义的非对称性的存在，使得编码不能决定解码。因此，意义就成为文本建构与解读过程中，双方力量抗争与互动的结果。

2. 中国传统民居装饰图形文本的互文性

中国传统民居装饰图形文本在传播方式上是一种单向的、线性的、由点到面的传播，有着传统文本媒介在传播中所共有的开放性、相对性、多义性及不确定性等特征。作为艺术文本，其文本的共性不能够全面地概括出它的文本特点。在艺术传播过程中，它是借助传统民居建筑媒介，将所包含的意义及信息进行扩散和传播，并传递到接受者的。然而，艺术的接受不是简单、机械地接受，它是对传统民居装饰图形文本的感悟、融化、阐释及审美过程中能动地接受，在一定程度上，影响其艺术生产和建构。因此，可以说，互文性是传统民居装饰图形文本的又一特征。

任何文本都是互文本；在一个文本之中，存在着不同程度地以各种多少能辨认形式的其他文本。例如，先前文化的文本和周围文化的文本。任何文本都是过去引文的一个新织体（王一川，1994）。

所谓互文性，在《叙述学词典》中杰拉德·普林斯（2011）有较为清晰的定义："一个确定的文本与它所引用、改写、吸收、扩展、或在总体上加以改造的其他文本之间的关系，并且依据这种关系才能理解这个文本。简而言之，你中有我，我中有你，相互衍生、相互暗指，相互包含，这便是互文。"茱莉亚·克里斯蒂娃（2015），法国著名符号学家，在她的《符号学：符义分析探索集》一书中也曾经谈道：无论哪一种文本，都是其他文本的转换和吸收。每一个文本的存在都能够成为其他文本的镜子，它们之间彼此相连、相互关照，形成一个无限开放的网络并以此构成文本的过去、现在和将来的文学符号的演变过程和巨大开发体系。在文本的内部，文字符号、知识话语、语言系统和社会情节等都不是独立的、单一的，而是与其他文本的知识话语之间有着复杂、广泛的联系。

中国传统民居装饰图形，在它的发展历史中建立了具有自身特点的符号和话语体系。文本的互文性是其产生意义的一个重要成因。互文性具体表现在两个方面，其一是文本内部的互文，即在文本的水平层面上，在传统民居装饰图形文本内部，通过表现材料、艺术形象、艺术语言、表达内容等之间的对话性关系，或者是文本与文本之间有明确的语义连接，例如：在众多以"竹"为题材的传统民居装饰图形文本中，"竹"之"咬定青山不放松，立根原在破岩中，千磨万击还坚劲，任尔东西南北风"的气节，成为一种普遍推崇的寓意象征，并构成文本之间意义交互的方式，这种文化来源的互文性，提供了装饰图形文本审美意境建构的不同的方式，也为受众在审美、解读上提供了意义和欣赏的快乐。另一方面表现为文本外部的互文，通过传统民居装饰图形某一原始文本与其他文本之间发生相互的指涉关系。即一种文本之间的纵向垂直关系。还是以"竹"为例，在以"竹"为艺术形象的传统民居装饰图形的某一原始文本中，不同时期、不同的受众对其意义的解读和喜爱程度上有着很大的差别，它所呈现出来的意义会影响到作为"竹"的形象在其他文本中的指涉和意义解读，因此，通过这种互文的过程，在意义上，"竹"可以获得风骨高雅、坚定顽强、四季常青、竹报平安、长寿等多义性的象征。

中国传统民居装饰图形文本"互文性"产生的途径大致有三个方面。

其一是源于传统民居装饰图形自身的互文性。在传统民居装饰图形文本媒介中，艺术形象之间是相互关联的，是共生的、可以彼此跨越的。"蝙蝠"作为经常用到的艺术形象，可以涉及多个与之相关的文本，尽管形象的造型之间有所不同，但依然在差异之中保持着相互的关联及意义的象征。《抱朴子·内篇》载："千岁蝙蝠，色如白雪，集则倒悬，脑重故也。此物得而阴干末眠之，令人寿四万岁。"据传，蝙蝠乃为长寿之物，食之益寿延年。故在传统民居装饰图形中，多见蝙蝠形象，常与祥云纹样连用，寓意福分无疆，万事如意；或是与孩童并组，意味"纳福迎祥"；亦可以是三多与蝙蝠、常春花等组合为"福寿三多"。在这里，这种互文性促成了"蝙蝠"形象对人生幸福美好的象征。

其二是受众在艺术接受过程中的习惯和个体的艺术修养。在传统民居装饰图形的艺术传播过程中，受众的艺术修养及欣赏习惯，在同传统民居装饰图形文本的欣赏交流中，从其他艺术文本所传递的信息中，获取互文的知识，并引用到传统民居装饰图形文本艺术欣赏过程中，实现对文本的最佳解读和欣赏。

其三是装饰图形文本在编码过程中，所赋予文本意义的信息源。它是传统民居装饰图形艺术生产者的知识、文化、艺术审美修养的综合实力的表现，也包含了它在装饰图形的艺术传播过程中，对文本媒介互文性的把握，推动了作为装饰图形文本的强化和扩张（冷先平，2018a）。

第三节 图形的视觉形式

一、图形形式分析方法

一直以来，形式问题是中西方美学关注的重点，无论关注这一问题的内在动因还是范围和深度，形式问题的分析都是值得重视的。对明清时期鄂湘赣移民圈民居建筑装饰图形的形式分析而言，应秉承形式问题分析的传统，对民居建筑装饰图形包括装饰图形纹样及其纹样结构、装饰的图形纹样与装饰对象物之间的整合关系的装饰结构、形式语言及其类型的艺术风格等方面来探究其艺术形式的本质。因此，有必要探讨一下图形形式分析的传统和方法。

早在古希腊时期，形式问题作为西方艺术和美学中最富争议的问题之一，产生过两种形式观念：其一，认为具体事物的外观就是形式，将形式作为现象；认为艺术作品是内容和形式的统一体。其二，认为事物的内在本质就是形式，认为形式是事物形成、运动、变化、发展、灭亡的原因和根据，将形式作为本体；认为艺术作品是质料和形式相结合的产物。两种形式观从古希腊到 19 世纪初这段时间始终是纠缠、并存的。因此，西方艺术呈现出既追求对社会现实的再现和思想情感的表达，同时也注重对艺术形式及其技巧的试验和探索。从 19 世纪后期，以康德为代表的"先验形式"概念的提出，使西方形式理论发生了重要的转变，从而为形式美学的现代发展奠定了基础。康德认为，人类具有两种基本的认识能力，即感性能力与知性能力；那么与之相对就存在两种不同的先天形式，即感性形式与知性形式。他认为感性形式主要来自人类先天的形式直观能力，具体表现为时间、空间两种形式；知性形式则是经由人类自身的知性能力自发地生产出来的，具体表现为概念、范畴。

康德的感性形式和知性形式理论与古希腊的两种形式观都是相互对应的，是对 17～18 世纪的唯理论和经验论的折中与综合，同时也是对柏拉图、亚里士多德等形式观的折中与综合。就形式的"先验性"或"先天性"而言，康德的"先验形式"来自柏拉图，后者"理式"作为"范型"或"模式"，就是先验的、先天的，即先于现实世界而存在的；另一方面，就形式的"创造性"和"目的性"而言，它又来自亚里士多德，亚里士多德的"形式"作为事物的"本质规定"和"现实存在"，就包含着"创造因"和"目的因"，事物的生成不过是创造主体将"形式"赋予"质料"，是质料的形式化（赵宪章，1997）。在审美判断上，康德（2002）认为：感性判断正如理论的（逻辑的）判断一样，可以划分为经验的和纯粹的。前者是些陈述快意和不快意的感性判断，后者是些陈述一个对象或它的表象方式的美的感性（审美）判断；前者是感官判断（质料的感性判断），唯有后者（作为形式的感性判断）是真正的鉴赏判断（康德，2002）。可以看出，对审美的判断只与表象中的纯形式相关，而与构成表象的质料没有关系，显然康德在美学中关注感性形式，而放弃知性形式思想的一面；但是，在审美判断的演绎部分他却又把艺术与知性形式联系在一起，认为：诗人敢于把不可见的存在物的理性理念，如天福之国、地狱之国、永生、创世等感性化；或者把虽然在经验中找得到实例的东西，如死亡、嫉妒和一切罪恶，以及爱、荣誉等，超出经验的界限之外，借助于在达到最大程度方面努力仿效着理性的、预演的某种想象力，而在某种完整性中使之成为可感的，这些在自然界中是找不到任何实例的；而这真正说来就是审美理念的能力能够以其全部程度表现出其中的那种诗艺（康德，2002）。这句话所表达的观点是，艺术创作的使命就在于把知性概念和理性理念的抽象知性形式转化为可见的感性视觉形象。康德在这里强调了艺术创作的起点必然涉及知性，离不开艺术家思想中的抽象理念和概念，这与前面的观点恰恰相反。可见，康德美学充满了许多内在的矛盾，在形式问题上也不例外。但也正是康德美学中这种矛盾，尤其是对达至知、情、意融合和协调的心灵能力分析，开启了西方现代艺术史研究的形式论、理念论和感觉论[①]三个基本流派，并形成相应的对艺术作品形式分析的具体方法。

（1）结构分析方法是针对艺术作品本身特点的研究方法，主要借助数学、几何学、形态学等方法来揭示作品中存在的形态学问题；所关注的是形式秩序和形而上学等方面的美

[①] 康德哲学思想影响下，赫尔巴特继承了康德的形式论，下传到齐美尔曼、再传到费德勒、希尔德勃兰特的纯视觉理论，最后由里格尔和沃尔夫林具体化为现代艺术批评的理论。理念论的代表是瓦尔堡，他开创了图像学研究方法；下传给帕诺夫斯基和维特科夫尔等；后来被贡布里希·阿恩海姆等部继承发展，成为艺术史研究中最为重要的方法之一。感觉论的代表是沃林格，其理论中"抽象"与"移情"也成为后来在艺术品论中广泛使用的概念（周凌，2008）。

学问题，从而使形式分析趋向科学化。其代表人物为沃尔夫林和里格尔，二者研究的方法均侧重于研究艺术作品的风格变迁与形式结构。沃尔夫林的理论和方法立足于艺术作品的形式结构特征，特点在于将技术、理性和情感进行完美结合。例如线描与图绘、平面与纵深、封闭与开放、清晰性与模糊性、多样性的统一与同一性的统一等，即便是一根线，他也认为用一条均匀清晰的线条来描摹一个形体仍然具有从物质上领会的成分。眼睛的作用同摸索物体的手的作用相似（沃尔夫林，2004），具有独特的形式。里格尔与沃尔夫林之间既有一定的相似性，也有较大的差异性，他在黑格尔"理念说"的艺术史基础上提出"艺术意志"，认为艺术形式的变化来自艺术形式本身，使人们通过形式感知而非理念预测就能把握艺术的历史性变化。这标志着更加关注艺术家个人的创造性活动本身而偏离艺术作品外在的力量。

（2）象征分析方法是艺术史研究中的重要方法，主要借助图像学、符号学方法来分析艺术作品的意义。即采用图像志和图像学方法，注重将艺术作品与实践、现象及整体的社会文化联系起来。代表人物有瓦尔堡、潘诺夫斯基、贡布里希、米歇尔等。该方法的工具理性在"明清时期鄂湘赣移民圈民居建筑装饰图形的图像学维度"有过阐述，并在本书第四章第一节中有具体的应用。

（3）文书分析方法是源于结构主义和后结构主义哲学，是借助语言学和后结构主义解释学方法来揭示和模拟结构意味的方法。代表人物有罗兰·巴尔特等，借此方法的理论关照在本书第三章第一节中有深入具体的分析。

因此，明清时期鄂湘赣移民圈民居建筑装饰图形形式的分析研究，不是运用某一种孤立的方法，而是综合性的，并会因研究的目的和要求而侧重点不同，既可以在结构分析中缀合图像学方法和文本分析的方法，也可在象征分析中运用社会学和文化学进行结构分析，其目的在于获得对装饰图形形式更加科学合理的阐释。下文的研究将侧向结构分析方法的视角。

二、图形视觉形式分析

19 世纪 70 年代法国"为艺术而艺术"理论催生了"视觉形式"这一美学概念。从哲学上讲，"视觉形式"来源于形式。从形式的分类来看，柏拉图将其分为内形式和外形式两种。所谓内形式，即理式、共相；所谓外形式就是内形式所对应的外界，即殊相、现实。就视觉而言，亚里士多德（1959）在《形而上学》中指出：求知是人类的本性，……能使我们识知事物，并显明事物之间的许多差别，此于五官之中，以得于视觉者为多。他认为一切感官之中，最高贵的为视觉。且不论行动，即便我们一无所为，我们也乐于观看万事万物。而知识，就在万事万物的差异之间显现出来。可见，视觉就是知识，就是理性，就是光明（曹晖，2009）。再就观看客观物象的形色相貌而言，客观物象形色相貌诉诸形式的类别属于内形式所对应的外界，即殊相，是现实的"外形式"。由此，视觉形式引起 19 世纪德国艺术理论家康拉德·费德勒的关注，并将康德以降的形式主义纳入视觉形式创造的心理机制之中加以分析，使视觉形式成为多元形式观中的一个重要组成部分。康拉德·费德勒的形式理论得到了同时期画家马勒和雕塑家希尔德勃兰特的认同，并在沃尔夫林和里格尔这里发展成熟。因此，纵观形式分析发展的脉络，视觉形式必然涉及艺术生产者如何赋形于世界，建立艺术形式的理性等核心问题。对明清时期鄂湘赣移民圈民居建筑装饰图形视觉形式而言，其视觉形式不仅包括由点、线、面、色彩等底层视觉语言要素组成的空间结构，还包括视觉语言要素编码组合的规律和方法，工具介质所产生的斧凿刀刮的痕迹和肌理，材料自身的地域性风貌等物质特性，以及由此所表达的对外在形式的理解和把握。

（一）图形视觉形式结构及其原则

1. 图形视觉形式结构

明清时期鄂湘赣移民圈民居建筑装饰图形视觉符号的研究表明，装饰图形视觉形态——能指的结构包括由点、线、面等高度抽象的视觉语言语素的底层结构和由这些语素按照一定规则编码组合后的上层结构两个部分。装饰图形符号能指构成结构（图 3-7）实则是其视觉形式结构的具体体现。因此，根据针对艺术作品本身特点进行研究的结构分析方法推知，装饰图形视觉形式结构可对应装饰图形符号能指的结构，即抽象视觉语言语素建构的艺术形象。装饰图形物质媒介层面包括表层视觉形式和装饰图形语言编码的空间组织关系——深层视觉形式这两个基本层面。

深层视觉形式，即编码、组合后的建构空间组织关系，所反映的是装饰图形内部各种要素之间的联系，包括多样统一、节奏、对比、韵律、协调、和谐等。由这些空间关系所建立起来的装饰图形视觉形式结构，决定了装饰图形给予人的综合感觉，因为只有线条、色彩以某种特殊方式组成某种形式或形式间的关系，才能激起我们的审美情感（贝尔，1984）。装饰图形这种"有意味的形式"的视觉形式就能唤起人们的情感，一旦与环境、文脉相连，就会产生意义。表层视觉形式则是依赖装饰图形物质材料及其底层视觉语言所共同建构的物质媒介层面，包括点、线、面、体积、空间、色彩、材料肌理、质感等表现形态，是直接明了的客观实在，也是人们阅读装饰图形形式结构的起点，人们通过对表层视觉形式结构的感知和品味，能够引发出对深层视觉形式的阐释和理解。可见，装饰图形视觉形式结构的两个层次之间不是孤立的，而是相互联系的整体。这种联系给予我们以实在的更丰富更生动的五彩缤纷的形象，也使我们更深刻地洞见了实在的形式结构（卡西尔，2004），从而展现出明清时期鄂湘赣移民圈民居建筑装饰图形符号表达的丰富性。

2. 语言编码的形式原则

一般讲美是客观方面某些事物、性质和形态适合主观方面意识形态，可以交融在一起而成为一个完整形象的那种性质（李泽厚，1999）。这种性质究竟如何，可有规律和共性，对此，海因里希·沃尔夫林（2004）提出过类似的问题：史学家不应该问"这些作品是怎么影响我这个现代人的"，并用这个标准来评价它们的表现内容，而应当去认识这个时代有什么样的形式可供选择。这样就将得到一种根本不同的解释。通过对文艺复兴和巴洛克时期的绘画、建筑、雕塑等艺术形式的分析研究，其结论是肯定的。在《艺术风格学》中，他提出了五对概念：线描和图绘、平面和纵深、清晰性和模糊性、封闭的形式和开放的形式、多样性的统一和同一性的统一，并研究了这些概念本身的流变，以及它们与具体的艺术形式的对应关系。这种对美的形式规律的经验总结和抽象概括为人们对艺术作品形式的分析提供了可供借鉴的参考。因此借助这一理论范式，可以归纳总结出明清时期鄂湘赣移民圈民居建筑装饰图形的视觉形式编码建构中共同遵守的形式美原则。

（1）多样与统一。

多样与统一又称变化和统一，它反映了装饰图形符号的构成元素在编码组构装饰图形艺术形象、艺术形式等方面的总的要求。从辩证的角度看，多样与统一能够反映出造型艺术总的变化规律。具体体现在编码设计的表现形式上，就是构成艺术形象、艺术形式的点、线、面和色彩语言等在画面中既相互依存又相互对立的一种关系。若舍去其中某一元素的构成，将势必造成其他形象元素在造型上、形式上的变化。在多样、统一两者之间，倘若一味地追求变化，也会产生杂乱无章；若片面强调统一，也会使艺术形象、艺术形式呆板单调，缺乏感染力。因此，只有将二者结合起来，才能把握好设计编码符号语言的准确表达，创造统一和谐的视觉形式。

就装饰图形语言编码的形式而言，在其视觉形式的编码过程中常常会遇到各种各样的矛盾和要求，比如装饰图形构图中的聚散与虚实、图形形式与装饰建筑构件形体构造上的大小与方圆的关系、题材内容在安排上的主次，以及建筑装饰材料质料之间的软硬与轻重、粗糙与光滑等矛盾的因素。明清时期鄂湘赣移民圈民居建筑装饰图形艺术生产主体解决这些矛盾的方法，遵循的就是这一基本的原则。例如：在处理传统民居建筑屋脊的单调性问题时，民居建筑的工匠会把屋顶通过装饰，将檐角设计成鸟翅般的起翘或举折的造型形式，从而使屋顶整体在视觉形式上呈现出舒展如翼的轻盈之状，使这一造型形式产生飞动轻快的美感，从而改变了方正框架的呆板，以动感丰富了单调之感。湖北省阳新县李蘅石故居屋脊（图4-38）视觉形式的艺术处理就是多样与统一形式法则具体应用的好例子。

图4-38　湖北省阳新县李蘅石故居屋脊

（2）对称与均衡。

关于对称，是指围绕着一个点或者中轴线，将两个或两个以上相同或者近似的视觉元素按照对偶性的方法加以编码排列所产生的组合。在形式美学上是一致性与不一致性相组合，差异闯进这种单纯的同一里来破坏它，于是就产生平衡对称（哈姆林，1982）。对此，黑格尔（1979）早就指出：平衡对称是和整齐一律相关联的。形式永远不能停留在定性的一致性（整齐一律）里……。平衡对称并不只是重复一种抽象得一致的形式，而是结合到同样性质的另一种形式，这另一种形式单就它本身来看还是一致的，但是和原来的形式比较起来却不一致。由于这种结合，就必然有了一种新的、得到更多定性的、更复杂的一致性和统一性……。如果只有形式一致，同一性地重复，那就还不能组成平衡对称，要有平衡对称，就须有大小、地位、形状、颜色、音调之类定性方面的差异，这些差异还要以一致的方式结合起来。只有把这种彼此不一致的定性结合为一致的形式，才能产生平衡对称。

因此，对称也可以理解为同一性和差异性的结合。而均衡则是对称的一种变形，在形式上充分体现出静中有动，表现出一种稳定中的动态美。关于均衡，托伯特·哈姆林（1982）在《建筑形式美的原则》中也指出："在视觉艺术中，均衡是任何欣赏对象中都存在的特征，在这里，均衡中心两边的视觉趣味中心，分量是相当的。"他强调了均衡中心两边的形的分量关系，他所说的是"分量相当"，而不是"分量相等"，均衡中心两边的分量可能相等，也可能相近，因此，就可以按"等量"和"近量"来区分不同的均衡（诸葛铠，1991）。可见在视觉形式上，均衡打破了对称静止的画面而产生一种动态的美感。对称与均衡是一对矛盾，均衡打破了对称造型艺术形式的呆板，而对称又能使形式更加具有秩序感，所以对称与均衡是明清时期鄂湘赣移民圈民居建筑装饰图形视觉形式编码和谐组合的重要方式之一。

例如，湖北省通山县闯王镇焦氏宗祠中檐枋装饰的"三龙戏珠"木雕（图4-39）就是对称与均衡进行编码营造的典例。从装饰图形提取的视觉形式建构来看，整个构图以龙珠为中心，然后向左右两边等量安排龙形纹样，为打破绝对对称所带来的视觉上的呆板效果，在以龙珠为视觉中心位置并非绝对对称的安排，而是以"分量相等"的形量来进行安排布局的，从而使整个图形所建构的视觉形式不失对称形式的稳定，而且更显得灵活、多样。在民居建筑视觉形式编码中的"左祖右社""前朝后市""左阁右藏""左钟右鼓"等，都是对称与均衡编码设计得很好的案例。

图4-39　湖北省通山县闯王镇焦氏宗祠中檐枋装饰的"三龙戏珠"木雕

在中国传统民居装饰图形的建构中，均衡所表现的是同量不同形的形态，是异形同量的组合。它们是在特定空间范围内，构成的形式要素之间，以中心线或中心点保持力量视觉上力的平衡关系。在对称与均衡的关系上，对称的事物基本上是均衡的，但有些不对称的元素组成的传统民居装饰图形，由于符合"均衡"的形式美法则，它们也就依然能够产生强烈的美感。

（3）对比与调和。

对比是装饰图形在编码设计中，各构成元素之间通过比对所获得的鲜明的特点、强烈的视觉张力与视觉刺激。这种视觉要素之间的对比包括视觉形象上的大小、方圆、高低、长短、宽窄、肥瘦，以及方向、前、后、左、右，上、中、下等，质料上的软与硬、光滑与粗糙，色彩上的明与暗、冷与暖、深与浅等诸多方面。通过对比的互相衬托，可以更加明显地表达出各视觉要素之间的特点，实现重点突出的艺术效果。可以说，对比是对装饰图形视觉构成元素之间矛盾的展现。而调和则与对比恰恰相反，调合是把构成的各种视觉语言元素强烈对比因素在视觉形式上协调统一，使之趋向和谐与完整。

对比与调和反映了明清时期鄂湘赣移民圈民居建筑装饰图形视觉形式建构中矛盾的两种状态，对比是于同一中的差异，调和则是在差异中同一，二者是取得装饰图形视觉形式变化与统一的重要手段。

例如，湖北省通山县闯王镇焦氏宗祠中槛窗和隔扇门的装饰（图4-40）就用到这样的手法，在徽派传统民居建筑的门的装饰中，常用一些对比的表现装饰手法，通过建筑材料之间的对比，塑造形体之间的虚实对比，使用材料色彩之间的对比等来突出需要表现的主要装饰造型的部分，既丰富装饰图形的整体画面又突出了装饰图形的视觉形式。为了弥补或者避免装饰图形中的一些缺陷，图例中也常常使用一些诸如造型形式相近似的块面饰以纹饰来统一整体之间的对比关系，从而达到调和的目的。因此，在明清时期鄂湘赣移民圈民居建筑装饰图形编码营造中，对比与调和的作用是相互的，是一种对立统一的艺术手段和方法，它们在编码处理上不是简单的形量数值上多少的差异，而是以人的视觉感受为依据的对比与和谐的组合与构成。

图4-40　湖北省通山县闯王镇焦氏宗祠中槛窗和隔扇门的装饰及其提取的图形纹样

（4）条理与反复。

条理与反复的装饰现象可以追溯到原始社会彩陶的纹样上，作为一种实用的装饰手法它经过长时间的发展，逐渐形成一种美的形式法则而被广泛应用和继承。在装饰图形视觉形式的处理上，条理是把那些比较烦琐的视觉语言素材，以艺术处理的方式将其编码、排列合理、错落有致，从而达到视觉上整齐美观的感觉，并形成秩序化、规律化的装饰图形形式；反复则是将构成视觉形象的各种元素在编码设计中按照重复的规律和骨骼进行排列，强化其编码后的整体的视觉形式和视觉形象所给予人的视觉感受。在视觉元素反复安排的形式中，为避免单调的重复，往往会注意一些视觉元素在重复基础上的呼应关系。正是由于相关视觉元素及其所组构的形象互相之间的关联，相互呼应，才使得装饰图形作品的各个局部贯通一气，形成一个有机的整体，实现完整的美的视觉形式。

图4-41是湖南省岳阳市张谷英村王家塅建筑中厅堂梁枋木雕装饰及其提取图形纹样，

王家墩建于清朝乾隆年间，是张谷英村整个建筑群中保存比较完整的清代建筑。王家墩建筑厅堂梁枋部分的雕刻装饰显然借鉴了苏式彩画的建构范式，尤其是在开间中部形成包袱构图或枋心构图。该部分选用了大量的动物纹样装饰题材，画面感非常丰富。喜鹊作为吉祥的象征，民间常将喜鹊称为报喜鸟，由名字就可以看出民间对喜鹊的喜爱。喜鹊等动物纹样与梅兰等植物纹样相搭配，是吉祥与喜上眉梢的象征。中间还有蝙蝠纹样，代表吉祥福气。下侧两角的小雀替是麒麟与鱼两种装饰纹样的组合，头为麒麟，身上鳞片，尾为鱼尾，鱼尾上部还有戏珠，鱼与"余"谐音，有年年有余之意，象征生活和谐美满，富足自在。两者结合的表达设计感丰富，趣味性十足。为使所装饰的建筑部位更加美观，工匠们还在两者的基础上，配置万字纹和回纹的重复排列，经过这样的艺术处理，使简单的单元重复与"包袱"中的视觉形象产生统一感，使装饰图形视觉形式产生既统一又有变化的艺术效果，从而使整个装饰作品显得精美丰富，也展现了工匠们运用条理与反复进行创造的精湛技艺，同时也传播其深远的文化内涵。

图 4-41 湖南省岳阳市张谷英村王家墩建筑厅堂梁枋木雕装饰及其提取图形纹样

（5）动感与静感。

在明清时期鄂湘赣移民圈民居建筑装饰图形视觉形式编码中，动感与静感是源于主体在生活中对客观事物的反映。动感与静感都是相对的。具体到装饰图形视觉形式中，就是艺术生产主体将装饰图形视觉元素与表征的内容联系起来所产生的运动和静止的视觉感受。

一般来说，在装饰图形中具有动感的视觉元素通常表现出比较活泼、生动的特征，而具有静感的那些视觉元素则显得稳重、严肃。图 4-42 是通山县吴田村王明璠府第（大夫第）水纹门框及其提取的图形纹样，从提取的装饰图形形式来看，静态的横线与弧形的结构构成了整个画面视觉形式的动感与静感结合体，饶有意味。

大夫第中这种用抽象的纹饰和构造编码组合出动感与静感相统一的例子很多，例如在院内隔扇门窗上，有使用简单格纹或形体呈基础几何纹；亦有根据几何变换排列串珠柱体，形成规律性几何装饰；院内部分简易造型的垂花也使用了几何外形。此外，大夫第的隔扇门上还将单元几何形进行了更为巧妙的组合，将各不等边方形以书条式错位，组合形成新的单元体，并在此基础上四方连续而成新的图案，图案远看呈环环相扣的圆形，形成"以方砌圆"的视觉效果，所编码的组合极富趣味性，形成的视觉形式不仅动静结合、刚柔并济，而且极富美感、寓意美好。由图4-42还可以看出，动感与静感是人们视觉经验感知的产物，比较而言，装饰图形视觉形式编码组合的好坏，还依赖于艺术生产主体对具体创造对象的客观判断和艺术形式的把握。

图4-42　湖北省通山县吴田村王明璠府第（大夫第）水纹门框及其提取的图形纹样

（6）节奏与韵律。

视觉艺术中的节奏与韵律不同于音乐，在视觉艺术中，视觉节奏、韵律的表现可以给基本主题增加一些交替出现的变奏，还可以预示一种渐进的展开（普雷布尔，1992）。音乐艺术中，节奏是指音响节拍轻重缓急有规律的重复和变化；韵律是在节奏基础上的不断丰富、发展，并赋予节奏以抑扬顿挫及强弱起伏变化的情感色彩。前者立足运动过程中形态的变化，后者则通过神韵变化给人以充满审美情趣的精神上的满足。在装饰图形符号的编码中，充分借鉴了音乐艺术的编码规律，通过视觉元素编码组合的视觉形式上的节奏与韵律的排列组合，使装饰图形视觉在形式上产生强烈的节奏感与韵律感。这一点可以从湖北省阳新县枫杨庄乐氏祠山墙的造型（图4-43）中一见端倪。

图4-43　湖北省阳新县枫杨庄乐氏祠山墙的造型

（二）图形视觉形式的编码方法

构成明清时期鄂湘赣移民圈民居建筑装饰图形视觉形式美的因素包括：形式美编码组合的感性质料、形式美的感性质料与语言要素之间的组合两大部分。对于装饰图形的视觉形式编码建构中共同遵守的形式美原则前文已有研究，下面从其视觉形式具体的编码方法方面来进行分析。

1. 引借与夸张

引借是装饰图形视觉形式编码常用的方法。由于人们对装饰图形符号的认识有一个潜移默化、日积月累的过程，会对所熟知的装饰图形符号产生一种刻板印象，所以营造中的艺术生产主体会根据这一心理，将传统的、经典的装饰图形符号中的部分内容或者片段引借到主体所构想和营造的装饰图形作品之中，以期获得良好的艺术效果。例如在由牡丹和雄鸡题材组成的装饰图形符号中，雄鸡形体高大英武、气概雄伟，是谓"鸡鸣将旦，光明到来"，可取"公"与"功"，"鸣"与"名"以喻"功名"，与象征富贵的牡丹编码组合在一起，成为"功名富贵"的象征，可寓意仕途康庄。如果将其中的"雄鸡"替换为"白头翁"，由于"白头翁"的符号语义迥异于"雄鸡"，常具有民间夫妻和睦的寓意，因而与牡丹的编码组合象征所表达的是"白头偕老""白头富贵"，有别于"功名富贵"。这种引借的修辞方法在千百年来的民居建筑装饰图形符号的营造中经久不衰，常用常新。

夸张是在装饰图形所选取题材客观自然形态的基础上，依据民居建筑需要装饰的构件形状、大小及装饰所要表达主题的要求，进行一些局部的修改或艺术处理，以达到夸大、强调和突出这些局部的作用、影响的方法。这种方法可以增加装饰图形符号的信息量和增强其艺术感染力。

2. 解构与重构

解构是对装饰图形符号和已有规则约定的一种颠倒和反转处理，这种方法强调的是装饰图形符号的碎裂、分解、叠合、组合；重构是根据装饰图形符号建构的需要和艺术生产者的主观意念，在原有的装饰图形符号系统的基础之上，通过分解、打散原有系统之间的构成关系进行重新组构，从而形成一种新的秩序。解构与重构的方法都不是简单的符号堆砌与重叠，而是在新、旧关系并存的基础上建立一种新的秩序，使装饰图形的历史文脉与时代之间发生有机联系，装饰图形的程式化创新多用此种方法。万字纹（图4-44）是明清时期鄂湘赣移民圈民居建筑及其装饰艺术生产中常用的题材，是一种反复、频现的大众文本，属于一种功能性很强，同时也是社会性很强的艺术符号。它的艺术感染力在于在它的发展过程中通过人们解构、重构等艺术手法的处理，最终形成稳定的符号系统，为人们所视觉感知和欣赏。从符号的话语上来看，有着相对固定的意义指涉和象征指向，因而在其视觉化的表达形式上趋于程式化。

万字流水纹石窗　万字纹石窗-1　万字纹石窗-2　万字不断头纹石窗　万字博古纹石窗　万字纹福纹石窗

图4-44　万字纹

3. 裂变与抽象

抽象是在夸张变形的基础上，进一步将具象的视觉形态进行加工、提炼和简化，成为更具典型性，内涵意义更为深广和高度抽象的视觉符号，以引起人们的注意和联想。

裂变则是在装饰图形营造中利用叙事的修辞手法使所表达的题材内容产生形态方面和语意方面的冲突，以起到强化装饰图形符号信息和延长受众观看欣赏时间的目的。尤其是语意裂变，通过有意的视觉语言编码、改变原有符号构成的元素和叙事方式，从而打破旧有的社会约定——任意性，使装饰图形符号融进新的内容，满足人们不同的审美需要。

4. 移位组合

装饰图形符号建构中，艺术生产主体在进行形象变化时，常常将不同的造型给予局部或全部的重叠交错，使形与形之间产生"透叠"的视觉效果，相重叠的部分产生了共有形与原形之外的形象感觉，这种移位组合、依形共生的方法可以使装饰图形符号中的视觉形象与形象之间达成巧妙的构成，使所描绘的客观物象在装饰图形虚实空间中形成巧合，从而产生一种天衣无缝的艺术效果。

（三）图形视觉形式美的价值

一般来讲，在人类文化的创造活动中，造物目的之实用性和观念形态及美的意识的介入往往是自然整合的、一体性的（翁剑青，2006）。明清时期鄂湘赣移民圈民居建筑及其装饰，既可以体现在所装饰建筑构件形体的形式结构方面，如建筑构件中的雀替等造型与各种雕刻、彩绘等物质媒介层面；也可以体现在这些作为装饰图形物质媒介的视觉表层结构方面，如装饰图形的纹样、色彩等表现方面、诸如具象、抽象、意象等各种不同编码的处理方式都有可能为装饰所采用。因而从总的艺术风格和形式上来看，其审美价值具有多样的特征。

关于审美价值，黑格尔（1979）指出："审美价值的对象就是美的领域，说得更精确些，它的范围就是艺术，或者毋宁说，就是美的艺术。"可见，对审美价值的追求是一切艺术品的共同追求的目标，其审美价值涵盖的范围亦属于美学范畴。明清时期鄂湘赣移民圈民居建筑装饰图形也不例外。下面从三个方面来进行具体分析。

（1）明清时期鄂湘赣移民圈民居建筑装饰图形视觉形式美有益于民族精神与传统文化的传播。

从审美价值涵盖的内容和特征来看，所谓审美价值就是指审美客体的属性对主体审美需要的满足，是审美主客体关系的特殊方面和结果，是对象特定的属性与主体需要发生作用时显示出来的令人获得审美享受的一种价值，也就是人们通常所讲的广义的美。与其他价值形态相比，它具有超功利的精神性、强烈的情感性等特征（邱正伦，2002）。

这种价值之于明清时期鄂湘赣移民圈民居建筑装饰图形，就是通过其视觉形式传递出来的一种思想哲学、一种精神理念和一种意境氛围；同时也包含着在营造过程中于形、色、情、神相互融渗、相互影响所形成的和谐统一，并由之给予受众的审美享受。从民居建筑及其装饰图形的营造来讲，一方面，民居建筑及其装饰图形通过艺术生产主体的艺术生产劳动，赋予其媒介的特性包含了有关个人生存观念、社会伦理观念和自然宇宙观念等方方面面的信息内容；另一方面，美的要素可以分为两种，一种是内在的，即内容，另一种是外在的，即内容借以现出意蕴和特征的东西，即形式（黑格尔，1979）。建筑作为一种艺术形式，无论在内容上还是在表现方式上都是地道的象征型艺术（黑格尔，1979）。装饰图形作为与民居建筑同生共存的统一体，其象征的内容也非常的丰富，对装饰图形的题材范围的研究表明，这些内容主要包括：风水观念、宗教观念、价值观念、家庭观念、长寿观念、生殖观念、等级观念、富康观念、伦理观念和自然宇宙观念等。这些无疑都是民居建筑及其装饰对社会现实生活的反映，同明清时期的社会的政治、经济、文化、宗教和生活习俗等密切相关，直接体现着这一时期人们的社会生活理想、观念、审美情趣和爱好。从这个意义上讲，明清时期鄂湘赣移民圈民居建筑装饰图形视觉形式美有益于民族精神和传统文化的传播。

（2）明清时期鄂湘赣移民圈民居建筑装饰图形视觉形式美有益于装饰图形的个性美与和谐美。

明清时期鄂湘赣移民圈民居建筑装饰图形的视觉形式是无限丰富的，其包括编码序列、环境、色彩、造型形态、符号结构及材料质地等构成装饰图形视觉形式的基本因素。它们都是直接作用于人的视知觉，并形成装饰图形视觉形式美的客观基础。如果一件艺术作品的形式只注重记述事实，或者陈述故事情节，或者暗示日常生活中的情感和现实生活的内容，那么，它们称不上艺术品，它们不能触动我们的审美情感，因为感动我们的不是它们的形式，而是这些形式暗示和传达的思想和信息（贝尔，1984）。可见，有意味的形式离不开与内容的关联，也离不开作为艺术生产主体的审美知觉及其独特的语言表达。

装饰图形视觉形式美产生和谐。从前文的分析来看，形成装饰图形视觉形式美的最基本的原则之一就是和谐，即通过建筑与建筑之间，建筑内部各部分之间，以及建筑与环境之间构成的空间有机组合体现。它贯穿了形式美的法则，如变化和统一、均衡和对称、对比和微差、比例和尺度、节奏和韵律等。这是从民居装饰图形视觉形式本身来看，如果从其视觉形式的内涵来看，充分体现了我国传统的、特有的认知世界方式，即"和谐宇宙观"，在思想观念和题材选取上以突出和谐自然、和谐人伦及和谐人格等为要旨。因此，装饰图形视觉形式中最基本的真、善、美原则实际上都是和谐之美的具体体现。

个性美是装饰图形视觉形式美的另一个重要表现。歌德在《论德意志建筑》中早就指出："只有显出特征的艺术，才是唯一真实的艺术。"对装饰图形视觉形式而言，这种个性特征体现在两个方面。一方面，装饰图形的视觉形式尽管无限丰富，但其艺术表现的目的、对象或者所处的地域等可能会因为各种不同的原因而不同，也就是说艺术这个事物的各个方面是数不清的，而且时时刻刻都在变化着（卡西尔，1985）。因而作为艺术生产主体的工匠在装饰图形符号的艺术生产过程中，会因上述种种原因使具有共同主题、相同题材内容的装饰图形的视觉形式及其艺术形象呈现出很大的差异，这也是突出其鲜明个性特色之所在；另一方面，装饰图形符号的建构离不开艺术生产主体的劳动，某种程度上装饰图形的艺术生产是一种程式化的生产，但程式化并非可以扼杀艺术生产主体在生产过程中的个性表现。因为他们主观方面的特点和独特的营造技艺会自觉地形成装饰图形作品美的个性。由此可见，明清时期鄂湘赣移民圈民居建筑装饰图形"有意味的形式"丰富了其个性美与和谐美的内涵。

（3）明清时期鄂湘赣移民圈民居建筑装饰图形视觉形式美有益于装饰图形的继承和发展。

明清时期鄂湘赣移民圈民居建筑装饰图形视觉形式美的个性和独特创造并不否认其审

美的普遍性，以及基于营造技艺与手法在历时变化中的继承和发展。其艺术风格是随着传统民居建筑及其装饰技艺不断发展而形成的，充分展露出利用材料质感和工艺特点进行艺术生产的艺术特征并形成优良的文化传统。再从装饰图形符号文本来看，与精英文本①不同，它是在现存的、规范的艺术符号编码的语境下实现的。

一般来讲，艺术的创新离不开对传统的继承。创新是艺术发展的必然规律，它贯穿于整个装饰图形艺术生产、艺术传播和艺术消费接受过程的始终，但创新离不开传统的基础，离开了对装饰图形营造文化和技艺的继承就谈不上创新。明清时期鄂湘赣移民圈民居建筑装饰图形视觉形式美有益于装饰图形的继承和发展，所影响的创新形式非绝对意义上的创新，而是一种程式化的创新与发展。

首先，装饰图形是一种社会性很强的造型艺术，也是反复频现的大众文本。其艺术感染力在于通过视觉形式为人们直观感知和欣赏。在它的发展过程中已经形成了稳定的符号结构和话语表达，并在中华文化的语境中，与明清时期鄂湘赣移民圈地域范围内的民居建筑及其装饰图形的物质生产和民俗文化生活相互对应。在中国，遵从"祖宗之法不可变"，即尊重祖宗就是恪守祖制的文化传统；因此，民居建筑及其装饰图形在建造的形式、结构技术和装饰等方面，守成，即程式化是必须的。当然，这种守成不是机械地复制，而是在基于"传统因素的传统化构造"的基础上，通过创新的营造提供众所周知的形象与意义"，以"维护价值的连续性"和"构造传统文化产品的传统体系（周宪 等，1988），是一种程式化创新。

其次，明清时期鄂湘赣移民圈民居建筑装饰图形在发展中形成的形式法则及其营造的传统，不仅在其自身的程式化创新中发挥作用，而且作为一种优秀的文化基因、文化传统，对现代建筑及其装饰设计和相关艺术设计的协同创新都具有意义。

因此，明清时期鄂湘赣移民圈民居建筑装饰图形视觉形式美的价值，是在漫长的社会实践和历史发展过程中形成和发展的，有关其营造的历史文化传统、思想观念、视觉心理、情感表达及其营造技艺的历史积淀，最终形成根植于民居建筑及其装饰艺术实践的有意味的形式，彰显装饰图形视觉形式美的本质。

---

① 在创新问题上，艺术低编码所建构的精英文本，是在现存的、规范的艺术符号编码缺失的语境下的编码建构活动。常常表现为具体的艺术创造主体或者作品发展过程中逻辑的、连贯的、历史的创新链。

第五章 明清时期鄂湘赣移民圈民居建筑装饰图形符号的象征谱系

明清时期鄂湘赣移民圈民居建筑装饰图形符号的历时性建构，使其具有了一种固定的表达力，并建立了自身的视觉图像系统。如果一种系统自身具有的语言表达能力越强，说明它的符号性就越强。这是因为通过系统的语言表达把意义符号化，形成人们在视觉系统中对图像既定的认识和看法，促成其图像视觉传播体系的形成。从传播学的观点来看，民居建筑装饰图形符号的力量来源于它们自身的表达能力，即符号编码后所形成的审美沟通能力，这种能力赋予其诸多属性的含义或约定俗成的概念性含义。例如，《礼记·曲礼上》记载："三十曰壮，有室。"所谓室者可谓房屋、房间、内室，亦指妻室。例如，"鸡"与"吉"谐音，"石"与"室"谐音，故传统装饰图形经常采用"鸡""石"题材，即鸡立于石上，组合而成"室上大吉"，以此寓意生活富裕、合家安康。因此，装饰图形符号的题材内容、形式形象和意义等根本要素的显现是具有象征性价值的，以表达其装饰的意图、思想和感情。

第一节　图形符号的象征

一、象征符号

象征符号是一种古老的普世语言。符号发展的历史流脉与传承表明，符号建立初始一定是源于原始的崇拜，比如华夏文明对"龙"的崇拜。符号的象征是由再现（模拟）到表现（抽象化），由写实到符号化，这正是一个由内容到形式的积淀过程，也正是美作为"有意味的形式"的原始形成过程之中（李泽厚，1989），获得了对外部世界的抽象，而且还实现了其内涵与意义的传递与演化。因此，象征符号是人们逐渐积累的、具有典型特征并代表某种事物相应含义的标志性记号（罗子明，2007）。许许多多具有共同意指和核心意义的符号便构成了其象征的体系。

明清时期鄂湘赣移民圈民居建筑装饰图形作为传播的艺术符号，既有一般大众传播的共同特点和传播的方式，同时，也因有着很突出的"艺术性"而呈现为以艺术传播为基本特点的视觉传播。从艺术符号的构造上来看，它是众多视觉艺术语言所组成的集合体，其象征借助民居建筑及其符号的物质载体等媒介来储存"意义"，并通过民居建筑的各个部件，如屋顶、屋脊、门楼、窗、脚线、柱石等媒介物，采用雕刻、绘画等造型手段，以寓意或者象征的方式和视觉形象化的语言外显出来。传播符号学理论表明，这种构造所指涉的对象与符号的象征意义之间没有内在的必然联系，其意义是在中国传统社会中，在约定俗成的基础上，即在一定的社会生活环境中，象征符号与所指对象之间有关联的意义，并在不断的呈现与再现之中发展演变而成。因此，在指涉关系上，作为符号的装饰图形的象征意义可以获得相近性和多样性的解读。

首先，明清时期鄂湘赣移民圈的自然地理环境和多元文化，对受众在审美接受过程中有关装饰图形符号意义的理解会产生影响。就装饰图形的象征意义——"神话"而言，它有着不同于作为题材内容的一般意义的本体意义。例如，湖南省浏阳市大围山镇锦绶堂脊檩部位"暗八仙"题材的彩绘，这些题材的本体意义可以理解为渔鼓、葫芦、宝剑、扇、笛子、玉板、花蓝、荷花等自然事物，或者说是装饰图符号能指的直指面，即这些题材内容给予人的视觉直观印象。而"神话"则是一个社会构造出来以维持和证实自身存在的各种意象和信仰的复杂系统（霍克斯，1987）。这种神话言语的素材（语言本身、照片、图画、海报、仪式、物体等），不论一开始差异多大，一旦它们受制于神话，就可被简约为一种纯粹的意指功能（巴特，1999）。由此来看，"暗八仙"题材"神话"的意指显然超出了那些自然物象一般意义的本体含义，而彰显的是"炼丹药救众生，镇邪驱魔，起死回生，妙音令万物生长，一鸣惊人、万籁无声，广通神明，洁净不污、修身养性"的民俗文化象征和中国古代农业社会民间的一些心理追求。"暗八仙"题材装饰图形符号的"神话"说明，符号的象征意义在艺术传播过程中，经过不断地呈现与再现，其象征会被不断重复和规约。由于符号意指与文化语境之间的差异在传播互动中突破了原有的樊篱，使传播双方所具有的意义趋于接近，形成共同的"意义空间"，便于传播的交流。因此，符号意指功能实现的过程就是其象征意义经由"意义—互动—解释"的过程，是符号意义转换的交叉与共同建构的过程。受众由此可建立对民居建筑装饰图形符号象征意义解读的基础。

其次，在民居建筑装饰图形符号象征意义由"意义—互动—解释"的生成过程中，符号传播意义的交叉、接近不等同于一一的对应关系。因为，一个符号不仅是普遍的，而且是极其多变的。可以用不同的语言表达同样的意思，也可以在同一种语言内，用不同的词表达某种思想和观念。真正的人类符号并不体现在它的一律性上，而是体现在它的多面性上，它不是僵硬呆板的，而是灵活多变的（卡西尔，1985）。例如，前文"暗八仙"中的荷花，是明清时期鄂湘赣移民圈民居建筑装饰图形中常用的题材内容，具有复杂的多种寓意。关于荷花的品格，宋代周敦颐撰《爱莲说》曰："予独爱莲之出淤泥而不染，濯清涟而不妖，中通外直，不蔓不枝，香远益清，亭亭净植，可远观而不可亵玩焉。"关于它的多种寓意，《国风·陈风·泽陂》记载："彼泽之陂，有蒲与荷。有美一人，伤如之何？寤寐无为，涕泗滂沱。"此处的荷花被比喻为让人倾慕久已的美女。而在"牵花怜并蒂，折藕爱连丝"（王勃《采莲曲》）的诗句中，"藕"与"偶"谐音，并蒂莲开、藕断丝连，都非常适合象征缠绵的男女爱情。在明清时期鄂湘赣移民圈民居建筑装饰图形中出现的"和合二仙"，人物造型为一人持荷，一人捧盒，以暗示"和合"，与"暗八仙"中的荷花洁净不污一样，均寓意祥和、吉利。而"一路清廉"的装饰图形，则取荷花即青莲，谐音"清廉"之意，与白鹭组成装饰图形符号，以此寓意为官清正，不同流合污的个人追求和高尚品格。此外，在多元文化的碰撞中，佛教中所说的"花开见佛性"中的花即指荷花，以此花开来寓意修者达到智慧的境界，象征佛教的净洁、神圣。故而在中国及世界范围内，广大的佛教信徒都会以"出淤泥而不染，濯清涟而不妖"的高尚品质激励自己。

荷花象征意义表达的案例表明，符号的意指作用的形式与图形代码是按其用途经过推理而产生的，象征符号的意义一旦被人们所赋予，经过人们普遍的认同和约定后，就会进入信息交流的传播系统。然而，在这个给定的交流关系的结构系统中，总有一些符号所附属的物质载体与内涵的或者外延的含意之间还没建立起明确的、牢固的联系，需要借助符号载体与含意之间的区别去推断、去认识符号物质载体的物化形式与表达意义是可以被描述的，也是可被分类的。在物质载体与含意之间，前者是可见的也是可描述的，如荷花；而后者是可变的，如荷花的多种象征寓意。因此，装饰图形符号的传播功能、象征意义都是有条件的，要受时间、空间及对象等因素的制约，这样，符号的多层次、多视角的多义性解读才成为可能。

二、象征意义

一般认为，符号是人们共同约定用来指称一定对象的标志物，包括以任何形式通过感觉来显示意义的全部现象。在传播层面上，符号的象征是通过装饰图形一些特定的、容易引起联想的具体视觉形象，来表达装饰的思想、意图和感情。因此，明清时期鄂湘赣移民圈民居建筑装饰图形符号意义表现为其符号的内涵，即隐藏于装饰图形符号之中的而且被传递出来的所指内容。

（一）象征意义的结构

民居建筑装饰图形符号的象征意义，在结构上具有双重或多重意义。法国符号学家皮埃尔·吉罗（1988）认为："符号的意义分为内涵和外延两种不同的性质，其中，外延由客观构想的所指所构成，内涵是与符号的形式、功能相关的主观价值；内涵与外延构成意指作用的两个基本的、对立的方式。从人们的理解和情感来说，符号的功能主要表现为指代功能，即客观的、认识的功能，以及情感功能，即主观的、表现的功能。这两种最重要的符号学表现方式，理解表现在对象上，情感表现在主体上，并形成逻辑符号学和表现（情感）的对立。"根据皮埃尔·吉罗的理论对明清时期鄂湘赣移民圈民居建筑装饰图形符号的象征意义结构进行划分。其一为装饰的图形题材内容视觉符号的本义，也是其理性意义；其二是装饰图形的寓意或象征意义，即通过装饰图形符号审美的意指链接而发生的装饰图形符号与意义之间的种种关联。

传播符号学理论认为，任何符号都是"意义"的凝聚，也是"意义"的呈现。民居建筑装饰图形符号能够作为"象征物"是因为它具有"意义"。凡是事有意义的东西就是一个象征，而意义恰恰是象征所表现出来的东西（史宗，1995）。象征即"意义"，一旦我们环顾自身，就会发现自己浸染在"意义"之中，一切东西都有它的象征意味，并随文化和时间的不同而改变（何林军，2004）。

从符号的结构来看，符号的意义源于符号的组成部分，源于符号在其同一系统中与他者的关系。"意义"与概念纯粹无区别，不是由正面内容所界定，而是由体系的其他措辞的负面关系所界定（索绪尔，1980）。也就是说，在二元对立的最为基本的符号结构系统中，符号至少要有一个对立的他者，即能指↔所指，才能存在价值和意义。可见，在最简单的意义上，一切代表或表现其他东西的都称为符号（象征）（波拉克，2000），亦表明符号或者广义的象征其实就是一种意义关系，是由能指与所指构成的一种意义结构，能指与所指之间一一对应。从本质上讲，广义的象征意义是狭义象征的基础，即狭义象征是一般符号的延伸，或者说是一种符号的变体；符号与符号之间的意指功能是象征的基础层次，象征意义要依附于字面意义之上，因此象征首先是符号或者记号，是指从能指角度替代他物的东西（艾柯，1990）。依照艾柯的观点可知，这种符号性的存在就是象征的物态化或物化形式。就像湖北省通山县吴田村王明璠府第（大夫第）建筑中的莲造型垂花（图 5-1）符号那样，意味着象征包含在符号之中，象征不仅有其符号性、表意性的一面，也可以充当认识的工具，具有认识功能。

图 5-1　通山县吴田村王明璠府（大夫第）建筑中莲造型垂花及其视觉形式

根据上述分析，可以理解明清时期鄂湘赣移民圈民居建筑装饰图形作为象征的符号，其意义的产生与它所处的自然地理环境和文化背景息息相关，这些因素决定着符号的被制造、被建构，也决定着它的意义生成。表 5-1 是根据文献资料和调研资料整理的部分装饰图形符号中艺术形象（题材）与其所代表的相关联意义的结构（十堰市文物局，2011）。

表 5-1　鄂西北地区常见植物花草题材建筑装饰

植物花草	寓意、表现手法及文化内涵	实例
牡丹	牡丹被称为万花之王，是富丽、华贵的象征。鄂西北移民地区传统民居建筑装饰中牡丹纹样常见于墙柱上的石刻装饰，檐枋、门窗等木作雕刻上。也会以组合图案的方式出现，如：牡丹插于瓶中，象征着平安富贵；牡丹与石榴搭配，有富贵多子之意	饶氏庄园大门牡丹木雕 （湖北省丹江口市浪河镇黄龙村）

·171·

植物花草	寓意、表现手法及文化内涵	实例
莲花	莲花又称荷花、芙蓉,常用"出淤泥而不染"形容莲花。莲花象征着坚贞与纯洁。同时,莲花是佛教的标志,寓意着圣洁和吉祥。鄂西北移民地区传统民居中莲花的纹样多作为脊花出现在屋脊上	 陈家老屋莲花状柱础(湖北省郧西县河夹镇狮子沟村)
梅花	梅花因其所处环境恶劣,却仍旧凌历寒风中傲然绽放于枝头,被赋予了一种不屈不挠、坚强乐观的精神。是"凌寒独自开"的"傲"。在鄂西北地区传统民居建筑装饰中,梅花常出现在格栅门、格栅窗的木雕上及一些墙柱的石刻上。梅花也会与其他纹样组合出现,如梅花与喜鹊的组合图案,被称为"喜上眉梢"	 金家大院"喜上眉梢"柱础 (湖北省丹江口市盐池河镇水竹园村)
兰花	兰花常在深山野谷中开放,有种不以无人而不芳的"幽",具有林泉隐士气质,也具有翩翩君子风格,更表现出一种不求仕途通达、不沾名钓誉、只追求胸中志向的坦荡胸襟。兰花象征着高洁、典雅、爱国和坚贞不渝的品质	 刘家老屋兰花石雕柱础(湖北省竹山县双台乡花园村)
竹子	竹子外形挺拔、枝杆笔直、形象修长、四季青翠,凌霜傲雪,因其内部是空心,被赋予了虚心和刚正不阿的品质	 饶氏庄园正门北边石门墩"梅花鹿与竹子"石雕 (湖北省丹江口市浪河镇黄龙村)
菊花	菊花多见于秋季,有种恬淡的疏散气质,被看作高傲的代表	 李家老屋门楼抱鼓石"菊花"鼓面 (湖北省丹江口市习家店镇行陡坡村)
松柏	松柏四季常青,被看作长生不老的象征	 柯家老屋"猴与松柏"石窗雕刻 (湖北省竹山县溢水镇杨家坝村)

从表 5-1 可以看出,作为艺术传播的民居建筑装饰图形符号,它使用一系列诸如雕刻、彩绘等结构性的视觉形象和这些艺术形象的视觉象征,将从现实生活众多题材内容中得到的精神体验——象征意义,放到它所表现的有意味的艺术形式去呈现,从而实现装饰图形符号"内在意蕴"的传播,例如,"鲤鱼跳龙门"装饰图形。"鲤鱼跳龙门"是民居建筑装饰中经常用到的题材内容之一,装饰图形符号中的"鲤鱼"与"龙门"形象所指的对象物无非是一种客观存在的对象物,是一种理性意义;只有当它成为"象征物"时才具有"意义"。在中国传统文化的背景中,《埤雅》:"俗说鱼跃龙门,过而为龙,唯鲤或然。"清代李元《蠕范·物体》更加直白:"鲤……黄者每岁季春逆流登龙门山,天火自后烧其尾,则化为龙。"并以此比喻科考中举和升官等飞黄腾达;也暗喻处于逆境中的人们不畏逆流、向上拼搏的奋斗精神。从而使作为题材内容的"鲤鱼"超越所指对象物本体的含义,通过对"龙门"的越跃而获得寓意或象征意义。

从"鲤鱼跳龙门"意义化的过程来看,意义是不能独立呈现的,它必然依附于一种装饰图形与意义的链接关系,即皮埃尔·吉罗关于符号意义的"内涵"与"外延"所构成意指作用的两个基本的、对立的方式。具体到装饰图形符号就是"鲤鱼""外延"性质意义所指的对象物与其"内涵"性质的象征意义的对接,从而使传播的"鲤鱼""龙门"等题材内容信息服从于装饰图形表达的主题或者"内蕴意义"。在这个层面上,选择题材就意味着选择传播的意义。因为人们一旦在民居建筑装饰中把诸如价值观念、宇宙观念、家庭观念等观念思想和文化内容,与相关的人、动物、植物、自然景物及许许多多的视觉形象,就像"鲤鱼""龙门"一样,通过装饰的技术编码和美学编码,在装饰图形的作品中实现关联,形成象征符号①。那么,这些题材内容视觉形象的"外延"意义与它们在民俗社会及其传统文化中形成的概念和地位等"内涵"意义之间,在约定俗成的基础上就会达成对立统一关系,装饰图形就会获得象征的意义。

(二)象征意义的美学性质

在针对民居建筑装饰图形符号象征意义的分析和思考中发现,那些与建筑相关的大量图案、纹饰、各种雕刻、彩绘等,都是明清时期生活在鄂湘赣移民圈地域范围内人们物质需求和精神需求的产物,它们承上启下,经由历史的变革、时空的迁徙,文化的融合和艺术扬弃的轨迹,实现象征意义和艺术的传播。因此,作为一种艺术形式,民居建筑装饰图形的美学性质或美学品格所体现的多元性、超越性、含蓄性、抽象性、间接性和不确定性等,都会影响其象征意义。为准确把握民居建筑装饰图形符号"象征"最主要的美学品质,下面从三个具体的方面进行探讨。

1. 意义的理性与超越性

一般来讲,艺术的本质是象征而非模仿。依据柏拉图把统一的世界整体划分为"可感知的自然世界"和"可思考的理念世界"两个层面的二元论观点来看,艺术是对超感性的完美存在的认识与渴望,而这种完美存在不可能被艺术的感性形象直接模仿,需要通过某

---

① 德国哲学家、文化哲学创始人卡西尔认为象征符号的特点:(1)必须是人工符号,是人类社会的创造物;(2)不仅能够表达具体事物,而且能够表达观念、思想等抽象的事物;(3)不是遗传的,而是通过传统、通过学习来继承的;(4)是可以自由创造的。

种神秘的符号方式才能够被间接地象征。因此，象征意味着从感性出发去触摸、去认识更深层次的精神、理性世界，实现对艺术本质的、真正的审美理解。

在中国传统哲学中，象征思维的"象"即为"意象"，与符号在"可感知的自然世界"中呈现出来的"有意味的形式"比较接近。不同之处在于"有意味的形式"是形式直接指向事物本身的意味，是由形式所直接表达的意味。而"象"或者"意象"则超越了事物本身的含义，指向的是事物之外的暗含义或者引申出来的含义。就像装饰图形符号中经常被采用的"荷花"题材那样具有众多的含义，由此可见，对于中华民族来说，被象征的事物具有本来义、暗示义和引申义等多层含义，具有符号象征意义的理性与超越性。

再从美学的理论思维来看，艺术中的象征是感性事物通向超感性事物唯一可能存在的道路，象征意味着符号的含义超出了自身，而存在于在它之外的某个所指中（张盾，2017）。需要注意的是，象征的种种不确定性存在，即源于形象与理念、摹本与原型之间的不对称性。如果这种不对称性越强，象征就会充满多种意义、变得越是难以捉摸。反之，如果不对称性消失，意义则会穿透形象，就会实现"形象与理念"的完全符合，象征的同一性就变成了确定性。例如，前文"鲤鱼跳龙门"中，"鲤鱼"常常被用来比喻参加科考的莘莘学子，"龙门"则寓意科举试场的正门，正所谓"桂树曾争折，龙门几共登"（唐代卢纶《早春游樊川野居却寄李端校书兼呈崔峒补阙司空曙主簿耿湋拾遗》），在由封建社会科举考试所构成的"拟态环境"中，"鲤鱼"与"龙门"符号含义超出它们自身，通过视觉图像的编码组合获得"形象与理念"的统一，实现其作为传统吉祥符号象征意义的更深层次表达。

通过上述的分析，不难理解民居建筑装饰图形符号的象征，是由象征符号和象征意义两种要素组成的。例如饶氏庄园中的"花鸟迎富贵"图形符号，其符号的"物质实体"构成"花鸟迎富贵"象征意义的表现形式。它们储存"意义"，由其建筑装饰的相关部位作为载体或媒介，来承担传递信息的任务。而象征意义则是这一符号的内涵，即隐藏在"花鸟迎富贵"符号之中而被传递出来的寓意健康、长寿和富贵等信息。民居建筑装饰图形符号象征意义的这种结构，正如法国的利克科所说的那样：通过第一层字面的意义，可以领略超越其上的深意：象征意义通过字面意义而得以建立（何林军，2004）。也就是说，符号象征意义超越性的一个表现就是暗示意义、深层意义对其符号本义，也就是其理性意义的超越。由此可见，民居建筑装饰图形符号的象征意义会在传播中实现理性的超越。

2. 意义的不确定性

对于中国传统文化中的"象征"，中国人的象征语言，以一种语言的第二种形式，贯穿于中国人的信息交流之中；由于它是第二层的交流，所以它比一般语言有更深入的效果，表达意义的细微差别及隐含的东西更加丰富（爱伯哈德，1991）。

在民居建筑装饰图形符号的艺术传播过程中，符号的象征体现为形象与理念、摹本与原型之间的关系，象征意义指向其符号自身以外更加美好的东西。需要指出的是，艺术符号的象征关系又不同于路牌、标示牌等普通意指符号的指示功能，象征作为符号借助理性的指引和超越性的推动，总是试图把自身的意义扩展到不确定的边界，使人们无法在"适当的象征"与"不适当的象征"之间寻找到一条清晰的界线，其象征意义所能做到的往往是"只及一点、不及其余"。也就是说，象征忽略或屏蔽了同一事物的其他特性，只获取了事物的某一方面的特征来加以类比。在"鲤鱼跳龙门"的案例中，如果构成象征意义的"拟态环境"和象征关系发生了变化，如唐代李白《与韩荆州书》所书"一登龙门，则声价十倍"，或者如《尚书·禹贡》中"导河、积石，至于龙门"所指那样，那么，"鲤鱼跳龙门"符号原有的象征意指关系就不复存在，而指向他义，导致象征意义的不确定性。因此，人们可以从不同的角度和不同的层面来象征同一个事物，被象征的事物在意义上呈现出不确定性，具有朦胧、模糊和多重含义。

象征意义的不确定性是象征非常重要而又普遍的一个特点。对明清时期鄂湘赣移民圈民居建筑装饰图形符号而言，这种不确定性既表现在诸如"牡丹""荷花""鲤鱼"和"龙门"等作为"客体"或者象征物本体意义的含蓄性与多元性方面，也存在于作为审美"主体"的人的理解和阐释效应之中。由于一个象征不仅是普遍的，而且也是极其多变的，根据民居建筑装饰图形符号视觉传播的类型，在视觉传播过程中，其象征意义的不确定性也是有一定成因的。例如，在民居建筑中，在厅堂或者书房，常常会选取"渔樵耕读""岁寒三友"和"竹林七贤"等题材内容的图形进行装饰，在由这些装饰营造所构成的审美空间中，通过这些图形符号的象征意义表达，实现符号表层意义向深层意义的转化，潜移默化地对人们进行仁义礼教、道德伦理的教化。这种转化是实现基于作为审美"主体"的人的精神生活的体验和总结，是精神活动深层的非可推论符号的运作，而不是简单的类比和联想，初始的这种运作是经验性的非理性创造。可见，符号的象征意义是在人们长期生活实践中反复使用，并在艺术传播交流过程中获得社会性约定而成为符号意指所固定的部分，是凝结着人类智慧和对生活理性感悟的那些内容。

从以上分析可以看出，影响民居建筑装饰图形符号象征意义的不确定性原因有三。其一，客体因素。装饰图形符号中作为"客体"或象征物本身具有含蓄性与多元性；另者，"客体"或象征物源自的外在世界是多样的、复杂的。其二，主体因素。民居建筑装饰图造物的过程是满足人的物质需要和精神需要，象征意义满足的是后者，映射的是作为主体的人的状态和创造。从上文所列举的种种案例可知，民居建筑装饰图形符号象征意义往往会呈现出历史的不确定性，受主体审美素养、认知水平、领悟及阐释能力等个体差异的影响，它只能在"主体"的理解和阐释过程中动态地、当下地生成。其三，象征创造的机制或者过程，不是对现实生活的复制，而是抽象的过程。从象征符号的约定俗成来看，符号的能指与所指并非总是一一对应的，因此，作为视觉图形符号，装饰图形的形式与内容存在不对称的关系。

3. 象征的抽象性

从艺术的角度来看，民居建筑装饰图形作为一种特殊的文化艺术符号，具有"感性与理性"的双重结构。其符号的建构活动实则为一种构型活动，在传统民居建筑媒介物中，符号的建构实质上是把艺术家要表现的意念、情感、形象通过一定的感性媒介物加以客观化，使之成为可传达的东西（程孟辉，2001）。其象征意义的指向是有目的性的。同其他符号形式一样，民居建筑装饰图形不是对自然物象的简单模仿，而是在构型活动中通过分类、概括、夸张和追求简化的凝聚浓缩作用，获得装饰图形符号具体化、客观化的感性形式。下面从装饰图形符号的艺术形式、艺术抽象的角度来分析其抽象与形式的关系，探讨象征意义的美学特性。

首先，在人们进行艺术实践和艺术传播的过程中，如果说艺术抽象产生的心理深层根源是艺术意志的冲动，那么，对形式因素的直觉与探寻，则成为艺术抽象产生的最直接的、感性的原因。文杜里在评论卡拉瓦乔的绘画作品时曾经写道："一切艺术作品既是具象的又是抽象的。"苏珊·朗格则进一步认为：一切真正的艺术品都是抽象的。所谓"抽象"，在朗格看来，不管是在艺术中，还是在逻辑中（逻辑把科学抽象发展到了高峰），"抽象"都是对某种结构关系或形式的认识，而不是对那些包含着形式或结构关系的个别事物（事件、事实、形象）的认识（朗格，1983）。而对于"形式"，苏珊·朗格在卡西尔的基础上，进一步以"形式"来规范艺术的特性，她在《艺术问题》中写道："我曾经大胆地为艺术下了如下定义，这就是：一切艺术都是创造出来表现人类情感的知觉形式。"并进一步阐述："在我看来，所谓艺术，就是'创造出来的表现性形式'，或'表现人类情感的外观形式'。"这里，"形式"并非事物的"形状"，也非艺术的体裁或者样式，而是指由某种结构、关系，或是通过互相依存的各种因素所形成的整体，即"最抽象的形式"，或"逻辑形式""更广义的形式"。缘何文杜里、苏珊·朗格会认为一切艺术或一切真正的艺术又是抽象的呢？我国文艺理论家陈池瑜（1989）是这样归纳的：原因在于一切艺术或一切真正的艺术都不能离开对形式的直觉和把握，都包含着对形式的一种探寻与认识，而对形式的生成与建构、直觉与认识的活动，又得依靠艺术抽象来进行。因而，形式离不开抽象，抽象寓于形式之中。

其次，在装饰图形符号的艺术抽象与形式的关系中，抽象是对装饰图形符号结构关系或形式的认识；而在由民居建筑及其装饰所构成的空间关系中，结构和形式正是构成装饰图形符号最重要的因素，比如在由装饰图形符号底层语素如点、线、面、色彩向上层结构的形象建构过程中，诸如构成的形式法则、生产规律、客观物象的大小、比例等都得依靠其在发展过程中所形成的抽象的形式结构来进行。可见，形式与抽象在民居建筑装饰图形符号中关系紧密，相辅相成。

其三，民居建筑装饰图形符号的抽象性，关键在于借助艺术抽象的手段和方法对象征意义的认识和把握。从民居建筑装饰图形符号的客观存在来看，任何抽象形态的结果都是形式，即抽象是形式的呈现。那些用于建筑装饰中的符码、线条和几何纹饰等，无不是抽象出来的概念的形式；对于图形符号中的动植物、人物等具象的形象，本质上也具有形式化的特点。再从抽象的主体来看，抽象要把握的是那种能够表现动态的主观经验、生命的模式、感知、情绪、情感的复杂形式（朗格，1983）。是作为主体的人的一种符号化或者形式化的心理行为。因此，民居建筑装饰图形符号抽象的目的必然指向象征，其象征性又借助各种不同的视觉形式体现出来。

第二节　象征的修辞方式及艺术抽象

一般来讲，任何一个符号系统都存在修辞学认识的维度。关于"修辞"，主要是指人们依据具体的言语环境，有意识有目的地组织建构话语和理解话语，以取得理想的交际效果的一种言语交际行为（陈汝东，2004）。"修辞"作为一个历史概念，历史悠久，"视觉修辞"则早见于《形象的修辞：广告与当代社会理论》（巴尔特 等，2005），随后杰克斯·都兰德在巴尔特的基础上，在其著作《修辞与广告图像》《广告图像中的修辞手段》中对各种修辞在视觉语言上的应用进行了具体的研究。在现代传播中，与语言相比，视觉符号的直观性及其表意能力有着鲜明的特点，因此，对视觉语言的修辞，即为了达到最好的传播效果，对传播中运用的各种视觉成分进行巧妙选择与配置的技巧和方法（冯丙奇，2003）。此据可为明清时期鄂湘赣移民圈民居建筑装饰图形在修辞学意义上获得理论关照。

一、象征的修辞方式

明清时期鄂湘赣移民圈民居建筑及其装饰图形作为一种象征艺术，是有悠久的历史传统和高超营造技艺的。黑格尔（1979）曾经把建筑这种非再现性艺术称为"象征型艺术"。就其象征内涵而言，他认为：象征一般是直接呈现于感性观照的一种现在的外在事物面对这种外在事物并不直接就它本身来看，而是就它所暗示的一种较广泛较普通的意义来看。因此，我们在象征里应该分出两个因素：第一是意义，其次是意义的表现。意义就是一种观念或者对象，不管它的内容是什么，表现是一种感性存在或者一种形象。传统民居建筑及其装饰极其重视装饰，其中最普遍、最富有意味的象征为：文化形态的装饰，即伦理观念、礼制等级观念、宗教观念、个人价值观念等。在这些装饰中，装饰图形的视觉修辞经常借助主题名称的同音字来寓意一定的思想内容，如蝙蝠中"蝠"与"福"谐音，因而在窗格上普遍喜用"蝙蝠"作菱花进行装饰，在门板上亦采用五只蝙蝠将"寿"字围在中央进行装饰图形的排列组合，以此象征"五福捧寿"等。另一种是功能形态的装饰，在屋脊、墀头、墙面、门楼、门窗和台基等部位具有实用功能的装饰，如图5-2抱鼓石中的"鹿""白头翁"等题材的装饰，这些装饰除功能因素外，在造型、形式和视觉表达上也极具象征的色彩，体现了民居建筑装饰图形的象征意蕴。

抱鼓石"福禄同春"　　　　　　　　　　　抱鼓石"长春白头"

图5-2　湖南桃树湾抱鼓石及其视觉形式

从图5-2可以看出，民居装饰图形符号所构成的视觉元素物质如点、线、面、色彩等，都是被高度抽象化了的基本视觉语言符号单位。所构成装饰图形符号的能指和所指分别指向形式和内容，能指表现为装饰图形物质化了的表层视觉符号结构；所指则是指经过编码、组合后装饰图形符号的艺术形象即"蝠""鹿"和"白头翁"等所表达的内容和意义。两者的结合构成深层次的文化象征和意指。

根据结构主义符号学理论，下面以装饰图形"福禄同春"为例来进行视觉修辞的具体分析。对符号而言，符号所有的意指都包含两个层面，一个是由能指物质形态的实体——

抱鼓石所体现的表达层面，另一个是以组合、编码意义的方式表现思维形态的内容层面。巴尔特在索绪尔的基础上，进一步指出符号含有两个层次的表意系统。根据巴尔特的理论，形成装饰图形符号"福禄同春"的第二层表意结构，在这个结构中，符号表意的第一个层次，能指与所指的关系是一种"记录"关系，而不是"转换"关系，是蝠、鹿、白头翁等信息的自然化，不需要多少知识就可以直观了解到。由于所有的形象都是有含义的：它们意指着——以其能指为基础——所指的"漂浮链"，读者可以选择其中的某一个而忽视其他的（巴尔特 等，2005），那么，符号作为第二个层次表意，"福禄同春"的象征与意指就不那么简单，需要形象的组合和再编码。巴尔特等（2005）认为：形象在其含蓄意指中是取自变化的词汇深层次的符号建筑物构成的。每个语汇，不论多么"深层"，都是被编码的。由此，形象的组合向我们传达了一个美学的所指，或者说它在另一语言中更好地被表达（巴尔特 等，2005）。这里他强调"一组含蓄意指物可被称作一种修辞。"正因为如此，装饰图形符号"福禄同春"才能够在传播中展现特有的东方审美意象。据此，对明清时期鄂湘赣移民圈民居装饰图形符号——"福禄同春"的表意结构的探究，有利于厘清装饰图形符号的内蕴意义，及其与中国传统文化相关意义的客观事物之间发生的联结，也有助于探寻民居装饰图形符号象征组合中视觉修辞的一些具体方法。

（一）隐喻象征的视觉修辞

隐喻象征是明清时期鄂湘赣移民圈民居建筑装饰图形符号常用的视觉修辞手法。具有非常广泛的应用。

在学理上，隐喻与象征的关系一直难以区分。从文献来看，黑格尔（1979）指出：隐喻是一种完全缩写的显喻。具有清晰而又确切思想意义的属于隐喻，反之则为象征，那些具有主题意义的意象则为象征（刁生虎，2006）。宋代陈骙在《文则》中提出"取喻之法"十法，其中，第二法就是隐喻，他认为隐喻"其文虽晦，义则可寻"。中国传统思维方式中的类比、比喻、象征等思维形式，从本质上看，是同一形态的东西。比喻是类比的形式，象征即隐喻，是一种特殊的比喻（张岱年 等，1991）。究其讨论的原因恐怕在于两者之间交叉太多、重合太多，故此才有众多不同而又类似的看法。但如果把它们纳入符号学的视角，从意义生成上来看，二者都是用一个事物指代另一个事物，经由联想、暗示等推导、体验出意义；从组织结构来看，二者都由本体和喻体（象征体）两个部分构成。这就使隐喻和象征的区别十分模糊（马迎春，2019）。故此，李宗桂先生的观点更符合本节讨论民居建筑装饰图形符号视觉修辞的旨趣。下面结合湖南省岳阳县张谷英古建筑群中三栋主体建筑之一王家塅建筑的马头墙装饰调研资料，对民居建筑及其装饰图形建构中隐喻象征视觉修辞的具体应用进行分析。

王家塅建于清朝嘉庆年间，大约1802年，由十六世世祖云浦公修建，王家塅古建筑群位于龙行山侧，建筑面积9 474 m^2，房屋468间，天井21个，房屋呈仿明式"丰"字结构。从有关资料来看，其整体结构非常规整，且建筑规模较大。实际考察调研时发现，主入口区域范围的建筑相对较为完整，以大门为轴心扩散开来，有些部分已经改建损毁。但是建筑内部的装饰图样依旧精美，具有很大的研究价值。

在对建筑外部大门屋顶马头墙部分的装饰上，继承了源自移民发源地传统徽派建筑的文化基因，在发展中又形成具有地域特色的装饰风格。王家墕的马头墙是比较典型的燕尾式马头墙，鹊尾飞砖与鹊尾托部分结构明显，带有显著的徽派建筑特征。垛头部分，绘画形式与雕刻形式并存，就地取材以砖石材料为雕刻主体，花卉植物形式的装饰纹样。墙垣装饰上的藤蔓植物装饰彩画，整体格调相对其他部分的繁复比较朴素平和。花卉纹样雕刻上讲究对称的形式，虽然体积面积小，但是雕刻细致，花卉的花瓣呈层层叠叠的立体感，花瓣叶片上的纹路也逐一进行了仔细雕刻，精美绝伦，体现了工匠的高超技巧。中间部分的花卉纹样与藤蔓相结合，富有节奏感，增添了图案的多样性，且框架四周一改规整的四方形式，边缘进行了曲线设计，柔化了整个结构布局。仅仅是一个小的垛头装饰面，也能看到工匠们独特的装饰设计匠心（图5-3）。

图 5-3　建筑外部马头墙装饰及其视觉形式

另外一处马头墙装饰更为复杂一些（图5-4）。整体结构工整，上部分纹样以绘画的形式展现，采用了植物的装饰图案，以花卉纹样与植物弯曲的卷草纹藤蔓相结合，菱形花瓣装饰整体感觉凌厉规整；往下的过渡部分，上下镜面，左右对称结构的莲花装饰，设计直接为半朵花卉图样，花瓣纹路也勾画清晰。图案颜色以青色为主，与屋檐砖瓦搭配，颜色自然相融，表现和谐。中轴对称的形式规整，同时又具有柔和的灵动感。中间部分的雕刻装饰是此处设计的主要表现部分，以动物图案为装饰，雕刻了神兽的图样。神兽雕刻以头朝下、尾朝上的形态展示，并不是单调的模板样式；神兽的形态动作生动，整个雕刻没有拘泥于框架内，神兽的尾巴与前半形似抓咬的曲线部分都雕刻在框架外部，生动展现了神兽的动态，同时也有了立体空间的表达。除中间的主体装饰，下部分的弧线结构与最下尾部的祥云雕刻装饰，既打破了刻板的装饰对称性，同时也带有吉祥如意的意味。而框架结构两侧的对称又打破了四方结构框架的卷草纹样，这种细节处的巧妙构思都彰显了工匠的独到艺术品位与精湛的雕刻技术水平。

上述调研资料表明，用于民居建筑及其装饰图形的符号建构旨在象征美好寓意，这种象征不是一朝一夕，而是经过长时间产生于部落、群族的合并与迁移，文化的碰撞与交融，日积月累形成的。

图 5-4 正门马头墙装饰

（二）谐音、比拟、变形、夸张的具体方法

从上文列举的民居建筑装饰图形"福禄同春"的符号组织结构和表意层次来看，装饰图形符号的建构，在视觉形式上，离不开视觉符号语素点、线、面、色彩的集合和编码，在由底层结构向上层结构的编码过程中，它们都有各自的词性和语义规则。在语义表达上，其所指语意具有符号象征中外在形态与内在意义之间、本体与喻体之间、主体与语境之间等丰富的语义变化和语法修辞的种种关系。由此可见，作为具有中华优秀传统文化基因的这些装饰图形符号的建构不仅考虑了其视觉形式上的审美愉悦，而且关注到各种符号形态使用时所处的情境、不同词性及其延伸的语义，通过语法修辞关系的建构，例如，"蝠"与"福"、"鹿"与"禄"之间谐音的修辞手法，来组合其话语表达中不同形象语言角色之间的形式逻辑关系，使视觉感性的符号形式获得对符号象征意义等抽象概念的意指。在民居建筑装饰图形历时建构中，其视觉修辞积累了大量的诸如借喻、谐音、比拟、变形、夸张等具体方法。

（1）借喻。借喻是修辞的一种，在语言修辞中，常常以喻体替代本体，本体和喻词一般都不出现。在民居建筑装饰图形视觉修辞中，常常借助一些生活中具有寓意或象征性的事物来比喻种种"吉祥"的象征意义。例如"富贵白头"题材的抱鼓石。该图形以牡丹和白头翁两种视觉元素编码组合而成，牡丹、白头翁作为喻体——象征物——在中国传统文化中是有明确寓意的，包含一种花和一种鸟，即牡丹和白头翁，牡丹寓意富贵、白头翁比喻人与人长时间的和谐相处，以此简洁生动的视觉语言，产生深厚、含蓄的表达效果。再如民居建筑装饰中经常用到的佛教八宝图形纹样，如金轮与圆转不息，法螺与妙音吉祥，宝伞与张弛自如、保护众生，华盖与解脱众生病苦之象征，莲花与圣洁、出淤泥而不染，宝瓶与福智圆满不漏，双鱼与避邪、解脱坏劫，盘长与回环贯通、连绵不绝。可见各种象征物寓意之间存在一一对应关系，使其象征意义的本体形象化，从而获得有效的艺术传播效果。其他类似的诸如鸳鸯象征恩爱、兰花象征高洁、松、鹤、仙桃等象征长寿的借喻修辞手法在民居建筑及其装饰图形的应用比比皆是。

（2）比拟。比拟和借喻都是加强语言形象性的修辞手段，但二者是属于不同的修辞方式。

比拟是用某种事物具有的动作、称谓、行为等特性去强加于另外一种事物的修辞。在文学作品中，把动物拟人、把植物拟人、把无生物拟人和以事理拟人等修辞手段都是比拟。就它们的性质而言，借喻形式的比喻是以喻体替代本体来说明事物，比拟却是利用两者之间的不同特性，使两体融为一体。例如我国古代文人常常以梅、兰、竹、菊自比，以此感物喻志。在明清时期鄂湘赣移民圈民居建筑装饰中多有此类题材的装饰图形作品的应用，源于人们对这"四君子"所比拟的高尚的审美人格境界的向往，这是比拟与借喻修辞手法的重要的区别。在民居建筑及其装饰中，人们通过比拟的修辞手法表现所喜爱的事物，不仅可以获得栩栩如生的艺术形象，鲜明地表达爱憎之情，而且可以使抽象的事物具体化，如图5-5中的"三羊开泰"①，以三羊比拟"三阳"，即乾卦，喻阳盛之极的抽象概念，获得其"吉祥如意、万事兴隆"的象征意义。"鹿鹤同春"又名"六合同春"，"鹿"取"六"之音，"鹤"取"合"之音，六合指天地四方，亦泛指天下。六合同春即是天下同春，万物欣欣向荣。总的来说，比拟的手法可以增强装饰图形视觉艺术形象的艺术效果和魅力。

图5-5　湖北省通山县老屋之通羊镇茅田村宗祠"三羊开泰"木雕（左）和
湖北省丹江口市浪河镇饶氏庄园"鹿鹤同春"木雕（右）

（3）谐音。谐音是利用汉字同音、近音的条件，以同音或相近的音以借喻某一吉祥事物，产生修辞意趣的方法。在明清时期鄂湘赣移民圈民居建筑装饰中有很多谐音的装饰图案。在视觉修辞上，这种类型的装饰图形通常由一种或几种视觉形象（元素），借助形象所指代事物的谐音来进行图形符号的组合、编码，这种组合编码不会考虑事物自然状态下的内在关联，而仅仅只是追求事物之间由"谐音"所建构的意指关系，以获得对图形符号的象征意义的追求。例如前文图例饶氏庄园门楼前方的拴马桩，由饰有猴子造型的石柱构成，至此猴子、骏马组合，由于"猴"与"侯"谐音双关，与"马"组合可得"马上封侯"之寓意，象征功名指日可待。

---

① 《太平御览·天部九》："伏羲坐于方坛之上，听八风之气，乃画八卦。"八卦以阳爻（—）与阴爻（——）符号组成。其名曰：乾（三阳）、坤（三阴）、震（上二阴下阳）、坎（上下阴中阳）、艮（上阳下二阴）、巽（上二阳下阴）、离（上下阳中阴）、兑（上阴下二阳）。三羊（阳）开泰即源于此。

在实地调研考察中发现，明清时期鄂湘赣移民圈民居建筑装饰中谐音的图形符号形式多样，狮子题材的"事事如意"，由狮子再加上钱纹喻"财事不断"，由莲、荷、鱼组成的"连年有余"，以及公鸡的谐音"功"与"古"，与牡丹组合的"功名富贵"等，都是典型的案例。由此可见，谐音的修辞手法可使装饰图形符号在形式与内容上实现完美的统一。

（4）夸张与变形。夸张与变形是明清时期鄂湘赣移民圈民居建筑装饰中经常用到的视觉修辞方法。所谓夸张是指为了实现某种表达目的或者表现效果，对作为表现对象的客观事物的特征、形象、作用等方面着意夸大或缩小的修辞方式。体现在民居建筑装饰图形的处理上，就是在形式美"度"的范围内，将事物本身恰到好处地表现出来，而非无限度地夸张与变形。如图 5-6 中蝙蝠的夸张造型。变形则是因为某种力量而改变事物原来的形态，或者对原来事物的扭曲，亦指被扭曲过的事物。体现在民居建筑装饰图形的处理上，那些对视觉形象的拉长、拽扯、扁压等都属于变形的范畴。夸张与变形之间，如果说夸张反映了事物精神世界的改变，那么变形则体现为形体的变化。在民居建筑装饰图形符号的建构中，两者作为创造形式美的有效手段，常常被称为装饰变形。作为一种传统，装饰变形的艺术手法自始至终反映在我国传统艺术中。

图 5-6　锦绶堂过亭梁柱蝙蝠寿桃木雕

明清时期鄂湘赣移民圈民居建筑装饰图形夸张与变形的装饰手法大致可以分为以下三种形式。

（1）平面变形。图 5-7 为通山宝石村古民居群沈家建筑外墙通风口的石刻，可以看出，在处理手法上，将自然物象从三度立体空间进行二维平面化的处理，以减地雕刻的方式，把自然物象的动物、花草等扁压变形，再用线形语言刻以连续的、程式化的植物纹样进行辅助，从而勾画出这一装饰图形的平面结构和艺术效果。

（2）立体变形。立体变形的装饰手法在中国传统装饰艺术中有着悠久的历史和传统，传统装饰艺术中的变形都是透过物体的自然基本形态来分析、解构对象，并将要素构成新的组合，获得自然物象的变形处理。一般来讲，变形比较忌讳为变形而变形，即追求所谓的纯粹的形式"美"。运用立体变形的形式变化处理手法，固然有其形式上的审美意义和价值的追求，但作为艺术品还需要表达其作品象征的内涵和精神品质。任何脱离内容只注重形式的作品往往都会弄巧成拙，让人感觉厌烦，最终导致与其建构的原有目标相去甚远。从图 5-8 中的变形处理可以看出，作品没有受表现对象的结构比例、具体形态的约束，又兼顾到了对象的自然生理特征，其夸张的变形、取舍和简化，不仅表现了对象自然形态的造型美，而且在象征意义上突出了其神态所传递出来的审美旨趣和精神内容。

（3）夸张变形。夸张变形是民居建筑装饰图形装饰变形手法的重要造型基础，无论是在平面变形还是在立体变形中，都离不开装饰的夸张变形。《毛诗序》曰："情动于中而形于言，言之不足，故嗟叹之，嗟叹之不足，故咏歌之，咏歌之不足，不知手之舞之足之蹈

图 5-7　通山宝石村古民居群沈家建筑外墙　　　　图 5-8　湖北红安吴氏祠中的建筑装饰作品
　　　　通风口装饰图形纹样

之也。"可见变形是主观情绪的热烈抒发，情动形移以弥补语言表达的不够。这从另外一个角度说明，民居建筑装饰图形的装饰变形不是无目的的乱变，而应该是有意识的艺术夸张，如形体、动态、力量和神态性格等方面的夸张，使夸张变形做到"情"和"理"的统一。图 5-9 为黄陂大余湾传统民居建筑中的人物题材的隔扇木雕装饰。在这块小小的木板上以透雕的方式将人物和植物花卉融合在一起，从雕刻的手法上来看未必如移民发源地的徽派建筑那样，追求精密细致的雕琢，而是采用变形夸张的手法来追求一种神韵。在这幅作品中，采用了对称的构图处理，木雕刀法粗粝、简洁，造型十分概括，人物略貌取神、动势活现，花卉植物夸张变形，各视觉要素之间穿插得体，虚实相生，整体烘托出传统民居建筑装饰特有的形式意味。

　　此外，明清时期鄂湘赣移民圈民居建筑装饰图形夸张与变形的装饰手法还存在如几何、线性等抽象形态的变形形式（图 5-10）。以上对民居建筑装饰图形的几种装饰变形手法的分析发现，夸张与变形的艺术手法在装饰图形的视觉营造中具有积极的作用，夸张与变形能够使装饰图形作品去繁就简、去芜存菁，通过形象丰富的形态变化，获得理想的装饰效果，从而使表现对象的艺术形象更加鲜明，主题、思想和情感等更加突出。

图 5-9　湖北武汉黄陂大余湾装饰图形　　　　图 5-10　通山朱家坝民居建筑中融各种
　　　　　　　　　　　　　　　　　　　　　　　　修辞手法于一体的综合性装饰

　　总之，明清时期鄂湘赣移民圈民居建筑装饰图形符号象征的组合方式很多，诸如隐喻象征的视觉修辞，谐音、比拟、变形、夸张和抽象等具体的方法构成了装饰图形符号象征视觉修辞的基本谱系。这些手法在象征活动中，大多都是用小事物来暗示、代表一个远远超出其自身含义的大事物，用具体的人的感觉可以感知的物象来暗指其某种抽象的不能感知的人类情感或观念。象征是小事物与大事物的统一，是具体事物与抽象情意的统一，是可感事物与不可感事物的统一（严云受 等，1995）。其具体应用不是孤立的、片面的，而是相互联系的综合应用。

二、象征的艺术抽象

艺术的本质是象征而非模仿。根据柏拉图二元论可知，在相互统一的"可感知的自然世界"与"可思考的理念世界"两个层面上，艺术表现出的是对超感性层面的完美存在的认识和渴望，这种较高级的存在不可能被艺术的感性形象直接模仿，但是可以通过寓意隐秘的符号方式被间接地象征（张盾，2017）。因此，象征作为艺术更高等级的形式，体现在明清时期鄂湘赣移民圈民居建筑装饰图形符号中，意味着这是一个从感性出发去触摸其符号寓意的精神内容，由此解密其文化基因传承秘密的过程，在这个过程中离不开艺术的抽象。

艺术抽象作为一种认识世界和把握形式的手段和方法，无论在古代还是当代，也无论是在国外还是在中国都是普遍存在的（陈池瑜，1989）。所谓抽象，即从众多的事物中抽取出本质性的、共同的特征。与科学"抽象"概念的不同，艺术的抽象是对某种结构关系或形式的认识，而不是对那些包含着形式或结构关系的个别事物（事件、事实、形象）的认识（朗格，1986）。在建筑装饰图形符号艺术抽象过程中，需要做的是对某种对象事物加以抽象的处理，使它以一种具体的形式呈现出来；尽管抽象所得仍然是具体的事物和具体形式，就像对自然界中的"牡丹""荷花""蝙蝠""猴"和"马"等的装饰变形处理那样，但这些所得事物已包含了比抽象之前多得多的丰富内容，具有普遍的象征意义。根据艺术抽象的表现形态，可以划分为具象性抽象、非具象性抽象和意象性抽象等三种基本类型。

（一）具象性抽象

具象性抽象，是一种不脱离具体、可感形象的抽象活动。这种抽象活动有赖于客观事物形象的外貌、轮廓和特征，在此基础上抽取出它们本质性的、共同的特征。在明清时期鄂湘赣移民圈民居建筑装饰图形符号的建构乃至于整个人类艺术史上，具象性抽象都是普遍存在的。

对种种民居建筑装饰图形符号的分析可以发现，艺术抽象需要借助民居建筑的物质质料作为媒介，这些具体感性的物质材料始终伴随在装饰图形艺术处理的抽象过程中，如果离开了建构它们的砖、瓦、石、泥土等媒介材料和点、线、面、色彩等视觉要素，艺术抽象就无以创造装饰图形符号。在朗格（1986）看来：如果一个艺术家要将"有意味的形式"抽象出来，它就必须从一个具体的形体去抽象，而这个具体的形体也就会进而变成这种"意味"的主要符号，这样一来，它就必须运用强有力的手段去加强去突出这个表现性形式（使作品成为符号的形式）。这意味着，具象与抽象在艺术活动中并非水火不容。艺术创造的本质特征是一种重新创造，由此建构一个新的审美感性世界。这种新的审美感性世界，与从作为媒介的具体材料中抽象出来的艺术品的"有意味的形式"并无差别。

由此可见，艺术抽象就是对那些具体感性材料所进行的抽象过程，是对感性材料重新构形和创造加工的过程。具体在民居建筑装饰图形营造过程中，艺术抽象既要抽象出具体事物有"意味"的"逻辑形式",还要加强和突出事物的"外观表象",也就是突出那些具象形象的"表现性形式",从而形成栩栩如生的民居建筑装饰图形作品。例如湖南省岳阳市张谷英村传统民居建筑祖先堂中的龙腾祥云雀替(图5-11),"龙"是中国传统文化中象征祥瑞的神异动物,寓意丰富,并由来已久。作为虚构的动物,就其形象内容来说,龙本身是不存在的,关于它的起源众说纷纭,但终归离不开自然具体的物象,其符号的建构是人们从众多被感知的自然对象中,以具象的图式——依据他们对自然事物或事件的认知结构,凭借想象将其神化,所创造出来龙的具体形象集合了诸多动物特征。从形式上来看,它是将人们自知自觉到的、作为对象物的、与龙相关动物的感性形式抽象出来重新建构的有意味的形式,这一演变过程实质上就是一个由具象到抽象、再由抽象到具象的过程,通过这个过程,"龙"的符号获得了艺术符号共同的"表现性"特征。正如何星亮(1992)所说的那样:龙原是一种图腾,但它又与其他图腾有区别。它最初可能是一个部落的图腾,后来演变为超部落、越民族的神,成为中华民族共同敬奉的、延续时间最长的图腾神。由此唤醒人们的文化意识、提升人们的审美水平。在这个意义上具象性抽象是不可避免的,民居建筑装饰中种种"龙腾祥云"的图形纹样,都如同每一幅再现性的绘画,即每一幅传达了语义信息的绘画,在对象的详细描绘方面有某种程度不完整的意义上,都是抽象的(奥斯本,1988)。因此,民居建筑装饰中具象题材、抽象运用构成其造型突出的特点,种种具象性的艺术抽象不仅是对装饰图形符号艺术形式的抽象,而且也是装饰图形作品具象与抽象的高度统一。

图5-11　湖南岳阳张谷英村传统民居建筑祖先堂中的龙腾祥云雀替

(二)非具象性抽象

抽象与具象是一对相互关联的概念。抽象一般意指人类对事物的本质因素的抽取和对非本质因素的舍弃。体现在艺术中,抽象使艺术形象较大程度偏离或者完全抛弃其自然外观的本来面貌而趋向人们的"内在需要"[1]。在由具象向抽象的转变过程中,这种抽象如果发展下去,即从简化形象到变形,到打破形,直至对象世界最后在画面消失,就会实现一种纯粹的抽象或者绝对抽象的艺术形式,即"非客观的""无对象"的抽象[2]。这种抽象

---

[1] 康定斯基(1987)在《论艺术中的精神》中,阐述的抽象艺术的原则,认为"内在需要"是创作和美的源泉。

[2] 在艺术美学的范畴中,抽象是一种"简化"的进程。"简化"的极限便是"几何——结晶质"(沃林格,1987)或者"最低限度的艺术"(康定斯基,1987),这意味着对自然、具象事物的抽象,达到几何的点、线、面、体时,才是最有效、最纯粹的抽象。

就是非具象性抽象（陈池瑜，1989）。根据抽象艺术呈现的众多表现形式，一般将抽象艺术分为两类：一是从自然现象出发通过艺术抽象提取的装饰化、风格化和几何化等概括的抽象，是"理性的秩序"的抽象；二是在艺术抽象理念下绝对艺术"，是由心灵自由抒发而创造的满足"内在需要"的自由抽象。由于在明清时期鄂湘赣移民圈民居建筑装饰图形中，构成抽象形式的符号语言主要是具有独立表达功能的线、形、色彩及肌理等，因此，对其非具象性抽象的分析主要体现在几何抽象方面。由于这种非具象性抽象语言的应用，在很大程度上取决于创造主体的"艺术意志"，及其艺术消费的历时态的能动选择，故此将另行研究，不再赘述。

几何抽象在人类早期的艺术实践中就已经存在。早在新石器时代，那些结构严谨适宜、造型粗拙质朴、色彩凝重古雅的几何纹饰便在彩陶上大量使用，无论是春秋战国时期的连珠纹、直条纹、斜条纹、横条纹、弦纹、云雷纹、菱形雷纹、三角雷纹、网纹，还是秦汉时期以方带圆、四方八位、突出中心等四平八稳的结构几何纹，抑或唐宋以后出现的万字、瑞花、方胜、龟背、锁子、如意、八达晕、柿蒂、仙纹等程式化的几何纹饰等，都是历代匠师、艺人等劳动者精心巧思与实践成果的结晶。明清时期鄂湘赣移民圈民居建筑装饰图形的非具象性抽象继承了这些深厚的历史文化传统，在建造中又根据自身的需求形成特色。

历史上鄂湘两省的"两湖"地区，民居建筑的正立面都强调的入口，叫"槽门"。之所以叫此称谓是因其立面形态，开门位置退居墙内2～3 m，形成一个向内凹的槽形几何空间。选择这种形式，一是为了强调入口的重要性，二是有汇聚财富的寓意。

作为民居建筑外部正立面最突出的组成元素，也是建筑空间序列中第一个构成部分，入户大门不仅有供进出的使用功能，同时还兼有彰显门第和社会地位的象征功能。因此，湘东北地区的民居建筑都很重视入户大门的营造。一般来说，入户大门有三种形式：一是单纯的门的形态，这一类一般出现在规模较小的民居建筑中，构造简单；二是以八字墙的形态，这一类在湘东北民居建筑中较为常见，大多比较考究，又称"八字槽门"。三是单独的建筑形态，这类槽门一般出现在较大型的大屋建筑中，面阔三间或五间，有主门和次门之分，有的还带有保卫和储物功能的门房，与庭院形成一个较广阔的空间。例如湖南省岳阳市张谷英村民居建筑庭院和浏阳市金刚镇的桃树湾大屋（图5-12）。

张谷英村民居建筑庭院　　　　　　　　　桃树湾大屋庭院空间

图5-12　张谷英村民居建筑庭院及桃树湾大屋庭院空间

民居建筑装饰图形符号艺术抽象的语法结构，是由传统民居建筑的质料特点和建筑技术的水平所决定的。抽象的语法结构及其抽象的语言，建构的"是一个它自身那个种类的有序世界"（迈耶·夏皮罗）。在这个世界里，抽象的手法依据传统民居建筑物态化了的点、线、面、体等建筑结构，以及质料媒介的纹理、色泽、光影、质感等最为简单的元语言，使由它们建构的装饰图形符号在视觉形式上趋向"抽象性"。还是以湘东北地区的民居建筑为例，该地区民居建筑的侧立面都非常注重山墙的造型。一般来讲，按照立面山墙的形态，大致可以划分为三种形态（图 5-13）。一是"人"字形山墙，这是三种形态中做法最简单的，形态依附于建筑屋顶走势呈"人"字的抽象形态，其防火性不如马头墙。此类造型多出现于较具独立性的大屋民居中。这种山墙有悬山和硬山两种表现形式，硬山形式的端头，会特意做得起翘，尤其在重要建筑之上，例如正面入户大门的建筑侧立面。二是马头山墙，这种山墙具有优越的防火性能，同时又具有很强的装饰性，山墙顶部形式也有区分，有徽派做法的顶部平直的马头墙的"基因"，但又存在顶部略带下凹弧度的下弯弓形式的差别；三是弓形山墙，这类山墙也可细分为两种，即单弓山墙和湖南地区特有的双弓山墙。这些山墙的造型充分体现了明清时期移民圈不同建筑文化的基因在湘东北地区融合所形成的鲜明地域特色，颇具抽象的审美意味。

王家塅大屋"人"字形山墙

桃树湾大屋"人"字形山墙

唐氏家庙顶部平直马头山墙

桃树湾大屋顶部下凹马头山墙

桃树湾大屋弓形山墙

锦绶堂弓形山墙

图 5-13　民居建筑山墙、马头山墙形态

（三）意象性抽象

所谓意象，一般是指文学艺术作品中客观物象与主观情思融合一致所形成的艺术形象。庞德在《诗刊》[①]中也有过类似的归纳，他认为"意象"是一种在一刹那间表现出来的理性与感性的集合体。在民居建筑装饰图形艺术抽象的过程中，意象性抽象，是介于根据艺术抽象的表现形态，在具象性抽象与非具象性抽象之间的一种艺术抽象的表现类型。

从艺术抽象的内容和表现形态来看，具象性抽象是对具体感性材料的抽象，用形象来反映生活、显现意义；非具象性抽象则在点、线、面、体等抽象材料中仍然具有某种感性的具体，就像阿恩海姆（1998a）所说的那样：在抽象思维中，一个毕恭毕敬的侍从被抽象为一个弯曲的弓形……虽然事物的表面质地和轮廓等已变得很模糊，但却能准确地把他们想要唤起的"力"的式样体现出来。阿恩海姆（1998a）认为：意象具有明显的抽象能力。意象的具象性图像，遵循由写实到抽象的规律，它所显现的"象"日益疏离原初的物象，既显示出合乎于对象所具备的"秩序结构"，又合乎于主体预成图式中的、内在的"秩序结构"。意象的抽象就是主体根据内在"秩序结构"舍弃事物无关紧要的东西，保留和提取其主要的、有价值特征的结果。

可见，具象性抽象与非具象性抽象之间并非泾渭分明、互不关联。从民居建筑装饰图形艺术表现的内容和与事物自然的近似程度来看，在具象、抽象之间，意象性抽象是从具象和抽象两个正好相反方向上揭示世界的。即不再以人为其主体性，转而超越客观物象，在那些专门再现事物活动的抽象"作用力模式"之下，成为连接具象与抽象的桥梁，以体现艺术抽象的澄明之境。

就意象性抽象的过程而言，在由具象向抽象形式演化的过程中，装饰图形符号中各视觉要素的排列不是工匠们感性行为的结果，而需要依据程式化的视觉规律和形式美的法则进行抽象的处理。一方面，根据意象的符号功能，当意象作为符号使用时，其抽象性一定会低于符号隐喻的东西。也就是说，"梅""兰""竹""菊"符号必须能为中国传统文化中吉祥类事物或艺术表现力的作用方式赋予具体的"形状"。那么，抽象处理的结果既包括了这些符号抽象出来的文化意蕴，也有在符号建构方式上的抽象性，但总归没有脱离具象，而最终的节点落脚于意象性抽象。另一方面，再从具象性抽象思维——形象思维的层面来看意象性抽象，所谓"形象"，"形"在于物而"象"在于心。在物为"形"是为客观事物；在心为"象"意为主观意识对客观事物的具象性所把握的主观形象。从感觉映像到知觉表象，再到思维意象的过程中，主体的思维一直在对"形"进行着抽象。例如，湖北省通山县闯王镇芭蕉湾的焦氏宗祠中"八仙过海"的装饰图形（图 5-14），在人物形象处理上舍弃了众多文学性描述的细节，而突出众仙在吕洞宾建议下各以一物投于水面，以示"神通"，八仙立于各自的法宝之上，乘风逐浪而渡的情景。画面中人物编排与海水波浪、祥云之间相得益彰，形式优美，充分显示出合乎于对象所具备的"秩序结构"；在形式意蕴上，工匠追求了内在"秩序结构"对意明象、"各凭本事"的象征寓意。可见，在明清时期鄂湘赣移民圈民居建筑装饰图形符号建构中离不开意象性抽象。

---

① 1912年，庞德担任芝加哥《诗刊》的海外编辑，在该刊1913年第4期中，他首次使用"意象"（imagistes）这一名词。

图 5-14 焦氏宗祠中厅入口梁枋上施有"八仙过海"的木雕

第三节 象征的风格

一、中国"意象"

"意象"作为中国传统美学特有的范畴,很早就出现于中国古典哲学、文学和美学中。有关"意象"一词的基本概念在上文"意象性抽象"中有过探讨,不再赘述,重点放在中国传统艺术美学的视角,探讨明清时期鄂湘赣移民圈民居建筑及其装饰符号象征意象的特点与方法。

(一)文化传统

意象作为中国传统美学用语,源自《周易》。《周易·系辞上》曰:"圣人立象以尽意,设卦以尽情伪,系辞以尽其言……"其中,"象"指向具体事物可感的形象;"意"则指主体的思想、情意等。可见,在中国古代学术词汇中,"意"与"象"的含义是不同的。所谓"圣人立象以尽意"说明的是"意"与"象"之间的联系,是故王弼《周易略例·明象》阐明"象生于意,故可寻象以观意"。而"意象"作为一个完整的、专有的概念,则始见于汉代王充的《论衡·乱龙篇》"礼贵意象,示义取名也"。至南北朝时期,刘勰在其《文心雕龙·神思》中的表述"独照之匠,窥意象而运斤"堪为标志。此后唐代的王昌龄、司空图,明代的陆时雍、何景明,以及清代的叶燮、刘熙载等都曾论及。纵观古代关于"意象"的论述,其观点是复杂、多样的,这与中国传统的意象思维方式及其文化背景等都有紧密联系,但总的说来,将"意象"视为心意、意蕴与物象、形象的融合,基本能够概括这一概念的内涵,也彰显出与西方诗人庞德所称"意象"不同的中国特征。

象征意象使用非常普遍,几乎涉及明清时期鄂湘赣移民圈民居建筑及其装饰的方方面面。作为一种文化符号,装饰图形具有相对固定的、独特的文化含义,有的还带有丰富的、意义深远的联想,人们只要一提到它们,彼此便立刻心领神会(谢振天,2003)。它所传递出来的意象如同文化作品中的意象一样,是主观选择、加工和创造而融入了情意和美感的有意味的艺术形象(周金声,2001)。这种文化象征意象总括起来无外乎有两个组成部分:

第一部分是物象，即可以由视觉感知的媒介材料所组成的具体物体，如脊饰、雀替、柱石等；第二部分是寓意或主体审美意象的一种"心象"，是由装饰图形艺术抽象过程中抽象出来的思想或者情感。就装饰图形符号本身而言，其象征意象是主观情感与客观物象交融的结果，这一意象介于装饰图形中视觉形象与外在物象之间，集知、情、意于一体的特殊表象，是非实体的想象性形象。从心理层面来看，作为主体审美的成果，这些象征意象都是一些高度抽象的——或摄物归心或以心融物的"形意场"（葛中义，1995），都不是客观对象的简单反映。这些具体到民居建筑及其装饰中，其象征意象大致可以分为四类：一是如"荷花"般的事物象征性的；二是如"桃园结义"的故事情境性的；三是各种宗教、神祇系谱性的；四是纯粹几何抽象的符号等。这里，无论是纯粹的符号还是具象的形象，无论是宗教神祇还是人间故事，在历时性的艺术传播中，都已经充分意象化，并形成特定的结构，象征特定的意义，成为一种真而不实的虚景（朱良志，1988），或者是主体心象与物象的关联物。因此，装饰图形的审美意象是主体心中意象的符号化形态的具体呈现。

（二）基本形态

民居建筑及其装饰图形符号的象征意象是由其建构的地理环境、形式和性格特征等多种意象综合而成。就其发生的条件来看，离不开主客观两个主要条件。其一是外部条件，即能够激发"意象"思维产生的外因；其二离不开主体"意象"思维的内在条件。可见，其象征意象是主体意识中有意味的特殊"心象"，它存在于创造主体和作为受众的欣赏主体的头脑中。

在艺术传播过程中，民居建筑装饰图形符号体系的形成离不开主体意象信息的凝固、物化和传递，其创作构思的过程就是意象产生的过程。当作为工匠的创造主体在大脑中构思时，意象也就开始有了它的初始雏形。一般来讲，这种存在于创造主体的意象是为本体意象。本体意象是创造主体无意识深处的那些本体性的审美意象，这些审美意象某种意义上讲就是一种"心象"。因为，作为主体体悟、概括世间万象的成果，它离不开中国传统文化的浸润、影响；同时，在艺术传播中它还成为主体襟抱天下、涵泳万象的一种中国特色审美方式。具体来讲，在装饰图形符号的建构过程中，创造主体采用适当的方法和手段，凭借构建的物质媒介材料把其心中的意象外化出来，形成可视觉传播装饰图形符号，或者称为意象符号；这些符号在艺术传播过程中会激活受众的审美心理和想象，也就是说，在装饰图形符号的破译、解码过程中，转换成欣赏主体的心灵意象，促进受众审美意象的再生，即反馈意象，并反馈回创造主体，在程式化创新中不断完善和修正装饰图形文本有意味的形式。下面对上述三种意象形态来进行具体分析。

1. 本体意象

中国传统美学关于"意象"的理解是以"意"为主导的，具体到民居建筑装饰图形符号的建构中，则是创造主体以形写神、即景会心的心灵创造。需要指出的是，中国传统艺术美学还充分意识到单有"意"的一方是构成不了意象的，"意象"的生成必须借助"象"为载体。前文分析过，"象"作为指向具体事物可感的形象，并不是对客观存在物象简单的摹仿，而是与"意"不可分割、相互联系的，是处于主体审美意识观照中，并在这种观照中呈现的物象。美的意蕴体现了物与我、意与象、情与景和主体与客体的有机统一。

在这种统一过程中，装饰图形符号创造主体的意象形成的经验大致会出现三种情况。

一是原型意象，从众多的题材内容中筛选具有代表性的物象（题材），来寄予主观情意并使之升华。因为"心象"与"物象"的关系是在心理层面影响装饰图形符号象征意象的产生。那么，象征意象与其符号的语意表达的关系，即由装饰图形符号象征意象所规定的题材选择决定了其语意表达。两者之间的关系不同，对装饰图形符号象征意象的影响也不同。因此，选择是创造艺术的程序中最紧要的一层手续，自然的不都是美的，美的不是现成的。其实没有选择就没有艺术（闻一多，1986）。这种意象比较接近生活中的客观物象，因而在创造主体的构思中经常使用。

二是重构意象，源自客观现实题材的物象，在装饰图形符号的艺术建构中需要被雕琢、提炼和加工，"艺术来源于生活高于生活"是创造主体依照象征意义的需要进行聚合重构的结果。前文列举的焦氏宗祠中厅入口梁枋上的"八仙过海"木雕、锦绶堂过亭梁柱蝙蝠寿桃木雕等众多木雕形式的装饰图形作品中，各构成要素按照本体意象的要求，适形、有序、合理地组织在需要装饰的建筑部件中，体现出装饰图形题材内容安排的主次、空间关系，给人以结构清晰、层次丰富的视觉美感。

三是变形意象，在雕刻技法上，经常采用多层次复合叠加的组合方式。即预先将底纹背景刻好，再将另外加工刻成的人物、动物和植物等形象复合叠加镶嵌于底板上。这些视觉形象的塑造尽管有技术传承的规范和程式化的要求，但不同的工匠及其技术水平和情感表达的愿望往往会影响艺术形象，也就是说，由于创造主体技术水平和情感与幻想的作用，重构的意象会使形象产生变形，以满足本体意象诗意的需求。

2. 意象符号

如果把民居建筑装饰图形符号的建构视为意象抽象——艺术抽象的话，那么，主体创造想象、构思活动中的意象抽象运动的结果，就是使某种被抽象处理的客观事物以一种具体的形式呈现出来。就像童子、如意和大象等客观事物，由于本体意象的运动，借助佛教典故，如象为佛祖释迦牟尼从天而降的乘骑，寓意祥瑞，且"骑象"与"吉祥"谐音，创造主体将它们按照形式美的法则构组在一起，形成具体的装饰图形视觉文本。这种结果从表面看起来，得到的仍然是具体的事物、具体形式，但这个具体的事物"吉祥如意"装饰图形，已经具有了比抽象之前童子、如意和大象作为符号能指具体事物多得多的所指内容，具有象征"幸运美好""福禄康宁"的普遍意义。

由此可见，在艺术抽象中，通常所要做的第一件事就是设法使将要加以抽象处理的事物的外观表象突出出来。要做到这一点，就要使这些被处理的事物看上去虚幻，使它具有艺术品所应具有的一切非现实成分（朗格，1986）。对"吉祥如意"装饰图形而言，突出事物的"外观表象"也就是突出"吉祥如意"作为艺术符号的"表现性形式"，这种形式是审美主体可视觉感知的、可直接把握的艺术整体式样和表现情感的逻辑形式。这样艺术抽象得到的就是具有表现情感的装饰图形符号。与本体意象相比，意象符号有三个较为突出的特点。

第一是符号结构的稳定性。一般来讲，本体意象的形成受艺术构思过程中主客观条件的影响，会不断变化，即从艺术构思到艺术作品文本的形成是一个抽象、动态的过程，艺术作品一经形成便与创造主体分离而成为独立的存在，即装饰图形符号，并具有相对稳定的特性。创造主体"心象"与"物象"的结合具体体现在将其精湛的技艺施展到各种不同的建筑装饰的媒介材料上，按照匠心构思的结构进行建构、改造和整合并重新组织等方式的运作，改变了建筑装饰媒介材料原来的存在性质和方式，使其成为组织化后"心象"与"物象"统一的"符号、图式层"，也就是装饰图形作品形式层上的存在，并获得形式之中附有寓意的内在品质，即装饰图形符号。在这个过程中，这种创造活动的实质是由艺术家有意识的明确行为构成的，但这些行为总是以某种物理的作用来实现自己，而这些作用是由实现或改造某种物理对象——物质材料——的艺术家的意志所引导的，赋予物理对象以它借以成为艺术作品本身存在的基质的形式（英伽登 等，1985）。媒介材料的材料性消失，成为装饰图形符号的物质载体，进而转化升华为装饰图形符号语言不可或缺的组成部分，具有相对的稳定性。

第二是符号意义的可衍生性。对某一具体的符号来讲，其象征的意义是不确定的，因为符号、图式层面上的寓意仅仅是一种粗线条的勾勒，存在诸多暗示性和不确定性，并不足以清晰地呈现其符号的"内在意蕴"。比如"吉祥如意"装饰图形，象征"幸运美好""福禄康宁"的意义是能够在中国得到普遍认同的，其符号意义的那个指向也相对明确，但这还不够。如果把它放到世界范围来看，这一符号所象征的意义就会发生变化，会被"神话"，上升到中国传统文化的层面被重新解读，衍生出新的"内在意蕴"①。

第三是技术决定性。装饰图形符号营造的技术和技艺也是其符号意象重要的组成部分。在文艺理论中，关于技术决定性问题是有过争论的，有的学者认为：技术与技艺是纯粹物质层面的因素，应当被排斥在艺术之外，因为，艺术作品获得认可主要是凭其精神的力量和价值，而非单凭其技术或技艺含量。另外，技术和技艺在创作过程中才是明显的，例如如图 5-15 所示的李氏宗祠中柱础石的装饰，其图形纹样的艺术生产就离不开各种石雕技艺与技巧。但在已经完成的装饰图形作品中，符号的形式、艺术的形象都被建构出来了，然而技术和技艺却隐遁、消失了。事实上，上述的观点忽略了技术和技艺所带来的装饰图形作品形式上的审美感受及其符号建构的统筹决定性。

从艺术发生学的角度看，"艺术"一词最早来自拉丁语中的"Art"，其内涵非常丰富，据《不列颠百科全书》解释，凡是经过长期训练而掌握的某种技能、技巧，包括能够满足人各种生产、制作活动，例如木工、铁工、外科手术之类的技巧或专门形式的技能，同写诗、作画、舞蹈、演奏一样统统被叫作"艺术"。在中国，先秦时期的古人亦将"艺术"与人类的其他技艺等同一体，并把艺术纳入实用技能和技术之中，在古汉语中"艺"一词的词义就是指一种种植的技术，礼、乐、射、御、书、数作为先秦时期的"六艺"，而"术"

---

① 罗兰·巴尔特指出："神话是一种话语"，它是"一种沟通的系统，是与其特定历史阶段密切联系的特定社会的一种信息"。为了揭示这种特殊的社会信息，巴尔特必须超越语言学的界限而探讨符号论。旨在从最一般的符号运动的逻辑中找出人的思想创造及其文字游戏的内外关系。因此，他的著作 *Mythologies*《神话集》（Barthes，1972）是从传播符号的角度，对法国当时中产阶级和资产阶级意识形态所做的文化批判。在该书中，罗兰·巴尔特运用了"陌生化"效果把符号学从语言领域扩展到现实世界，来分析当代社会，特别是传播媒介和广告。在法国 20 世纪 60 年代，大众传播迅猛发展，各种代码与讯息滚滚涌出。面对如此纷繁错杂的图景，人们往往视为自然而然的"客观"现象，从而忽略或根本无视其中有一项共同的意义运作在起支撑作用。他无情地剖析了法国大众传播媒介创造的"神话"，揭露了它为自身的目的而暗中操纵代码的行径。他表明广告符号的实际效果就是说服我们相信消费者社会的某些特定的商品是绝对自然的，而不是人为和历史的，他们来自人本身的消费欲望而非其他。通过对这些渗透了意识形态的符号文本的解构和批判——即"去神话"的陌生化过程，揭示"神话"所隐藏的意识形态价值的运作，使人们"彻底丢弃对潜藏在我们置身其中的文化表象里的意识形态的天真幻想。"（冷先平，2018a）

图 5-15　湖北省黄石市阳新县玉塅村李氏宗祠柱础石图案纹样及其视觉形式

则包括医、方、卜、巫，也就是说中国古人认为的艺术不仅包括规范人行为的礼乐和书写、算数的知识，还包括射骑驾驭的技能，甚至祛除疾病的医术和占卜、巫术都可以归结为艺术。由此可以看出，最初的"艺术"其实也是一种生活的技能，是一种维系生活所需要的技艺（冷先平，2018b）。

有关技术决定性的观点在中国古代的一些文艺理论典籍中是有记载的，庄子认为："意之所随者，不可言传也。"（《庄子·外篇·天道》）南朝梁刘勰《文心雕龙·神思》中明确指出："意翻空而易奇，言征实而难巧也。"一些现代学者也认为，语言是意象的物质外壳，在作诗的过程中，意象浮现于诗人的脑海，由模糊逐渐趋于明晰，由飘忽逐渐趋向稳定，同时借着辞藻固定下来（袁行霈，1987）。构思一部作品是很容易的，但是把它写出来却很难（王秋荣，1986）。这些观点均强调了文学艺术创作中技术与技艺的决定性。可见，技术、技艺对装饰图形符号营造的重要性。

除上述几个主要特点外，装饰图形符号的意象在多种文化碰撞影响下，还具有鲜明的地域特色。

3. 反馈意象

民居建筑装饰图形符号的意义除了创造主体所赋予的"形象"或"意象"显露出的深厚象征意义，在艺术传播中还有一种令人回味无穷的意蕴，这种意蕴既不存在于符号的结构形式之中，也不在于本体意象，而是在于审美主体——受众的意象行为所引发的再生意义，即反馈意象。与本体意象相比，反馈意象是接受主体在艺术的审美接受过程中产生的，也是接受主体能动的再创造活动。

在装饰图形符号的审美接受中，接受主体的审美活动本质上是一种接受主体情感上和精神上的认同和欣赏过程，它包括对装饰图形作品的体验、感悟和评价等。黑格尔（1979）指出：艺术美是诉之于感觉、感情、知觉和想象的……我们在艺术美里所欣赏的正是创作和形象塑造的自由性。根据黑格尔的观点可以推知，接受主体的审美活动并非是按照创造主体所设定的那样，而是投入了其全部心理因素的，在与装饰图形作品情理交融的体验过程中，依照自己的生活经验和个人思想情感及审美偏爱等，对他所欣赏的作品进行加工改造，甚至进行新的开拓和补充，这便是其反馈意象的形成过程。一方面，反馈意象会映射到创造主体所创造的艺术形象上，从而使装饰图形符号的象征意义变得更为丰富、鲜明和深刻，另一方面，接受主体的反馈意象，对民居建筑装饰图形符号象征意义的完整性来讲具有非常重要的意义。任何文学文本都具有未定性，是一个多层面的未完成的图式结构。它的存在本身是一个"召唤结构"，具有很多"空白点"，当读者将自己的体验，人生沧桑感、生命苍茫感及独特的生命意义置入本文，通过活生生的体验对文本进行具体化，将作品中的空白处填充起来，这时，作品就不是独立的、自为的，而是相对的、为我的。作品成了我的作品，作品的艺术世界成为我的世界，成为我的生命意义的投射和揭示。正是在读者情理融合之中，在将自己的生活经历、生命情态投入中，作品中的未定性得以确定，使文学作品的审美价值获得实现（胡经之，1999）。同样，民居建筑装饰图形作品也只有通过接受主体的审美接受活动，才能真正展现出其符号象征的审美价值和完整意义。

此外，在艺术审美接受过程中，装饰图形的反馈意象促进接受主体的能动作用主要表现在：第一，在还原主体意象的基础上，超越装饰图形作品的原有的创意，从既有作品中发掘出更深层次的意义和内容，促进创造主体的创造观念的改变，促进装饰图形符号在历时变化中的程式化创新；第二，对意象符号进行接受主体新的观念、趣味和理想的"心象"加工、补充、重塑意象符号的象征意义；第三，接受主体再创感悟性的意象，突破装饰图形作品原有的局限。

应该说，民居建筑装饰图形符号建构的反馈意象，是对装饰图形作品的艺术本质和中心意义的消解，强调艺术接受主体的反馈意象，也就是强调其意义阐释的多元化和不确定性。这样，在艺术传播过程中，无论是创造主体的匠心建构、还是符号形式的呈现，或接受主体的重构，对符号象征意义的探讨就直接指向了人的心灵意义的探讨。因此，民居建筑装饰图形符号象征意象的三种基本形态,构成了装饰图形符号象征意象活动的全部过程，如图5-16所示。

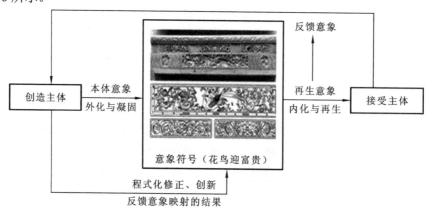

图 5-16　明清时期鄂湘赣移民圈民居建筑装饰图形符号象征意象活动过程图

（三）象征意象的产生与特点

1. 象征意象的产生

从民居建筑装饰图形符号的语意来看至少包括三个层次的含义。其一，作为一个叙事单位，它是一个与象征意象相对应的概念。就像"百花呈瑞"以百花盛开来暗含硕果累累，寓意繁荣昌盛、未来美好。其二，它是客观题材和对象，如动物、花卉等题材叙事学的概括，所表达的意涵大于物象的概念。其三，在符号表达上，由能指约定的所指转化而成具有话语能力的"世界图像"和"存在视像"（蒋寅，2002）。在这种结构关系中，装饰图形符号象征意象的产生和心象与物象的关系有关。因为心象与物象是主体审美意象的一种心理关系，如果所处的意识层次不同，那么，两者不同的关系会影响装饰图形符号的象征意象。

第一，事物象征性的意象，本来就是一种在艺术抽象过程中主体获得的抽象，是积淀于无意识深处的审美意象，就像"荷花"象征"纯洁"那样，在不同的语境中，心象与物象之间都能相互统一，可谓"心物同质"。

第二，故事情境性的意象，是主体在艺术抽象过程中用作隐喻象征的手段，存在心物分离的事实。但由于各种神话、历史人物与历史情景有着密切的关联。例如，从故事中的人物看，刘备、关羽、张飞都已经意象化了；从历史来看，刘、关、张三人结义也情景化了；整体来看，"桃园三结义"已经充分地模式化了，成为中华民族象征兄弟友情深厚的文化记忆，给人们提供了一种人与世界、意志与存在对立与统一的结构模式和价值典范，显示心象与物象之间的"心物统一"。

第三，各种宗教、神祇系谱性的意象，源于客观物象在历史进程中的神话化，比如道教、佛教中的众多故事题材所呈现出来的神佛等，它们由历史事件演化而来，但在现实中并无实体，构筑的只是装饰图形审美过程中主体心象的一种想象或者幻象，借此建构能够以事涉体、以象喻事、体事同一的装饰图形符号的能指，这种"心物同一"是为心象与物象之间的关联。

第四，理性抽象的意象，作为非客观非具象的抽象，有着比物象更广阔、更自由、更丰富的内容。它体现的是一种形、质异趣的图式。从种种几何抽象的能指来看，装饰图形符号中各种不同的抽象形状，都有一些景象迷离的事物可以被所指。下面以湖南省岳阳市张谷英村古建筑群中王家塅建筑中抽象几何纹饰（图5-17、图5-18）的应用为例来进行分析。

图 5-17　湖南省岳阳市张谷英村王家塅门窗格扇装饰及其视觉图形

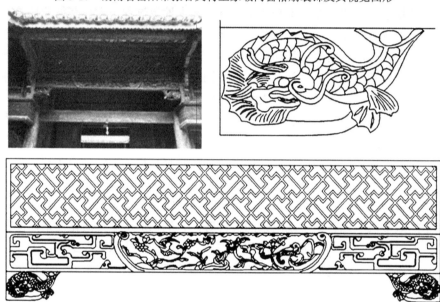

图 5-18　湖南省岳阳市张谷英村王家塅门窗格扇装饰及其视觉图形

　　王家塅建筑厅堂内部的主要装饰是在门窗格扇与梁枋处的木雕装饰。王家塅的窗户格扇没有苏杭达官显贵之家典型徽派建筑那样的花纹繁复，内容复杂，以细腻精致为艺术趣味。张谷英村作为湘北移民区古民居建筑的一环，在徽派建筑的模式上同时会带有湖湘区域自己的特色，在建筑装饰上并不追求精密细微的雕琢手法，王家塅门窗格扇的雕法虽然相对简洁，但是气韵上更加大气。如厢房二层的格扇窗与裙板，用棂条组成边框，从四周向中心聚拢收紧，整个装饰风格用抽象的回纹样式棂花与井字形格心棂花图案相结合，井字有防火象征，常被选作建筑门窗上的装饰。连接处与格扇窗四角同时装饰着形同如意的纹饰图案，如意有"称心如意"一说，借喻万事吉祥如意的寄托；裙板上的装饰纹样为典型的回纹图案，这种纹样是由早期青铜器上的云雷纹演变而来，横竖线组成方形或者圆形的回环状花纹，与"回"字相像，富有吉祥、福寿深远绵长的寓意，也有事业前程顺利似锦的美好象征。同时在中间部分的装饰纹样，又带有抽象倒挂蝙蝠的装饰设计感，最下侧则是祥云纹样的装饰，同样都表达着福气安康吉祥美好的愿望。

装饰同样精彩的部分在厅堂的梁枋部位。上半部分格扇窗格心的题材为万字纹，由万字流传而来。万（卍）字原本是梵文，是佛教文化的一种典型标志。佛教文化传入我国，不仅在思想文化上，对建筑装饰也产生了很大影响。万字纹通常寓意着"吉祥万德之所集"，在佛教中常被比喻为太阳，是火的象征，故此处格扇纹路装饰带有人们希望福寿绵长的寓意。

王家墩建筑装饰符号的象征意义表明，那些抽象几何符号的所指非同凡响，它们或是人格的象征，或是崇高意义的化身，从而在心象与物象形成"语境压力"（朱立元，1997），可见，二者的关系分离而又重叠，是为"心物对待"。

2. 象征意象的特点

（1）民居建筑装饰图形符号象征意象的主观性。

在艺术抽象过程中，艺术思维与科学思维不同，科学思维的抽象是归纳概括，是从众多事物中或者具体经验中获取抽象的概念或系统的关系模式，再通过概括化的过程去代表它所属的那一类全体事物，其概括的面越来越宽；艺术抽象的过程则不同，它不必把握一般事物理性概念及其推断形式，而是要把握表达主体思想和情感的、能够被直觉的、感知的、具体的复杂形式。因此，民居建筑装饰图形符号象征意象受原始思维的影响，具有非科学的、鲜明的主观性。

原始思维是英国的文化学家泰勒在《原始文化》中提出的重要观点，他认为原始人的思维方式是"万物有灵论"，即大地山河、人、动物与植物等宇宙万物都有"灵魂"。与泰勒的观点不同，1910～1927 年，法国学者列维·布留尔在考察大洋洲、美洲、非洲土著部落的基础上撰写了《原始思维》一书，他认为原始人的思维并非像泰勒所说的"万物有灵论"，而是他称之为"原逻辑思维"的另外一种思维。

从科学思维的角度来看，时间、空间是物质存在的基本形式，两者的依存关系表达着事物的演化秩序。通常，"时间"作为一个抽象的概念，体现了物质的运动、变化的持续性、顺序性，表达了事物的生灭排列。"空间"表达是事物的生灭范围，体现了物质存在的广延性，即长度、宽度、高度。原始思维的"时空"观念却不同于科学理性的时空观念。列维·布留尔认为原始思维具有不能明确区分主体和客体及不能明确区分不同的客体两个特点。按照这一理论可以推知，原始思维观念中的"时空"是由主观的意识所规定的，是由主体的感觉和意愿所支配、所调整过了的"时空"。这种支配和调整会导致"时空"脱离科学的时空概念范畴，从而产生"时空"的扭曲、改变并直接反映到民居建筑装饰图形符号的营造中。例如，在饶氏庄园门楼西面的檐枋木雕（图 5-19）的符号建构中，南边木雕为圆形"桃园三结义"装饰图案，选自中国古典四大名著之一《三国演义》，木雕装饰图案中刘备、关羽、张飞三位豪杰，在桃花绚烂的园林中，对天盟誓、举酒结义，图案画面饱满，人物形象特征鲜明，象征着"义"；北边木雕为圆形"嫦娥奔月"装饰图案，选自中国上古时代神话传说故事，木雕图案描述的是嫦娥被逢蒙所逼，无奈之下，吃下了西王母赐给丈夫后羿的两粒不死之药后奔月，嫦娥与后羿两人姿态生动、栩栩如生，象征着"情"，中部木雕两侧的圆形木雕为对称装饰，共筑"有情有义"（周露曦，2018）。这两幅作品的叙事和处理方法将人物故事的时空，依据创造主体对"情""义"表达主观的意念和情感为基础，来组织画面中的人物、山水、花卉，以及抽象的万字纹等种种视觉元素。从科学的时空观来说，这些安排都严重违反客观时间和空间规律，而以创造主体的主旨意趣为核心，打破时空观将不同时间的生活情景，表现在同一画面中，显示出装饰图形符号象征意象营造的主观性。

木雕位置	照片	图例
南边圆形木雕	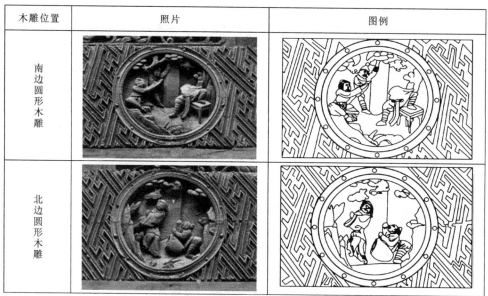	
北边圆形木雕		

图 5-19　饶氏庄园门楼西面的檐枋木雕及其视觉形式

（2）民居建筑装饰图形符号象征意象的程式化。

从明清时期鄂湘赣移民圈民居装饰图形发展的历史来看，推陈出新是其得以留存、改变、勃兴和发展的必经之路。作为传统民居装饰中经常反复出现并能被消费、接受的符号，装饰图形符号有着释义明确、结构严谨、发展有序的符号体系，是在历史发展进程中经过反复检验、已经得到人们认可的视觉语言符号，有着相对固定的意义和象征指向，因此，其象征意义在形式上和手法上趋于程式化。这种程式化手法具体体现在以下三方面。

第一，在民居建筑装饰图形符号中，艺术形象的造型不是对客观对象简单的、直接模仿，而是一种心象形成过程中的"延迟摹仿"。"延迟摹仿"是指摹仿的对象从创造主体眼前消失后凭借记忆摹仿的行为。这种摹仿是依靠敏锐的强烈的感觉记忆能力和视觉辨别能力来进行的，它的关键在于要抓住记忆表象中对象最鲜明的形态特征。从这种意义上讲，延迟摹仿是再现客观事物的摹仿。但是，由于摹仿的客观对象并不存在，需要创造主体借助记忆，经由大脑知觉系统所综合和过滤后重新建构形象，其所再现的形象带有创造主体心象的强烈主观性，所以，"延迟摹仿"具有意象性。这与民居建筑装饰图形符号形象塑造的艺术构思极为吻合，也就是说，装饰图形符号中的艺术形象，即便具有客观事物的外部特征，就像上图"桃园三结义"和"嫦娥奔月"中的刘、关、张和嫦娥、后羿那样，都是经过创造主体大脑加工后的形象，它们的某些特征会被变形、突出、夸大而脱离原型，都不是原来客观事物的现实，而是经由心象而成的"似与不似"的形象，这样的形象不是客观事物的直接映入，而是染上了主体个性色彩的折射（鲁枢元，1985）。事实上，正因为不便于、也不必要直接摹仿客观对象，作为创造主体的营造一般都会采取"延迟摹仿"的方式来进行。

第二，在民居建筑装饰图形符号中，一般很少采用科学的焦点透视，而是依据中国传统装饰造型艺术的构图法则。焦点透视是西方造型艺术遵从的基本法则，早在古希腊时期，在数学家欧几里得的著作中就有关于视觉焦点的论述。受"艺术摹仿现实"审美哲学的影响，这个时期的艺术家们已经开始探索、尝试运用焦点透视的"短缩法"进行艺术创作，以求真实地还原现实、再现现实。文艺复兴运动时期，意大利的布鲁内莱斯基依据光学原理，首创了科学的"透视法"，其时，文艺复兴时期的达·芬奇、米开朗琪罗和拉斐尔等一大批艺术家们在绘画艺术创造中都大胆尝试、运用了这种透视方法。焦点透视符合人的视觉真实的感觉，使画家在二维的平面上创造出长、宽、高三维空间的幻象。因此，他们的绘画作品就像一面镜子，使对象获得自然的、客观的表现。

从"桃园三结义"和"嫦娥奔月"的装饰图形符号的案例中还可以发现，民居建筑装饰图形符号文本的建构大多采用中国传统图案的构图方式。一是格律体的构图，即采用九宫格、米字格或两种手法相融合的方法进行构图，所获得的装饰图形符号的艺术形式不拘一格，体现出和谐稳定、结构严谨的程式化特征。二是平视体构图，这一构图不受西方科学透视的约束，所有形象都处于视平线上的平面化处理，在民居建筑装饰图形符号中多以侧面来表现客观对象，不去刻意追求空间层次的纵深感，更显简练单纯，形式意味浓厚。三是立视体构图，这一构图采用了中国传统的散点透视，散点透视是中国传统造型艺术特有的观察方法，主体可以根据自己的需要，移动其视点进行观察，并将所观察到的东西按照主观需求，自由地组织进画面。所谓"搜尽奇峰打草稿也"（清代石涛《苦瓜和尚画语录》）就是这种透视的写照。由于不受固定地点、固定视域的限制，散点透视强调主体在造型过程中的心象，经由主观的感受、理解和熔铸的心象过程，才能够把自然中的山川变成胸中丘壑，达到"山川与予神遇而迹化也"（清代石涛《苦瓜和尚画语录》）境界。散点透视的方法在装饰造型立视体构图中，是以大观小、前不挡后和蒙太奇的艺术手法自由组合画面中各造型元素之间的关系，由此产生打破"时空"的艺术效果。这些都在"桃园三结义"和"嫦娥奔月"等作品中有明显的体现。

第三，在民居建筑装饰图形符号中，依据创造主体的意象，不讲求客观事物严格的比例关系。在"桃园三结义"和"嫦娥奔月"作品中还可以发现各种人物的造型并未按照真实的比例，而是依据创造主体心象的要求进行夸张和变形。将湖南省郴州市永兴县高亭乡板梁村明清古建筑群天井作为例子（图 5-20）。天井，从建筑学来讲具有采光、通风、排水等实用功能，在建筑室内起到与自然的贯通和空间延伸的作用；不仅如此，天井也是人们精神向往表达最重要的地方，其构筑的"不高不陷，不长不偏，堆金积玉，财源绵绵"（《八宅明镜》）形式，具有蓄财养气的象征意义，故此"四合"天井式民居组成"昌"字图形，满足了主体家庭富裕昌盛的精神心象。故此，天井及四周隔扇门的格心和绦环板上都会有比较精美的装饰。受制于建筑部件适形化的要求，作为创造主体的工匠根据格心、绦环板等构件的形状，独运匠心，选取不同人物、动植物等题材适形而作，形成结构完整，层次丰富，刻画细致、完美的装饰图形。无论是人物、动物还是花卉植物等，均不注重客观事物的比例结构，而是以意象的方式，强调整体神韵的把握，最终以神取胜、以味引人。

以上的案例说明，民居建筑装饰图形符号建构体现出的是艺术的意象，是立于主客一体、物我交融、情景相合的审美意象，其象征意义表达的是主体心中的愿望和激情的趋向。因此，建构中刻意改变事物对象的空间比例的目的，是为了突出心象的情感意愿，而不是去机械复制现实生活中的具体形象，充分显示了中国传统美学少言形象而重视意象和意象之美的审美特征。

图 5-20　湖南省郴州市永兴县高亭乡板梁村明清古建筑群中的装饰造型

二、审美意指联系

罗兰·巴尔特（1987）在对大量符号考察研究的基础上指出：无论是细究还是泛论，艺术总是由符号组成，其结构和组织形式与语言本身的结构和组织形式是一样的。如果我们以装饰图形作品为中心来探究其象征的审美意指联系，就应该立足艺术创造和艺术接受这两个重要的环节。从前文的分析研究可以知道，创造主体的工作是将各种不同的客观对象经由心象与物象的统一实现装饰图形符号的建构，并组构其特有的视觉图像语言；而艺术接受则是从受众的角度将这些艺术符号视为视觉感知的综合表象，其符号的审美意义需要在艺术传播过程中，经由创造主体和接受主体的审美心理活动才能够呈现出来。在这个过程中，创造主体通过对装饰图形符号各种视觉要素的组合和与各种不同的建筑媒介材料关联，使其成为视觉形象语言，并运用这些生动的形象语言来表达象征意义；接受主体也是通过装饰图形作品感知到审美表象的，进而在审美体验中解读符号的艺术意蕴。也就是说，创造主体与接受主体之间艺术表达方式和审美接受方式，可以通过装饰图形符号象征意指产生联系，即装饰图形的艺术符号链。

关于符号意指关系中表达方式与感知方式的符号链接，索绪尔认为语言符号中的各种要素的关系是在两个不同层面上展开的：一是各种词在话语的语言链条上组成句段的横轴链接；二是话语之外促进人们发散联想的纵向聚合链接，二者构成符号的二轴链接，成为能指与所指结构"不可分解的统一"关系的纽带。受康德哲学的影响，皮尔士则从逻辑学的视角出发，指出符号"在某些方面或某些能力上相对于某人而代表某物的东西（艾柯，1990）。他在符号结构——能指（或指符）与所指（或被指）关系的基础上，将符号分为三类"关系模式"，即任何一个符合都由媒介关联物（M）——对象关联物（O）——解释关联物（I）三种关联要素构成，它们形成一种三角形关系，符号就存在于这种三角形关系之中[①]。依此关系，符号还可以进行层层三分，划分为 9 种下位符号，由 9 种下位符号的相互合成构成 10 种主要符号类别，形成高度统一的符号层链接，反映符号所具有的不同性质。

巴尔特是将语言学研究的成果引入符号学领域，以涵指符号学的名义，在符号系统之间的意指关系中区分出两个意指层面，即直接面和涵指面。他在《符号学原理》（巴尔特，

---

① 与索绪尔符号学相比较：媒介关联物相当于能指，对象关联物相当于所指，解释关联物是皮尔士研究符号的独特创建。

1999）里为此做了更具体、明确的理论解说。

所有意指系统都包含一个表达层面（plan d'expression，缩写为 E）和一个内容层面（plan de contenu，缩写为 C），意指行为则相当于这两个层面之间的关系（relation，R）：ERC。现在，假定从这个系统延伸出第二个系统，前者变成后者的一个简单要素……第一个系统（ERC）变成了第二个系统的表达层或能指，或表示为：（ERC）RC。具体可分为两种情况，如图 5-21 所示。

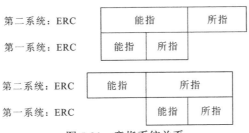

图 5-21　意指系统关系

这种情况即叶姆斯列夫所说的内涵符号学，也就是第一个系统构成外延（denotation）层面，第二个系统（由第一个系统延展而成）构成内涵（connotation）层面。可以说，内涵系统是这样一个系统，它的表达层面本身由一个意指系统组成。一句话，外延是显而易见的字面含义，内涵是隐而不彰的附加含义（巴尔特，1999）。巴尔特关于涵指符号学中直接面和涵指面的观点，为符号系统之间的意指关系的研究开启了新的视野（陈鸣，2009），对符号内涵意义的分析构成了巴尔特符号系统链接实践的根本。下面仍然以饶氏庄园前天井院东面的木雕装饰作品"花鸟迎富贵"（图 5-22）为例来进行深入的分析。

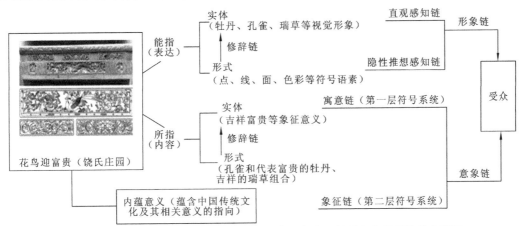

图 5-22　饶氏庄园民居建筑装饰图形"花鸟迎富贵"符号意指关系结构分析图

根据对饶氏庄园前天井院东面的木雕装饰图形"花鸟迎富贵"的符号意指关系结构分析，可以发现，民居建筑装饰图形的艺术符号链大致可以分为：形象链、修辞链和意象链三种联系模式。

（一）艺术形象链接

在艺术传播活动中，民居建筑装饰图形作为一种艺术符号，其视觉文化主要体现在它可以通过可见的形象或图像来理解、解释和表达事物的文化形态。其符号能指的表层视觉结构中的上层结构构成形象或图像，即艺术形象（表层视觉结构）。这种艺术形象是可以通过视觉感知的，是审美主体和审美客体相互交融，并由主体创造出来的艺术成果，它是反映社会生活的特殊方式。从饶氏庄园民居建筑装饰图形"花鸟迎富贵"符号意指关系结构图（图5-22）中可以看出，艺术形象链是由艺术形象，即能指所呈现出来的与视觉审美接受即受众相链接的构成模式，是装饰图形符号在视觉感性表象层面上的链接。具体表现为装饰图形符号能指在内涵面和外延面上构成的审美意指关系式。这种关系揭示了民居建筑装饰图形符号中艺术形象链生成和发生审美意指作用的具体途径。

一般来讲，艺术符号不仅是一种表象符号，而且也是艺术形象存在的地方。对民居建筑装饰图形符号而言，在其符号结构的视觉表层，那些底层结构的视觉符号不仅仅是一种简单的点、线、面及色彩等表象符号，而且它们是构成艺术形象的最基本的语言符号。在艺术传播中，创造主体与接受主体，都需要运用形象思维的方式，经由这些表象的艺术符号来感知、理解装饰图形作品中的艺术形象。艺术形象是装饰图形作品的核心，其塑造的过程不仅体现了其内容与形式的统一和个性与共性的统一；还充分体现了创造主体与接受主体审美心理活动的统一，两者在审美想象和审美感知中的交织互补中建构了艺术符号的形象链接。按照装饰图形符号能指在内涵面和外延面上构成的审美意指关系，其形象链接可分为两种基本类型，即直观感知链接和隐性推想感知链接。

1. 直观感知链接

直观感知链接是指在装饰图形符号能指的外延层面上，由视觉直接观看、感知而生成的艺术形象链接，是装饰图形上层结构——艺术形象所形成的视觉形式，与受众之间所发生的联系。上层结构是装饰图形作品中可视知觉的直觉对象，因而受众是不需要通过特别的想象，便能够直观地感受到作品中的这些视觉表象，然后在视知觉中表征和感知到艺术形象。也就是说，装饰图形符号的直观感知链是由符号的能指串联起来的符号链接，具有直观地呈现审美表象，以及在其能指的外延上指向装饰图形作品中艺术形象的双重作用。例如在"花鸟迎富贵"中，由底层结构组合而成的诸如孔雀、牡丹和瑞草等众多艺术形象，在能指的外延上都是具体化、形象化了的视觉表象，因而，在视觉感知的审美活动中，受众就能够从视觉表象的符号链接中直观地获得艺术形象。

2. 隐性推想感知链接

隐性推想感知链接是指由装饰图形的能指在内涵层面上，即由底层结构的艺术符号语素的审美想象所构成的符号链接。通常，底层结构的点、线、面、色彩等语素是不具备视知觉感知而成为艺术形象的，同时，单一的语素也不具备、不传递、不显示由它们所建构某一具体艺术形象的感觉讯息。所以，在审美过程中，创造主体和接受主体之间，就需要通过推想感知的审美想象方式，在符号能指的涵指面上构筑起艺术形象链接，即通过装饰图形底层结构中的那些基本语素的识别、理解，并通过其编码组构过程中在媒介材料上所形成的各种形式的肌理、效果等，在审美想象中推想、感知艺术形象。因为符号能指底层结构中的那些点、线、面、色彩等语素并非完全没有意义。事实上，当它们作为一种记谱表象，创造主体在运用它们的时候，主体不同，它们最后所呈现的状态也是完全不同的。例如，民居装饰图形作品中那些"同形异构""同构异形"的艺术处理方式都能充分说明这一点。同样的处理方式，会因主体的审美素养、生活经历、艺术水平及个性、趣味等的差异，直接影响作为底层结构的视觉符号语素的应用和艺术效果，如两种不同的暗八仙图例，这就为艺术形象陌生化的解读提供了存在的可能。这种既熟悉又陌生的解读在装饰图形作品中比比皆是。因此，在审美接受中，创造主体和接受主体可以通过对那些编码、组合和建构艺术形象的符号语言差异的识别和理解，推想感知艺术形象。

（二）修辞链接

在明清时期鄂湘赣移民圈民居建筑装饰图形符号象征的视觉修辞章节中，讨论分析了装饰图形符号象征视觉修辞的种种手法。可见，在民居建筑装饰图形符号的建构中，作为一种能在任何一个问题上找出说服方式的功能（亚里士多德，1991），象征的视觉修辞及其谐音、比拟、变形、夸张的具体方法，对装饰图形符号中形象之间关系及表征意义产生非常重要的影响。饶氏庄园民居建筑装饰图形"花鸟迎富贵"符号意指关系结构图（图 5-22）表明，民居建筑装饰图形符号的修辞链接主要表现为在装饰图形符号的艺术形象和艺术意蕴之间建构链接模式，并由此形成装饰图形文本，以及文本之间修饰关系中的审美意指联系。

民居建筑装饰图形符号的修辞链接，在表达上，通常采用明喻、隐喻、换喻等各种不同的修辞手段进行链接，其中，艺术形象成为这种审美意指关系式中的"喻体"，艺术意蕴则成为"喻本"。因为符号的能指的外延和内涵两个层面可以通过符号链方式发生关联，所形成的审美意指的直观感知链接和隐性推想感知链接，不仅有利于对装饰图形符号中艺术形象的把握，而且会形成其视觉修辞的"刺点"[①]，激活装饰图形聚合结构，打开其联想的空间，从而拓展装饰图形符号象征意义的深度。

在装饰图形符号隐喻象征的实践中，需要相对清晰地识别"喻体"和"喻本"的转义生成关系。尽管装饰图形符号的构成法则及其语法结构相对比较复杂，但还是可以进行最基础的结构把握。一般来说，任何视觉文本都存在一个简单的聚合结构和组合结构，可以借助其组合关系与聚合关系来把握装饰图形的视觉形式问题。就装饰图形文本而言，它是一系列微观组分——底层结构中的各种构成元素，在平面空间上的"链接"，不同组分之间是一种由创造主体的编码、拼接关系，依次形成一张完整的"拼图"，即对应的是组合关系；与此同时，装饰图形文本中的微观编码的组分与结合都存在被置换、被替代的可能性，因而会构成某种意义上的各种各样的联想聚合关系。可见，对装饰图形等视觉文本而言，组合关系表现为时间意义或空间意义上的组分"链接"，聚合关系则主要体现为不同视觉组分的替换关系。通过把握视觉组分之间的联想机制与拼接方式，就可以解决视觉图像符号构成的基本形式问题。根据装饰图形能指的意指轨迹，直观感知链接在装饰图形的上层结构、艺术形象和受众之间发生作用，是直指形象链，体现的是一系列微观组分之间的组合关系，可以使受众在审美接受中生成直观的感知艺术形象；而隐性推想感知链接的则是在审美接受中不容易被直观感知的部分，受不同视觉组分聚合关系的影响，它的形成是装饰图形能

---

① 刺点，即画面中某个极不协调的信息、元素及含混不清的表征"细节"，是一种莫名的刺激物，具有巨大的反常性和破坏性，它的存在总是引诱人们去琢磨一些难以捉摸的画外意义。它是罗兰·巴尔特在《明室》中提出的一个非常重要的视觉修辞分析概念。在视觉图像意义的诠释体系中，由于"刺点"是对文本常规状态和意义的挑战和破坏，其表意特点就是将观者引向画面之外，创设了一个我们理解"画外之物"的精神向度（赵毅衡，2011）。

指底层结构在建构上层结构中意义不确定的、隐藏的部分，因而可称之为涵指形象链；其作用在于，使第一符号结构层面的装饰图形符号实体通过形式获得多样的编码途径。

就具体的修辞手法而言，明喻是最为简单、直接明了的。在形似性原则下，装饰图形符号的"喻体"和"喻本"都能呈现在其作品组合的审美意指轴线之上，即在能指的直指面上建构"喻体"和"喻本"之间的审美意指联系。例如民居装饰图形符号中，"蝙蝠"与"鹿"都是具有吉祥寓意的动物题材，由于蝙蝠中的"蝠"与"福"谐音双关，"鹿"和"禄"同样如此，蝠鹿同构，人们可借此寓意"福禄双全"，表达他们对生活的美好祈愿。隐喻（具体可参见隐喻象征），"喻体"和"喻本"的关系一般都处在十分隐秘的关系之中，隐喻提供的是一种暗示性、烘托性意味的可能，并不一定将它们"投射"到对应物上。隐喻一般都有所谓的"靶场"，但由于隐喻的主观成分相对较少，因而缺乏较为明确的"靶心"，注意力分散，定向性较差。因而人们往往需要经过装饰图形符号能指在涵指面上的审美想象，才能构建"喻体"和"喻本"二者相似性的修饰关系。换喻，是在相似性原则下，"喻体"和"喻本"处在一种替代关系之中，从而构建二者的审美意指关系。在实际应用中，无论什么修辞手法，修辞作为审美意识形态的能指面显现出来，修辞会因其实体的不同而发生不同的变化，如"花鸟迎富贵"中底层结构的基本元素所组成的牡丹、孔雀和瑞草等。作为装饰图形符号的修辞是有其特殊性的，但又因为其中的修辞格或修辞的方式，只是针对符号要素之间的形式关系，它具有一定的普遍性。图例中，牡丹——美丽、繁盛、富贵，孔雀——祥和、幸福、美满，瑞草——吉祥，在能指之间相互替换的修辞手段中，清晰地揭示了"喻本"和"喻体"之间"花鸟迎富贵"的逻辑关系。

（三）意象链接

民居建筑装饰图形符号的意象链接是在审美意蕴层面上建构起来的符号链接模式。从视觉表层来看，符号的"直接意指"或"外延"意义来自符号第一系统的客观事物和社会的约定，而内蕴意义则是符号第二系统审美主体社会心理感悟的主观认知的反映。因此，在装饰图形文本间的意指关系中可建立起两种或两种以上的符号链接系统，即意象链，并指向其寓意性或象征性的审美意蕴。

（1）民居建筑装饰图形符号审美意蕴的寓意性链接，是民居装饰图形意象链接系统中重要的组成部分。

一般来讲，视觉图像意指的寓意或者隐喻的本质取决于它的结构形态，即能指与所指的结构方式。与语言符号不同的是：语言符号中的一个词，它仅仅是一个记号，在领会它的意义时，我们的兴趣就会超出这个词本身而指向它的概念。词本身仅仅是一个工具，它的意义存在于其自身之外的地方，一旦把握了它的内涵或识别出某种属于它的外延的东西，便不再需要这个词了（朗格，1983）。而视觉符号的象征意义在于其自身，审美主体需要凝视或驻足观看，并在反复观看过程中才能真正理解它所蕴含的意义。就此而言，可以把语言结构以不可察觉和不可分离的方式将其能指和所指"胶合"在一起的现象称为同构，以便区别于那些非同构的系统（必然是复杂的系统），在后一类系统中所指可以与其能指直接并列（巴尔特，2008）。可见，视觉图像符号从能指到所指的结构是迂回的、非同构的，两者是平铺、并列的。"非同构"和"并列"意味着能指与所指的共时呈现，其意指效果也就必然是浑整的，呈现一种非"胶合"的、多义的意指形态。这就是视觉图像作为隐喻性符号的结构形态及其虚指性效果。

对装饰图形符号的寓意性链接而言，它是在装饰图形两级符号系统中建构起来的艺术符号链接模式。基于视觉符号非"胶合"的、多义的意指形态，为了准确地把握好符号意指关系，因而需要在索引式意指的原则下，即当装饰图形符号第一系统（或第一层符号系统）ERC成为第二系统（或第二层符号系统）的"表达层面"或能指时，装饰图形作品中的被形象化了的符号能指可以通过附加意义的途径，指向其作品以外相关的符号能指，进而由符号能指链接到第二系统（或第二层符号系统）的"内涵"或"含蓄意指"，形成两级以上的符号系统。其中，符号第一系统（或第一层符号系统）的符号能指以一种索引式意象链接方式，与符号第二系统（或第二层符号系统）的符号能指发生直接的关联，并在第二系统中具体指向某种既有的寓意话语，实现符号意指关系的准确把握。例如，"花鸟迎富贵"中孔雀的艺术形象，通过附加意义的途径，指向作品中其他相关的牡丹、瑞草等符号的能指，进而将符号"孔雀"艺术形象的能指，链接到装饰图形文本中牡丹、瑞草等符号的能指。在符号索引式意指的原则下，使不同符号的能指之间发生直接的联系，并在其他相关的符号中指向初始符号既有的审美意义，将相关的概念意义寓于"花鸟迎富贵"的艺术形象之中。正如苏轼在《宝绘堂记》中所言"君子可以寓意于物"的那样。这也就是说，在"花鸟迎富贵"装饰图形作品中，无论是孔雀，还是牡丹、瑞草等的艺术形象，都具备表达人们内心对美好生活向往的寓意。

（2）民居建筑装饰图形符号审美意蕴的象征链，是民居装饰图形意象链接系统中最为典型的审美意蕴链接。

关于符号，卡西尔（1988）指出：一切都生活在特殊的影像世界之中，这些影像的世界并非单纯地反映经验给定之物，而是按照各自独立的原则造出给定之物。这些功能中的每一种功能都创造出自己的符号形式，这些符号形式即使不与理智符号相似，至少也作为人类精神的产物而与理智符号享有同等的地位。可以看出，他是将表达影像世界的"意象符号"与表达概念世界的"理智符号"相提并论的。苏珊·朗格在论及符号时同样也是将符号与形式联系在一起的。她把人类文化符号分为推论性符号、表象性符号两大系统。其中，后者所代表的是艺术的符号，并进而将其分为"艺术符号"和"艺术中的符号"（或叫艺术中所使用的符号）（朗格，1983）同时进一步将一件艺术品划分成"艺术符号"，而将艺术品中的某个意象或者某个要素划分为"艺术中的符号"。因此，作为一件艺术作品，尤其是可视觉感知的艺术作品，会因为其符号能指与所指结构的"非同构"和"并列"关系，而显现"浮动的能指"。所谓浮动的能指，强调的是符号能指与其所指对象之间呈现出一种流动的、浮动的、不稳定的指涉状态（刘涛，2018）。这一观点基于的是符号意义建立的任意性原则，即能指与所指之间并非一种固定的指涉结构，而通常是社会约定俗成的结果，也就是说，同一个符号能指，在不同语境中往往体现出不同的所指内涵。民居建筑装饰图形符号，作为一种视觉感知的艺术符号，"浮动的能指"的本质离不开其意义本身及其意指实践，作为主体创造的再现性视觉图像符号，其符号的释义离不开某种社会约定，如果这些再现事物是被制作它们的人之外的人所理解的话，那就是因为他们之间存在着一种最小的社会文化方面约定的东西……这些再现事物应该将其大部分意指归功于它们的象征符号的特征（乔丽，2012）。

再从艺术符号"浮动的能指"的多重性来看，一件完整艺术品的"艺术符号"是具有叙事功能的。这里的"叙事"是广义的，即营造意象，营造一套完整的意象组合或由意象组合所构成的意境。假如一件艺术品或者艺术符号没有"意象"就意味着创造主体意象思维的缺失，因而艺术品或者艺术符号就没有了存在的前提和根基，更无"浮动的能指"的可能性。从民居建筑装饰图形符号的意象营造功能来看，创造主体在营造意象（或意象组合）时可以直接将自己的观点和看法熔铸于装饰图形作品中。那些象征美好生活意愿的意指指向就是一种显性的评价话语，即符号逻辑性的话语能指。这种能指不是单一、固定的，在历时性演变过程中，其象征意指还会不断修正、改变和扩充。再从其审美功能来看，审美功能即情感的功能，对艺术符号而言，艺术的情感是指美学意义上对审美对象产生的审美情感，而非一般心理学意义上的爱与恨之类的情感，是一种审美判断力。审美情感作为非逻辑性的情感能指与其逻辑性的话语能指共同依附于装饰图形符号本身，奠定象征意义表达的广阔空间。

因此，民居建筑装饰图形符号是具有文化意义上的象征功能的。其符号审美意蕴的象征链是在开放式意指原则下的链接，有别于索引式意指原则下的寓意链接。在这个链接中，装饰图形符号中艺术形象的能指，通过社会约定和营造意象、美的形式等方式，指向其视觉形式以外的一系列相关的符号能指，在符号能指的文本链接过程中形成连串的意指系统。从"明清时期鄂湘赣移民圈民居建筑装饰图形符号表意结构——内蕴意义"结构图来看，在装饰图形符号的第一层表意结构中，其能指在保证所指意味的前提下，是能够以一种开放的创意链接方式，与第二层表意结构中的符号能指发生关联，即符号第一系统的 ERC 转换成为第二符号系统的"表达层面"，形成新的所指，最后指向独特而又新颖的审美意蕴。在"花鸟迎富贵"的审美意指关系图中（图 5-22），第一层表意的符号系统牡丹、孔雀和瑞草等艺术形象的所指意义，都指向富贵、祥和、幸福、吉祥等，通过这些艺术形象的编码组合，形成新的形式、新的画面。经由第一层表意的符号系统中意指的关系，新的画面、新的形式成为第二层表意符号系统中的新能指，又在新所指意义上，获得蕴含中国传统文化及其相关意义的多种指向，如激励、勤劳、善良、追求美好幸福生活、祥和富贵等各种审美意蕴都可以从中获得合理的解读，并成为在民居建筑装饰图形符号营造中共同认可的象征意义选择。

在寓意和象征的关系上，法国学者约瑟·皮埃尔（1988）认为：一方面，寓意和象征一样，用具体的方式表达抽象的事物，两种方法都以类比为基础，并且都包括一种形象；另一方面，寓意就好像是一种人类精神的产物，其中的类比是人为的和外在的，而在象征主义中，象征却是自然的和内在的。歌德在《关于艺术的格言和感想》指出：寓意把现象转化为一个概念，把概念转化为一个形象，但结果是这样：概念总是局限在形象里，完全局限在形象里，凭借形象就可以表现出来。象征把现象转化为一个观念，把观念转化为一个形象，结果是这样：观念在形象里总是永无止境地发挥作用而不可捉摸，纵然用一切语言来表现它，它仍然是不可表现的（朱光潜，2002）。两者既有联系又有区别，因此，寓意和象征虽然都表现为装饰图形艺术符号的意象链接，但在方式上还是存在着不同。其中，寓意是一种可以分析意义的、明确的模式；而象征则是思想深层的功能，装饰图形符号中的一个"意象"可以被转换成隐喻一次，但如果它作为呈现与再现而不断重复，那就变成一个象征（韦勒克 等，1984）。事实也正是如此，装饰图形符号象征意义的形成，源于人们隐喻的重复使用，一种思想、一种观念隐含于艺术形象之中，只有经过民居建筑装饰的不断重复使用，才能够获得传统文化意义上的象征，并在艺术传播中，得到更为普遍的认同和更广泛的应用。

综上所述，可以得出一幅完整、清晰的民居建筑装饰图形符号象征的审美意指联系图（图 5-23）。

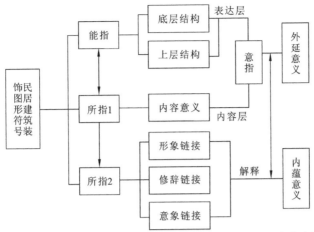

图 5-23　明清时期鄂湘赣移民圈民居建筑装饰图形符号象征的审美意指联系图

三、象征的内容谱系

象征是明清时期鄂湘赣移民圈民居建筑装饰图形符号最具典型的表现形态，具有复杂的意义结构。上述研究表明，无论是基于西方象征理论的视角，还是立足中国"意象"的文化传统，通过对民居建筑装饰图形符号象征的美学范畴的多角度考察，利用田野调查和缀合、聚类分析等研究方式，揭示其象征思维和观念表达等方面的规律，并梳理出其象征内容表达的不同类别、不同体系。

（一）哲学宗教文化心理

在明清时期鄂湘赣移民圈民居建筑及其装饰中，到处都体现着中华传统文化的精神特质。缀合、聚类分析的民居建筑装饰图形符号象征的哲学、宗教、文化心理类别主要包括风水理念、儒家思想、道家理念和佛教精神四种成分。由它们所组成的中国传统文化的基本精神，在思想、心理上对民居建筑及其装饰图形符号的营造都产生了重要影响。

儒家、道家已经表现出很高的精神智慧，周易、阴阳五行等，开始探索人与客观世界的关系，创立了宇宙和世界万物的三种思维模式，即阴阳说、五行说和八卦说，并进一步演化形成传统建筑中的风水理论；四大传统文化思想资源之间，以儒家文化为本、儒道互补和儒释道合一的内在关系及其发展形成的结构模式，对明清时期鄂湘赣移民圈民居建筑及其装饰营造的思维方式、价值系统、审美心理等影响极为深远。具体体现在三个方面。

一是"师法自然"的营造思想。受中国传统文化精神的影响，明清时期鄂湘赣移民圈民居建筑及其装饰营造的生态哲理，追求民居建筑及其装饰崇尚自然、师法自然，力图人居环境与自然形态的融合。

二是"中庸理性"的平衡发展。"中庸理性"的平衡发展使中华民族性格趋于内向平和，宁静而含蓄。在民居建筑及其装饰上形成"择中而居""居中为大"的营造观念，充分体现"中正无邪，礼之质也"（《乐书》）的理性精神选择。无论在单体建筑还是建筑群体的布局中，都显示出尊卑地位的差别与和谐的秩序；中轴线的介入，有助于建筑按照尊严、礼仪进行排列布置，突显营造中的"礼制"要求和"仁和"的豁达意蕴。

三是"天人合一"的终极追求。"天人合一"是中国哲学最为重要的思想之一，在中国几乎是儒释道各家学说均认同、主张的精神追求，也是中国传统文化的审美理想和最高境界。儒家对天地敬若神明，伦理次序是天地君亲师，其"仁政"的核心就是天道与人道合一。"天人合一"的思想体现在民居建筑及其装饰上，就是强调建筑与周围环境的和谐统一，强调建筑平面布局与建筑空间组织结构上的群体性、秩序性、集中性、教化性和整体性的统一。道家对"天人合一"更是推崇，其"天人合一"的思想同样深刻地影响民居和装饰的构想。一方面，人们借助追求自然质朴的美感，在建筑形制和装饰上，通过模拟、仿像的手段来达到目的，建筑装饰中屋脊、檐、墙、门等不乏这样的实例；另一方面，别具匠心，表现为与自然直接融合，与山水环境契合无间，宛若天成，赋予自然质朴、宁静致远的美感。在装饰上，和自然界有关的风雷雨电、日月云霞、虫鱼瑞兽、仙家神明等，都以一种非常自然合理的状态，出现在传统民居建筑之中（冷先平，2018a）。佛教追求的最终境界是"天地与我并生，而万物与我为一"（《庄子·内篇》），认为众生与自然界的关系都是无所争、融合平等的，即触目遇缘无障碍，主张以人为本、人与自然界的和谐。同中国传统的儒学和道教一样，"天人合一"的自我觉悟与追求，成为在民居建筑及其装饰图形中的精神文化内涵。

（二）自然客观物象题材

根据田野调查和文献资料查阅，明清时期鄂湘赣移民圈民居建筑及其装饰所涉及的题材内容可以细分为人物故事、动物题材、植物题材、自然景观、抽象图文等五个基本类别。这些题材内容经由艺术抽象的过程和种种视觉修辞的处理，获得审美的形式和象征的意义，成为装饰图形符号"物象"构成不可或缺的组成部分。具体分析可参见"明清时期鄂湘赣移民圈民居建筑装饰图形符号的题材内容"。这里不再赘述。

（三）民俗生活观念表达

根据民居建筑及其装饰图形题材内容的选择和象征的哲学宗教文化心理，所聚类划分的民俗生活观念系统主要包括个人价值、家庭观念、富康观念、生殖观念、长寿观念、道德伦理等六个主要成分。它们与哲学宗教文化系统的内容一样，是主体"心象"的凝练与外化，也是装饰图形符号象征"内蕴意义"形成的关键所在。

（1）个人价值和道德伦理观念，是主体在审美意识中的实用心态。

中国传统价值观是以伦理为中心、以宗法为主导道德至上的。所体现出来的"民为邦本、本固邦宁"的民本思想，强调了百姓应该是国家的根本，只要根本稳固了，国家就能够安宁；"贵和尚中"的中和思想是中国传统文化的生命之魂，是实现自身修为的一种价值取向；"天人合一"的终极追求构建了中华传统文化的主体，是顺乎自然规律，实现人与自然和谐共生的价值主张。这种价值观在民居建筑及其装饰中呈现出来的是主体在审美意识中的种种实用心态。一方面，在民居建筑及其装饰的物质层面满足人们的居住需求；另一方面，在精神上与教化的知识、气质和品德有关。就个人而言，其价值观主要体现在人与自身、个人与人、人与自然、个人与民族、个人与国家等几个方面。在民居建筑及其装饰图形的内容体系中，有关个人修养、崇儒贵仕等个人价值题材内容如：浏阳市大围山镇锦绶堂建筑柱枋装饰中的梅、兰、竹、菊；饶氏庄园门楼前方的"封侯挂印"拴马桩；"鱼跃龙门""封猴挂印图"和"连升三级"等题材内容，比比皆是。

道德伦理观念则是借用历史演义、人物故事和戏曲小说等题材获得彰显。明清时期散布于鄂湘赣移民圈范围内的历史演义、民间传说、戏曲小说和历史人物故事中的典型人物及其情节所体现的道德伦理观念，得到广大普通民众的认同并广为接受。在人们营造民居及其装饰时常常取材于上述大众所喜闻乐见的题材内容，以雕刻、彩绘等不同的艺术形式，装饰于民居建筑的不同部位，在实现装饰美化功能的同时，赋予建筑空间以道德伦理教化的艺术空间。其中，以"二十四孝""三国演义"等题材最为常见。可见，民居建筑及其装饰所表现的忠、孝、节、义等道德伦理观念的题材内容，不仅使居住环境充满了丰富的人文气息。而且，人居其间，通过日常的耳濡目染和艺术熏陶，还会达到唐代张彦远在《历代名画记》中所说的"成教化、助人伦"的艺术效果。

（2）家庭观念和生殖观念，构成传统社会人们的血缘宗亲意识。

血缘宗亲意识在中国传统社会家庭观念有着重要的地位，以宗法为主导的"家国同构"，即家庭和家族与国家在组织结构方面存在着共通性，都以血亲宗法关系来领导，有着严格的家长制，所谓父为家君、君为国父、君父同伦、家国同构的宗法制度渗透于社会整体。是故个人价值理想的"修身、齐家、治国、平天下"（《礼记·大学》），反映了"国"与"家"之间这种同质联系。正是因为人们血缘宗亲意识的根深蒂固，它对民居建筑及其装饰图形营造的影响是深远的。

明清时期鄂湘赣移民圈内民居建筑及其装饰营造不可避免地要受到家庭观念的影响。对鄂东南地区的调研表明，该地区聚族而居的村落形态既受当地山区丘陵自然环境的影响，也是自宋代以后，特别是明清以来外来移民不断迁入定居、繁衍的结果。移入先后的不同导致村落形成和扩散方式的差异，进而在一定区域内形成"一姓数村、团状聚居"和"一姓一村，分散聚居"等多种聚居模式。江西等宗法文化较浓厚地区移民的迁入，以及不同族群为竞争生存空间，致使鄂东南地区在清代前期就进入普遍的移民家族的组织化和制度化进程。以宗祠—支祠—家祠为层级的祠堂建筑格局与家族聚居区—自然村落—单个家庭的聚落形态相对应，体现出建筑格局与家族结构在某种程度上的契合。其中与自然村落相关联的支祠（鄂东南称之为"祖堂""宗屋""公屋"）更是构成所在村落的公共空间，并成为族人祭祀、娱乐、教育、生产等公共生活的核心，地理空间与血缘家族空间的重叠、建筑的象征功能与宗法组织的实际运作共同维系着清代以来鄂东南地区以家族为特征的乡村生产、生活秩序。

家庭观念在民居建筑及其装饰中有广泛的、具体的体现，人们总是将财力或张扬或内敛地展示给世人，居所就是表达其财力和地位的载体。居所的豪华程度是财力的象征，这种不约而同地展示财力的行为，主要源于我国传统文化中的家族观念（潘东梅，2010）。许许多多诸如九如堂（湖北大冶水南湾）、李氏宗祠（湖北阳新玉塼村）、明璠府第（湖北通山县吴田村）、锦绶堂（湖南浏阳大围山镇）和王家塅（湖南岳阳张谷英村）等庄重雄伟的大宅第的建造，无一不是这一思想观念的反映。

生殖观念是家庭观念不可分割的组成部分，是对家族繁衍、兴旺的祈求。长期以来，中国传统价值观中血缘宗亲的审美意识就是对生殖的崇拜，这一点在明清时期鄂湘赣移民圈民居建筑及其装饰中体现得淋漓尽致。在民居建筑里，无论是高处的梁架、挂落，还是室内家具陈设，处处可见颇具象征意味的观音、麒麟、莲花、石榴、葡萄及结满果实的瓜藤等人物或动植物题材，组成"观音送子""连生贵子""麒麟送子""榴开百子"等装饰图形，表达出对生殖的崇拜，寄予对子孙满堂、家族兴旺的迫切愿望。

（3）长寿观念和富康观念，是传统社会人们理想人生和幸福人生的重要表现。

在中国传统社会，长寿与富康自古以来就是人们普遍的愿望，其中长寿是基础。《尚书·洪范》所列五福："一曰寿，二曰富，三曰康宁，四曰攸好德，五曰考终命。"所谓"五福"，古人解释：寿，即长寿，意为命不夭折且寿数绵长；富，即富贵，是钱财富足且地位尊贵；康宁，即无疾病，身体健康、内心安宁；"攸好德"，即心性仁善且顺应自然，"好德"是一切好运和福气的根本，也是一切幸福和快乐的泉源；考终命，即善终，是尽享天年且饰终以礼。"五福"之中，"寿"列为"五福"之首，是"五福"的基础，没有"寿"，就没有生命，就谈不上富贵、康宁及其他。

因此，民居宅第的营建，一般都会围绕着这个生命存在的主题，进行"去凶镇宅"和"招降纳福"的装饰处理。例如，在民居建筑的屋顶、门楣、山墙等部位都会设置"厌胜物"①，以求镇宅平安；在民居建筑的天井中，明清时代一般都会用石板垒砌出一方水池形，以示"四水归堂""肥水不外流"；在天井四周的建筑构件的装饰上，通常会装饰一些凤凰、牡丹、孔雀等动植物题材，寄寓富贵吉祥；而在门罩装饰造型上且多采用象征"招财进宝"的元宝形图案；在室内的中堂通常设有条案，条案两侧的左边摆有古"瓷瓶"，右边则摆有精美的木雕底座"镜子"，即"东瓶西镜"，谐音"平静"；此外还有以佛手、山楂、猕猴桃、石榴等用来象征寓意"福""禄""寿""喜"多子多福、红红火火。这些题材内容的呈现，都是明清时期鄂湘赣移民圈内人们对"长寿吉祥""富贵安康"理想人生追求的真实写照。

据此，本书尝试绘制一个装饰图形符号象征的内容谱系图（图5-24）。

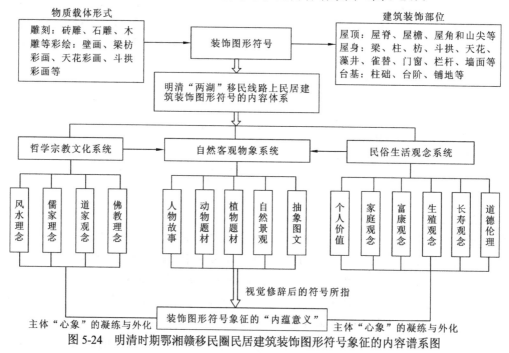

图5-24 明清时期鄂湘赣移民圈民居建筑装饰图形符号象征的内容谱系图

----

① 厌胜物，又称辟邪物，如石敢当等，是安置于民居建筑中用以辟除邪恶、制止凶煞之物。

在这个装饰图形符号象征的内容谱系图中，象征的内容主要包括三个类别系统：哲学宗教文化系统、自然客观物象系统和民俗生活观念系统。其中，哲学宗教文化系统和民俗生活观念系统是主体心象形成的重要来源和组成部分；自然客观物象系统则是物象的来源和装饰图形符号象征的基础，每一个类别系统又分别包含不同的组成部分。三者之间构成一种错综复杂的相互关联、相互交叉的关系网络；在所构筑的具体的装饰图形符号中，如同符号"家族成员"一样，共同参与了装饰图形符号的生成过程；并构成明清时期鄂湘赣移民圈民居建筑装饰图形符号象征内容的整体系列。就装饰图形符号的生成而言，装饰图形符号象征的内容、视觉感知的媒介材料、装饰图形视觉表象及其象征意义等，无疑都是最基本的素材，只有经过审美主体心象的映射，与物象、形象的融合，即"心物同质"，才能获得装饰图形符号视觉语言表达上的象征和生动的描绘之义、观念之义。

第六章 结　论

　　明清时期鄂湘赣移民圈民居建筑及其装饰图形作为艺术生产的产物，不仅代表了这一时期、这一地域范围内人们在传统建筑营造和装饰方面的技术水平，而且通过视觉传播的诸多象形表意的装饰图形符号传播了丰富的文化内涵。在这些传统建筑的营造和装饰过程中，无论是采纳的题材内容，还是其表现的视觉形式，都充分照顾到中国传统文化在人们生活中的作用和影响，因地制宜，彰显人文精神，使建筑的营造活动符合当地人们生活习惯的同时，还体现出建筑及其装饰在营造过程中对中国传统文化的普遍遵从，并逐渐形成装饰图形符号表意的内容体系和文化基因，传播优秀的中国传统文化。

　　就用于民居建筑及其装饰的图形符号而言，其视觉语言功能和图像谱系的形成是人们长期"共同生活"交流过程的结果。文化传播中"传播的功能就是保持个人主义和集体主义力量的健康平衡，提供一种身份的共享感，而这种感觉保持个人的尊严、自由和创造力。在有着共享身份的文化传播中，维持两个次级的传播过程，即创造和确认的平衡可以得以实现（爱门森，2007）。因此，在由建筑及其装饰所构筑的"共同生活"场域中文化的影响能够得到全方位的体现，人们的衣、食、住、行等皆能展现源于文化影响的烙印。

　　首先，用于装饰的装饰图形，是伴随明清时期鄂湘赣移民圈地域范围内民居建筑的发生、发展而形成的，既有营造技艺的传统，也有文化的基因，是可技术复制的艺术品。

　　作为"可技术复制"的艺术样式，它有着成分复杂、人数众多的"异质群体"[①]受众，具备大众传播的特征。在明清时期鄂湘赣移民圈民居建筑中，所有用于装饰的诸如"松鹤延年""富贵牡丹""鲤鱼跳龙门"等装饰图形符号，都可以由具有技术能力的工匠，按照技术制作的要求进行大量的复制并渗透到建筑的每一个角落，拉近它们作为艺术品与人们的现实生活距离，使人们置身于由建筑及其装饰图形这些"复制"艺术品的包围之中，引起的艺术祛魅，使得用于民居建筑的装饰图形符号更大众化和世俗化，轻松地完成它们"旧时王谢堂前燕，飞入寻常百姓家"式的大众化过程。此外，作为大众传播的媒介，民居建筑及其装饰图形如同所有的媒介物一样，会对人产生影响和作用，把有关民居建筑及其装饰图形艺术的审美方式辐射给广泛的人群，这种影响诚如丘吉尔所说的"我们塑造了建筑，而建筑反过来也影响了我们"那样，其影响和作用是深刻的、持久的，会在受众脑海里留下难以磨灭的印象。因此，民居建筑及其装饰图形，在满足建筑功能需求的同时，还具有"成教化，助人伦"的作用，以满足人们休闲娱乐与精神生活的需求，并运用可复制的技术进行广泛社会化的艺术生产，促进传统文化的传播。

[①] 异质群体指的是与中国传统民居建筑使用相关的历代有着各种特点、各种职业、各种文化背景的群体成员。

其次，作为传播的客体，民居建筑所用到的装饰图形符号是一种人工化了的视觉文本。一方面，它受中国传统文化的影响，是被赋予意义的人工视觉符号，它通过人们在艺术生产实践活动中赋予可视觉感知的艺术形象，并通过寓意、象征、谐音和隐喻等艺术的手法来进行艺术加工，从而使它区别于其他自然存在物和人工物品；另一方面，在符号建构上那些诸如点、线、面、色彩等艺术语言，将中国传统文化的表达方法，在建筑体上得以具体化、物态化，从而获得"有意味的形式"。这里，"有意味的形式"是英国艺术家克莱夫·贝尔的著名观点。他在《艺术》（*Art*）一书中指出："在各个不同的作品中，线条色彩以某种特殊方式组成某种形式或形式的关系，激发我们的审美感情。这种线、色的关系和组合，这些审美的感人的形式，我视之为有意味的形式。有意味的形式就是一切艺术的共同本质。"他强调艺术的本质就是形式。例如明清时期鄂湘赣移民圈民居建筑装饰图形符号中的抽象几何纹样，它们大多数是经由具象写实而渐变演化为抽象化、符号化的形式，即由模拟再现到象征表达，由具象到抽象的过程；它直观地反映了由内容到形式的积淀过程，这里的内容就是以中国传统文化为代表的原始自然形式化的形成过程。因此，明清时期鄂湘赣移民圈民居建筑装饰图形符号美的形式不是一般的形式，而是包含观念的、想象的中国传统文化精神的有意味的形式。

最后，作为文本，明清时期鄂湘赣移民圈民居建筑装饰图形符号通过象征等方式以实现意义的传播。英国学者斯图亚特·霍尔（2003）指出："表征作为一种构成主义的途径，它经由语言对意义的生产，通过它，一种文化中的众成员用语言（广义地定义为任何调配符号的系统，任何意指系统）生产意义。"他认为："按照构成主义的观点，表征意为创造意义，它是通过在三种不同系列的事物——我们宽泛地称为物、人、事及经验的世界；概念的世界，即盘绕于我们头脑的思想概念；以及编入语言的'代表'或传递这些概念的符号——建立联系达到的。"也就是说，表征的运作是在现实世界中人、物、事，观念世界中的思想、概念和经验，符号世界中的符号和符码，这三个世界中创造意义的。由此可知，明清时期鄂湘赣移民圈民居建筑装饰图形是可以用来作为表征人们对现实世界感受的符号，以象征手法来表达中国传统文化精神结构和价值指向内容的隐喻。

综上，在中华传统文化的语境中，明清时期鄂湘赣移民圈民居建筑装饰图形作为一种文化符号，所浸润的是一个具有强大的生命力和开放精神的文化传统。汉魏以来，在多元文化的激荡与碰撞中，儒学独尊的文化模式消解，儒、道、玄、墨等多元并存；同时，它不断吸收外来文化中的优秀成果，尤其是佛教文化，使之成为自己文化系统新的因子；文化融合过程中儒、释、道三教并行不悖，展现了中华文化"海纳百川、有容乃大""包容并蓄"的文化理念和传统。这种文化多样性的融合意味着民居建筑装饰营造概念的全面开放和语意表达的丰富性形成，并成为人们艺术意志的体现。因为意志的变化，它仅有的积淀物只是一时风格的差异，那不可能是纯粹任意或偶然的。相反地，它们一定具有一种与发生在人类总体结构中的精神与智性变革相一致的关系，这些变化清楚地反映在神话、宗教、哲学体系、世界观念的发展中（沃林格尔，2004）。可见，装饰图形文本的象征及其意义的表达，无论是其创造的目的还是意志，均与传统文化发生直接的关联，在历时传播中铸就其图像传承有序、风格多样和意境隽永的文化品格。

参 考 文 献

阿恩海姆, 1998a. 艺术与视知觉. 滕守尧, 朱疆源, 译. 成都: 四川人民出版社.

阿恩海姆, 1998b. 视觉思维. 滕守尧, 译. 成都: 四川人民出版社.

阿特休尔, 1989. 权力的媒介. 黄煜, 裘志康, 译. 北京: 华夏出版社.

艾柯, 1990. 符号学理论. 卢德平, 译. 北京: 中国人民大学出版社.

爱伯哈德, 1991. 中国文化象征词典. 陈建宪, 译. 长沙: 湖南文艺出版社.

爱门森, 2007. 国际跨文化传播精华文选. 杭州: 浙江大学出版社.

奥斯本, 1988. 20 世纪艺术中的抽象和技巧. 闫嘉, 黄欢, 译. 成都: 四川美术出版社.

巴尔特, 1999. 符号学原理. 王东亮, 等译. 北京: 生活·读书·新知三联书店.

巴尔特, 2008. 写作的零度. 李幼蒸, 译. 北京: 中国人民大学出版社.

巴尔特, 鲍德里亚, 2005. 形象的修辞: 广告与当代社会理论. 吴琼, 杜予, 编. 北京: 中国人民大学出版社.

巴特, 1987. 符号学美学. 董学文, 王葵, 译. 沈阳: 辽宁人民出版社.

巴特, 1989. 叙事作品结构分析导论//张寅德. 叙述学研究. 北京: 中国社会科学出版社.

巴特, 1999. 神话: 大众文化诠释. 许蔷蔷, 许绮玲, 译. 上海: 上海人民出版社.

班固, 2007. 汉书. 北京: 中华书局.

北京文物整理委员会, 1955. 中国建筑彩画图案. 北京: 人民美术出版社.

贝尔, 1984. 艺术. 周金环, 马钟元, 译. 北京: 中国文联出版公司.

毕明岩, 2011. 乡村文化基因传承路径研究: 以江南地区村庄为例. 苏州: 苏州科技学院.

波拉克, 2000. 解读基因: 来自 DNA 的信息. 杨玉玲, 译. 北京: 中国青年出版社.

勃罗德彭特, 1991. 符号·象征与建筑. 乐民成, 等译. 北京: 中国建筑工业出版社.

布尔迪厄, 1997. 文化资本与社会炼金术: 布尔迪厄访谈录. 包亚明, 译. 上海: 上海人民出版社.

布迪厄, 2001. 艺术的法则: 文学场的生成和结构. 刘晖, 译. 北京: 中央编译出版社.

布莱特, 2006. 装饰新思维: 视觉艺术中的愉悦和意识形态. 张惠, 田丽娟, 王春辰, 译. 南京: 凤凰出版集团, 江苏美术出版社.

布留尔, 2010. 原始思维. 丁由, 译. 北京: 商务印书馆.

蔡德贵, 2003. 儒家的秩序和评论. 孔子研究(4): 4-15.

曹安琪, 2017. 多元文化影响下的清代鄂西北民居建筑装饰特征研究. 武汉: 华中科技大学.

曹晖, 2009. 视觉形式的美学研究: 基于西方视觉艺术的视觉形式考察. 北京: 人民出版社.

曹树基, 吴松弟, 葛剑雄, 1997. 中国移民史. 福州: 福建人民出版社.

常青, 2016. 我国风土建筑的谱系构成及传承前景概观: 基于体系化的标本保存与整体再生目标. 建筑学报(10): 1-9.

陈池瑜, 1989. 艺术抽象与形式. 华中师范大学学报(哲学社会科学版)(6): 90-96.

陈辉, 黄战生, 1992. 中国吉祥符. 海口: 海南出版社.

陈骙, 2016. 文则//文则·文章精义. 北京: 人民文学出版社.

陈玫, 2005. 从纵聚合和横组合关系看英语写作中的措辞缺陷. 外语与外语教学(6): 32-35.

陈鸣, 2009. 艺术传播原理. 上海: 上海交通大学出版社.

陈彭年, 2004. 广韵. 北京: 北京图书馆出版社.

陈汝东, 2004. 论修辞研究的传播学视角. 湖北师范学院学报(哲学社会科学版)(2): 89-94.

陈世松, 2010. 大迁徙: "湖广填四川" 历史解读. 成都: 四川人民出版社.

陈望道, 2006. 修辞学发凡. 上海: 上海教育出版社.

程孟辉, 2001. 西方现代美学. 北京: 人民美术出版社.

程明, 2013. 湖南长沙湘潭地区传统戏场建筑研究. 华中建筑(7): 60-64.

崔豹, 1998. 古今注. 沈阳: 辽宁教育出版社.

达勒瓦, 2009. 艺术史方法与理论. 李震, 译. 南京: 江苏美术出版社.

戴侗, 2006. 六书故. 上海: 上海社会科学院出版社.

戴义德, 2007. 湖北戏曲流变与发展概览. 戏剧之家(3): 4-18.

戴元光, 金冠军, 2007. 传播学通论. 上海: 上海交通大学出版社.

道金斯, 1981. 自私的基因. 卢允中, 张岱云, 译. 北京: 科学出版社.

邓波, 王昕, 2008. 建筑师的原始伦理责任: 从海德格尔的视域看. 华中科技大学学报(社会科学版)(3): 119-124.

邓晓芒, 2004. 康德自由概念的三个层次. 复旦学报(社会科学版) (2): 24-30.

刁生虎, 2006. 隐喻与象征: 以《周易》为中心的探寻. 青海师范大学学报(哲学社会科学版)(5): 98-102.

董黎, 2012. 鄂南传统民居的建筑空间解析与居住文化研究. 武汉: 武汉理工大学.

董仲舒, 2011. 春秋繁露. 北京: 中华书局.

段玉裁, 2013. 说文解字注. 北京: 中华书局.

费孝通, 2003. 中华民族多元一体格局. 北京: 中央民族大学出版社.

费孝通, 2008. 乡土中国. 北京: 人民出版社.

费孝通, 2009. 中国士绅. 赵旭东, 秦志杰, 译. 北京: 生活·读书·新知三联书店.

费孝通, 2012. 乡土重建. 长沙: 岳麓书社.

冯丙奇, 2003. 视觉修辞理论的开创: 巴特与都兰德广告视觉修辞研究初探. 北京理工大学学报(社会科学版)(6): 3-7.

冯志伟, 1987. 现代语言学流派. 西安: 陕西人民出版社.

格雷玛斯, 2001. 结构语义学. 蒋梓骅, 译. 天津: 百花文艺出版社.

葛洪, 1986. 抱朴子. 上海: 上海书店.

葛中义, 1995. 文学意象本质初探. 河北学刊(5): 59-63.

贡布里希, 1987. 艺术与错觉: 图画再现的心理学研究. 林夕, 李本正, 范景中, 译. 杭州: 浙江摄影出版社.

顾野王, 1912. 玉篇. 上海: 上海商务印书馆.

管仲, 1997. 管子. 梁运华, 点校. 沈阳: 辽宁教育出版社.

郭鸿, 2008. 现代西方符号学纲要. 上海: 复旦大学出版社.

郭建国, 2009. 湖湘传统民居建筑装饰的艺术特色. 湖南城市学院学报, 30(1): 84-86.

郭璞, 2019. 郭璞葬经. 郑州: 中州古籍出版社.

郭谦, 2005. 湘赣民系民居建筑与文化研究. 北京: 中国建筑工业出版社.

哈里斯, 2001. 建筑的伦理功能. 申嘉, 陈朝晖, 译. 北京: 华夏出版社.

哈姆林, 1982. 建筑形式美的原则. 邹德侬, 译. 北京: 中国建筑工业出版社.

海德格尔, 1991. 诗·语言·思. 彭富春, 译. 北京: 文化艺术出版社.

海德格尔, 2004. 林中路. 孙周兴, 译. 上海: 上海译文出版社.

韩非, 1999. 韩非子. 梁海明, 译. 太原: 山西古籍出版社.

何慧群, 2013. 重庆"湖广会馆"建筑装饰艺术探究. 重庆: 重庆师范大学.

何镜堂, 2019. 建筑设计中的地域、文化和时代特性. (2019-1-17)[2022-10-30]. https://www.cctv.cn/lm/131/61/78366.html.

何林军, 2004. 意义与超越: 西方象征理论研究. 上海: 复旦大学.

何星亮, 1992. 中国图腾文化. 北京: 中国社会科学出版社.

何重义, 1995. 湘西民居. 北京: 中国建筑工业出版社.

黑格尔, 1979. 美学(第一卷). 朱光潜, 译. 北京: 商务印书馆.

洪汉宁, 李晓峰, 2003. 传播学视域里的乡土建筑研究. 华中建筑(5): 38-39.

侯念祖, 2004. 确当的劳动、教育与文化: 工匠劳动的意义. 思与言, 42(1): 65-119.

胡彬彬, 2005. 湖湘文化的建筑情怀. 湖南日报, 2005-10-08[c02].

胡经之, 1999. 文艺美学. 北京: 北京大学出版社.

桓宽, 2000. 盐铁论. 乔清举, 注释. 北京: 华夏出版社.

黄浩, 2008. 江西民居. 北京: 中国建筑工业出版社.

霍恩比, 2018. 牛津高阶英汉双解词典(第 9 版). 北京: 商务印书馆.

霍尔, 2003. 表征: 文化表象与意指实践. 徐亮, 陆兴华, 译. 北京: 商务印书馆.

霍克斯, 1987. 结构主义与符号学. 王雷泉, 张汝伦, 译. 上海: 上海译文出版社.

吉罗, 1988. 符号学概论. 怀宇, 译. 成都: 四川人民出版社.

计成, 2015. 园治. 刘艳春, 编著. 南京: 江苏凤凰文艺出版社.

季富政, 庄裕光, 1994. 四川小镇民居精选. 成都: 四川科学技术出版社.

江凌, 2012. 近代两湖地区居民文化性格的形成及其特征. 社会科学(8): 150-156.

蒋文光, 2004. 中国历代名画鉴赏(上册). 北京: 金盾出版社.

蒋寅, 2002. 语象·物象·意象·意境. 文艺评论(3): 69-75.

卡西尔, 1985. 人论. 甘阳, 译. 上海: 上海译文出版社.

卡西尔, 1988. 语言与神话. 于晓, 等译. 北京: 生活·读书·新知三联书店.

卡西尔, 2017. 卡西尔论人是符号的动物. 石磊, 编译. 北京: 中国商业出版社.

康德, 2002. 判断力批判. 邓晓芒, 译. 北京: 人民出版社.

康定斯基, 1987. 论艺术的精神. 查立, 译. 北京: 中国社会科学出版社.

康定斯基, 1988. 点·线·面. 罗世平, 译. 上海: 上海人民美术出版社.

柯布西耶, 2016. 走向新建筑. 陈志华, 译. 北京: 商务印书馆.

克里斯蒂娃, 2015. 符号学: 符义分析探索集. 史忠文, 等译. 上海: 复旦大学出版社.

孔梓, 宁继鸣, 2014. 跨文化语境下文化符号的意义建构. 烟台大学学报(哲学社会科学版), 27(2): 116-120.

昆冈, 1908(光绪戊申年). 钦定大清会典事例. 刻本. 北京: 商务印书馆.

拉普普, 1979. 住屋形式与文化. 张玫玫, 译. 台中: 境与象出版社.

朗格, 1983. 艺术问题. 腾守尧, 朱疆源, 译. 北京: 中国社会科学出版社.

朗格, 1986. 情感与形式. 刘大基, 傅志强, 周发祥, 译. 北京: 中国社会科学出版社.

冷先平, 2018a. 中国传统民居装饰图形及其传播研究. 北京: 科学出版社.

冷先平, 2018b. 艺术设计传播学. 北京: 高等教育出版社.

李百浩, 李晓峰, 2006. 湖北传统民居. 北京: 中国建筑工业出版社.

李诫, 2006. 营造法式. 邹其昌, 点校. 北京: 人民出版社.

李秋香, 楼庆西, 叶人齐, 2010. 赣粤民居. 北京: 清华大学出版社.

李先逵, 2010. 四川民居. 北京: 中国建筑工业出版社.

李晓峰, 谭刚毅, 2010. 两湖民居. 北京: 中国建筑工业出版社.

李砚祖, 1999. 工艺美术概论. 北京: 中国轻工业出版社.

李元, 2000. 蠕范. 北京: 北京出版社.

李泽厚, 1989. 美的历程. 北京: 中国社会科学出版社.

李泽厚, 1999. 美学四讲. 北京: 生活·读书·新知三联书店.

李浈, 2002. 大木作与小木作工具的比较. 古建园林技术(3): 39-43.

利科尔, 1987. 解释学与人文科学. 陶远华, 等译. 石家庄: 河北人民出版社.

梁思成, 1998. 凝动的音乐. 天津: 百花文艺出版社.

列御寇, 2015. 列子. 北京: 中华书局.

林徽因, 1981. 绪论//梁思成. 清式营造则例. 北京: 中国建筑工业出版社.

林宋瑜, 2004. 蓝思想. 北京: 中国工人出版社.

麟庆, 2020. 河工器具图说. 北京: 中国水利水电出版社.

令孤德棻, 等, 1971. 周书. 北京: 中华书局.

刘敦桢, 1957. 中国住宅概说. 北京: 建筑工业出版社.

刘敦桢, 2007. 西南古建筑调查概况//刘敦桢. 刘敦桢全集: 第四卷. 北京: 中国建筑工业出版社.

刘和惠, 1995. 楚文化的东渐. 武汉: 武汉教育出版社.

刘俊文, 1996. 唐律疏议笺解. 北京: 中华书局.

刘沛林, 2011. 中国传统聚落景观基因图谱的构建与应用研究. 北京: 北京大学.

刘谦, 2009. 醴陵县志. 长沙: 湖南人民出版社.

刘森林, 2004. 中华装饰: 传统民居装饰意匠. 上海: 上海大学出版社.

刘思勰, 2012. 文心雕龙. 王志彬, 译注. 北京: 中华书局.

刘涛, 2018. 语境论: 释义规则与视觉修辞分析. 西北师大学报(社会科学版), 55(1): 5-15.

刘昫, 等, 1975. 旧唐书. 北京: 中华书局.

刘绪义, 2018. 宋代科技文化繁荣与工匠精神. 光明日报, 2018-07-27.

刘咏清, 2012. 楚文化考古与楚学研究. 社科纵横, 27(10): 119-120.

刘泽华, 2016. 简说"不慕古, 不留今, 与时变, 与俗化". 中华读书报, 2016-02-24.

刘长林, 1990. 中国系统思维: 文化基因透视. 北京: 中国社会科学出版社.

龙彬, 2002. 重庆"湖广会馆"建筑研究. 重庆建筑(3): 11-13.

龙湘平, 2007. 湘西民族工艺文化. 沈阳: 辽宁美术出版社.

楼庆西, 1999. 中国传统建筑装饰. 北京: 中国建筑工业出版社.

鲁晨海, 2012. 论中国古代建筑装饰题材及其文化意义. 上海, 同济大学学报(社会科学版), 23(1): 27-36.

鲁明军, 2007. 象征与差异: 分段式影像结构的符号学解读: 以米奇·曼彻夫斯基作品《暴雨将至》为例. 电影评介(11): 53-56.

鲁枢元, 1985. 创造心理研究. 郑州: 黄河文艺出版社.

陆元鼎, 杨谷生, 2003. 中国民居建筑(上卷). 广州: 华南理工大学出版社.

陆元鼎, 陆琦, 1992. 中国传统民居装饰装修艺术. 上海: 上海科学技术出版社.

罗运环, 2000. 楚文化在中华文化发展过程中的地位和影响. 光明日报, 2000-06-02.

罗子明, 2007. 消费者心理学. 2 版. 北京: 清华大学出版社.

吕不韦, 2007. 吕氏春秋. 太原: 山西古籍出版社.

马端临, 1985. 文献通考. 上海: 华东师范大学出版社.

马克思, 1979. 1844 年经学学—哲学手稿. 刘丕坤, 译. 北京: 人民出版社.

马克思, 恩格斯, 1972a. 马克思恩格斯全集(第 1 卷). 中共中央马克思恩格斯列宁斯大林著作编译局, 译. 北京: 人民出版社.

马克思, 恩格斯, 1972b. 马克思恩格斯全集(第 46 卷). 中共中央马克思恩格斯列宁斯大林著作编译局, 译. 北京: 人民出版社.

马克思, 恩格斯, 2004. 马克思恩格斯全集(第 47 卷). 中共中央马克思恩格斯列宁斯大林著作编译局, 译. 北京: 人民出版社.

马勒, 2008. 哥特式图像: 13 世纪的法兰西宗教艺术. 杭州: 中国美术学院出版社.

马迎春, 2019. 隐喻与象征的结构—符号阐释. 西部学刊(6): 111-113.

麦克卢汉, 2000. 理解媒介: 论人的延伸. 何道宽, 译. 北京: 商务印书馆.

麦奎尔, 2006. 受众分析. 刘燕南, 李颖, 李振荣, 译. 北京: 中国人民大学出版社.

麦奎尔, 温德尔, 1990. 大众传播模式论. 祝建华, 武伟, 译. 上海: 上海译文出版社.

孟建伟, 1996. 科学与人文精神. 哲学研究(8): 18-25.

米尔佐夫, 2006. 视觉文化导论. 倪伟, 译. 南京: 江苏人民出版社.

米奈, 2007. 艺术史的历史. 李建群, 等译. 上海: 上海人民出版社.

苗力田, 1991. 亚里士多德全集(第 2 卷). 北京: 中国人民大学出版社.

欧阳修, 宋祁, 2003. 新唐书. 北京: 中华书局.

帕特森, 威尔金斯, 2018. 媒介伦理学: 问题与案例. 李青藜, 译. 北京: 中国人民大学出版社.

帕托盖西, 1989. 现代建筑之后(三). 常青, 译. 北京: 中国建筑工业出版社.

潘东梅, 2010. 从砖雕装饰看明清时期晋商民居文化. 中国园林, 26(8): 79-82.

潘诺夫斯基, 2011. 图像学研究: 文艺复兴时期艺术的人文主题. 戚印平, 范景中, 译. 上海: 上海三联书店.

庞朴, 1986. 文化结构与近代中国. 中国社会科学(5): 81-98.

皮埃尔, 1988. 象征主义艺术. 狄玉明, 江振宵, 译. 北京: 人民美术出版社.

蒲震元, 2004. 听绿: 美学的沉思——蒲震元自选集. 北京: 北京广播学院出版社.

普济, 1984. 五灯会元. 苏渊雷, 点校. 北京: 中华书局.

普雷布尔, 普雷布尔, 1992. 艺术形式. 武坚, 王睿, 竺楠, 等译. 太原: 山西人民出版社.

普林斯, 2011. 叙述学词典. 乔国强, 李孝弟, 译. 上海: 上海译文出版社.

乔丽, 2012. 图像分析. 怀宇, 译. 天津: 天津人民出版社.

青木史郎, 薛萌, 刘晶晶, 2016. "匠技"在日本的展开与可能. 装饰(5): 28-33.

邱正伦, 2002. 艺术美学教程. 重庆: 西南师范大学出版社.

全增嘏, 1983. 西方哲学史(上册). 上海: 上海人民出版社.

任丹妮, 2010. 赣西北、鄂东南地区传统民居空间形制与木作技艺的传承与演变. 武汉: 华中科技大学.

申时行, 1989. 明会典. 北京: 中华书局.

沈福煦, 沈鸿明, 2002. 中国建筑装饰艺术文化源流. 武汉: 湖北教育出版社.

慎到, 2010. 慎子. 王斯睿, 校正. 上海: 华东师范大学出版社.

施拉姆, 波特, 1984. 传播学概论. 陈亮, 周立方, 李启, 译. 北京: 新华出版社.

施舟人, 2002. 中国文化基因库. 北京: 北京大学出版社.

十堰市文物局, 2011. 十堰传统民居. 武汉: 长江出版社.

石健和, 2002. 地域建筑文化理论实践的分析梳理建构. 建筑学报(5): 9-10.

石涛, 2007. 苦瓜和尚画语录. 济南: 山东画报出版社.

史仲文, 2006. 中国艺术史(建筑雕塑卷). 石家庄: 河北人民出版社.

史宗, 1995. 20 世纪西方宗教人类学文选. 金泽, 宋立道, 徐大建, 等译. 上海: 上海三联书店.

释惠洪, 1988. 冷斋夜话. 北京: 中华书局.

舒里安, 2005. 作为经验的艺术. 罗悌伦, 译. 长沙: 湖南美术出版社.

司马迁, 1982. 史记. 北京: 中华书局.

斯特里纳蒂, 2001. 通俗文化理论导论. 阎嘉, 译. 北京: 商务印书馆.

宋建林, 2003. 艺术生产力的构成与特征. 文艺理论与批评(2): 68-74.

孙兴海, 1996. 海德格尔选集(上). 上海: 上海三联出版社.

索绪尔, 1980. 普通语言学教程. 岑麒祥, 叶蜚声, 高名凯, 译. 北京: 商务印书馆.

泰勒, 2005. 原始文化: 神话、哲学、宗教、语言、艺术和习俗发展之研究. 连树声, 译. 桂林: 广西师范大学出版社.

谭继和, 2002. 巴蜀文化研究的现状与未来. 四川文物(2): 15-21.

田永复, 2003. 中国园林建筑施工技术. 北京: 中国建筑工业出版社.

田自秉, 吴淑生, 2003. 中国纹样史. 北京: 高等教育出版社.

屠友祥, 2005. 罗兰·巴特与索绪尔: 文化意指分析基本模式的形成. 西北师大学报(社会科学版), 42(4):
　　7-14.

脱脱, 1985. 宋史. 北京: 中华书局.

万斯同, 2008. 明史. 上海: 上海古籍出版社.

王弼, 2022. 周易略例. 北京: 国家图书馆出版社.

王充, 2006. 论衡. 陈蒲清, 点校. 长沙: 岳麓书社.

王红英, 吴巍, 2013. 鄂西土家族吊脚楼建筑艺术与聚落景观. 天津: 天津大学出版社.

王俊博, 2012. 马克思的物质概念研究. 唯实(8): 30-34.

王磊义, 曾景初, 1989. 汉代图案概述//王磊义, 编绘. 汉代图案选. 北京: 文物出版社.

王溥, 2006. 唐会要. 上海: 上海古籍出版社.

王秋荣, 1986. 巴尔扎克论文学. 北京: 中国社会科学出版社.

王升, 2006. 建筑文化的地域性. 安徽建筑(2): 22-23.

王树村, 1985. 吉祥图案的发展及其他. 美术研究(4): 84-88.

王树村, 1992. 中国吉祥图集成. 石家庄: 河北人民出版社.

王希杰, 1996. 修辞学通论. 南京: 南京大学出版社.

王一川, 2004. 美学教程. 上海: 复旦大学出版社.

王一川, 1994. 语言乌托邦: 20 世纪西方语言论美学探究. 昆明: 云南人民出版社.

王毅, 1990. 园林与中国文化. 上海: 上海人民出版社.

王颖, 2011. 巴蜀湖广会馆雕饰与传统木版画形式语言的比较研究. 重庆: 西南大学.

韦勒克, 沃伦, 1984. 文学理论. 刘象愚, 等译. 北京: 生活·读书·新知三联书店.

魏征, 令狐德棻, 1973. 隋书. 北京: 中华书局.

温宾利, 2002. 当代句法学导论. 北京: 外语教学与研究出版社.

闻一多, 1986. 闻一多书信选集. 北京: 人民文学出版社.

翁剑青, 2006. 形式与意蕴: 中国传统装饰艺术八讲. 北京: 北京大学出版社.

沃尔夫林, 2004. 艺术风格学: 美术史的基本概念. 潘耀昌, 译. 北京: 中国人民大学出版社.

沃林格, 1987. 抽象与移情. 王才勇, 译. 沈阳: 辽宁人民出版社.

沃林格尔, 2004. 哥特形式论. 张坚, 周刚, 译. 杭州: 中国美术学院出版社.

吾淳, 2002. 古代中国科学范型: 从文化、思维和哲学的角度考察. 北京: 中华书局.

吴福平, 2019. 文化基因图谱. 中国台州网: 2019-08-07.

吴良镛, 1996. 吴良镛城市研究论文集. 北京: 中国建筑工业出版社.

吴良镛, 1998. 乡土建筑的现代化, 现代建筑的地区化: 在中国新建筑的探索道路上. 华中建筑(1): 1-4.

吴秋林, 2013. 文化基因新论: 文化人类学的一种可能表达路径. 民族研究(6): 63-69.

吴越民, 2009. 跨文化视野中符号意义的变异与多样性. 同济大学学报(社会科学版), 20(1): 91-97.

午荣, 2007. 鲁班经. 易金木, 译. 北京: 华文出版社.

伍国正, 2012. 传统民居的建造技术: 以湖南传统民居建筑为例. 华中建筑(12): 126-128.

西村清和, 梁艳萍, 杨玲, 2008. 大众文化的美学. 湖北大学学报(哲学社会科学版), 35(4): 60-64.

夏晓鸣, 2011. 传播学教程: 辅导与习题集. 北京: 中国传媒大学出版社.

肖伟胜, 2016. 巴尔特的文化符号学与"文化主义范式"的确立. 西南大学学报(社会科学版), 42(1): 114-126.

谢浩, 倪虹, 2004. 建筑色彩与地域气候. 城市问题(3): 22-25.

谢赫, 2021. 画品//金陵全书. 南京: 南京出版社.

谢振天, 2003. 译介学. 上海: 上海外语教育出版社.

许慎, 2018. 说文解字. 汤可敬, 译注. 北京: 中华书局.

荀况, 2011. 荀子. 方勇, 李波, 译. 北京: 中华书局.

亚里士多德, 1957. 范畴篇·解释篇. 方书春, 译. 北京: 生活·读书·新知三联书店.

亚里士多德, 1959. 形而上学. 吴寿彭, 译. 北京: 商务出版社.

亚里士多德, 1991. 修辞学. 罗念生, 译. 北京: 生活·读书·新知三联书店.

亚里士多德, 1999. 亚里士多德选集(伦理学卷). 苗力田, 译. 北京: 中国人民大学出版社.

亚里士多德, 2003. 形而上学. 苗力田, 译. 北京: 中国人民大学出版社.

亚里士多德, 2011. 物理学. 张竹明, 译. 北京: 商务印书馆.

严云受, 刘锋杰, 1995. 文学象征论. 合肥: 安徽教育出版社.

杨慎初, 1993. 湖南传统建筑. 长沙: 湖南教育出版社.

杨筠松, 箬冠道人, 顾吾庐, 2010. 八宅明镜. 金志文, 译. 北京: 世界知识出版社.

姚承祖, 1986. 营造法原. 2版. 北京: 中国建筑工业出版社.

伊尼斯, 2003. 传播的偏向. 何道宽, 译. 北京: 中国人民大学出版社.

殷炜, 2008. "随枣走廊"明清时期民居形制承传与衍化. 武汉: 华中科技大学.

英伽登, 朱立元, 1985. 艺术的和审美的价值. 文艺理论研究(3): 98-105.

余英, 2000. 关于民居研究方法论的思考. 新建筑(2): 7-8.

余志鸿, 2007. 传播符号学. 上海: 上海交通大学出版社.

俞建章, 叶舒宪, 1988. 符号: 语言与艺术. 上海: 上海人民出版社.

袁行需, 1987. 中国诗歌艺术研究. 北京: 北京大学出版社.

张春继, 2009. 白族民居中的避邪文化研究: 以云南剑川西湖周边一镇四村为个案. 昆明: 云南大学出版社.

张岱, 2017. 石匮书. 乐保群, 校点. 北京: 故宫出版社.

张岱年, 成中英, 等, 1991. 中国思维偏向. 北京: 中国社会科学出版社.

张盾, 2017. 论艺术的象征本质: 兼论中世纪的艺术和美学. 武汉: 武汉大学学报(人文科学版), 70(5): 24-32.

张国雄, 1995. 明清时期的两湖移民. 西安: 陕西人民教育出版社.

张国雄, 1996. 中国历史上移民的主要流向和分期. 北京大学学报(2): 98-107.

张海鹏, 王廷元, 唐力行, 1985. 明清徽商资料选编. 合肥: 黄山书社.

张坚, 2009. "精神科学"与"文化科学"语境中的视觉模式: 沃尔夫林、沃林格艺术史学思想中的若干
   问题. 文艺研究(3): 124-135.

张良皋, 李玉祥, 1994. 老房子: 土家吊脚楼. 南京: 江苏美术出版社.

张乾, 2012. 聚落空间特征与气候适应性的关联研究: 以鄂东南地区为例. 武汉: 华中科技大学.

张晓明, 2017. 新一轮创意经济的"热核反应". [2017-09-27]https://www.sohu.com/a/194860634_257489.

张彦远, 2011. 历代名画记. 杭州: 浙江美术出版社.

赵逵, 2012. "湖广填四川"移民通道上的会馆研究. 南京: 东南大学出版社.

赵宪章, 1997. 形式美学: 中国与西方. 文史哲(4): 37-42.

赵毅衡, 2004. 符号学文学论文集. 天津: 百花文艺出版社.

赵毅衡, 2011. 符号学原理与推演. 南京: 南京大学出版社.

赵毅衡, 2013. 重新定义符号与符号学. 国际新闻界, 35(6): 6-10.

中国大百科全书出版社《不列颠百科全书》国际中文版编辑部, 2007. 不列颠百科全书. 北京: 中国大百科全书出版社.

中国科学院自然科学史研究所, 2016. 中国古代建筑技术史. 北京: 科学出版社.

中国营造学社, 2016. 中国营造学社汇刊. 北京: 知识产权出版社.

周公旦, 2014. 周礼. 徐正英, 常佩雨, 译注. 北京: 中华书局.

周金声, 2001. 文艺意象本质论. 沙洋师范高等专科学校学报(1): 49-54.

周凌, 2008. 形式分析的谱系与类型: 建筑分析的三种方法. 建筑师(4): 73-78.

周露曦, 2018. 明清时期鄂西北移民地区传统民居建筑装饰研究: 以湖北省丹江口市饶氏庄园为例. 武汉: 华中科技大学.

周宪, 罗务恒, 戴耘, 1988. 当代西方艺术文化学. 北京: 北京大学出版社.

周振鹤, 1997. 中国历史文化区域研究. 上海: 复旦大学出版社.

周正楠, 2001. 建筑的媒介特征: 基于传播学的建筑思考. 华中建筑, 19(1): 29-31.

朱橙, 2017. 作为美术史方法论的图像学及其理论"失语"问题. 美术界(7): 84-85.

朱光潜, 2002. 西方美学史. 北京: 人民文学出版社.

朱立元, 1997. 当代西方文艺理论. 上海: 华东师范大学出版社.

朱立元, 2014. 美学大辞典(修订本). 上海: 上海辞书出版社.

朱良志, 1988. "象": 中国艺术论的基元. 文艺研究(6): 12-19.

朱益新, 1995. 歙县志. 北京: 中华书局.

朱永明, 2004. 视觉传达设计中的图形、符号与语言. 南京艺术学院学报(美术与设计版)(1): 58-62.

朱永明, 陆叶, 2008. 构成新语意. 上海: 上海书店出版社.

诸葛铠, 1991. 图案设计原理. 南京: 江苏美术出版社.

庄锡昌, 顾晓鸣, 顾云深, 等, 1987. 多维视野中的文化理论. 杭州: 浙江人民出版社.

邹德侬, 刘丛红, 赵建波, 2002. 中国地域性建筑的成就、局限和前瞻. 建筑学报(5): 4-7.

邹逸麟, 2007. 中国历史人文地理. 北京: 科学出版社.

左汉中, 1998. 中国吉祥图像大观. 长沙: 湖南美术出版社.

BARTHES R, 1972. Mythologies. New York: Farrar, Straus and Giroux.

CHANDLER D, 2007. Semiotics: The Basics. London: Routledge.

DEELY J, 1982. Introducing Semiotics: Its History and Doctrine. Bloomington: Indiana University Press.

ERNST G, 1960. Art and Illusion: A Study in the Psychology of Pictorial Representation. London: Phaidon Press.

GOMBRICH E H, 1979. The Sense of Order: A Study in the Psychology of Decorative Art. New York: Cornell University Press.

GOMBRICH E H, 1984. The Sense of Order: A Study in the Psychology of Decorative Art. London: Phaidon Press Ltd.